中国加油（能）站发展蓝皮书

（2024—2025）

本书编委会　编著

中国石化出版社

·北 京·

图书在版编目（CIP）数据

中国加油（能）站发展蓝皮书. 2024—2025 / 本书编委会编著. -- 北京：中国石化出版社，2025. 3.
ISBN 978-7-5114-7909-9

Ⅰ. F426.22

中国国家版本馆 CIP 数据核字第 20252V0T46 号

中国石化出版社出版发行
地址：北京市东城区安定门外大街 58 号
邮编：100011　电话：（010）57512500
发行部电话：（010）57512575
http：//www.sinopec-press.com
E-mail：press@sinopec.com
北京科信印刷有限公司印刷
全国各地新华书店经销
*
710 毫米 ×1000 毫米 16 开本 24.5 印张 308 千字
2025 年 3 月第 1 版　2025 年 3 月第 1 次印刷
定价：198.00 元

编 委 会

在能源转型中续写辉煌

桃李春风又一年。又到了《中国加油（能）站发展蓝皮书》的付梓时刻。

4 年前，《中国石油石化》杂志社筹备出版《中国加油（能）站发展蓝皮书》时，看到了交通能源行业不可阻挡的多元化发展潮流，预料到加油站行业将会发生革命性变化。

没有预料到的是，这场巨变如同一场铺天盖地的大雪，来得如此迅猛，仅仅 3 年后的 2023 年，就冰冻了成品油销量的上涨势头。2024 年更是千里冰封、万里雪飘——行业格局深度重塑，电动革命发展远超预期，市场竞争态势进一步加剧，行业发展面临前所未有的挑战。

第一，汽柴油消费提前达峰下行。受实体经济增速放缓、居民消费降级、假日经济消费减弱、电动汽车加速替代等因素影响，我国汽油消费提前达峰，进入下行通道，同比下降 1.7%。柴油消费已于 2019 年达峰，天然气加速替代柴油，替代量达到 2700 万吨，柴油消费同比下降 6.5%。我国新能源汽车的产销均突破了 1200 万辆大关，同比分别增长 34.4% 和 35.5%。替代能源累积效应爆发，成品油消费拐点提前到来。新能源汽车与 LNG 重卡全年共替代汽柴油超 5000 万吨，占成品油消费的比重近 1/7，导致成品油消费提前进入不可逆的下降阶段。全年成品油消费量 3.58 亿吨，同比下降 2.8%。

第二，成品油盈利空间大幅收窄。随着电动、天然气等替代进程规模化推进，油改气、油改电、公转铁、公转水全面铺开，存量市场需求受到多方挤压。国内资源持续过剩，市场竞争日趋激烈，零售环节长时间保持高强度竞争，加油站行业利润规模较“十四五”前三年年均水平大幅下降。

第三，成品油销售企业传统营销网络根基面临冲击。一方面，成品油市场批零价差扩大，竞争加剧，拉高网络发展和续租成本，租赁站续租成本大幅增长，面临“投入回报率低、不投入销量损失更大”的两难境地。另一方面，随着电动替代和市场竞争加剧，城市型企业和省市公司中心城市加油站出现空心化现象，昔日车水马龙的万吨站如今车流量不断减少。投资发展增站增量被减站减量冲抵，对零售增量的边际贡献减弱，被视为“生命工程”的营销网络存在变成巨大“资产包袱”的风险。

第四，新能源新业态接续动能、盈利能力不足难以弥补成品油量效规模性下滑造成的损失。加气业务，虽然2024年我国LNG重卡销量近18万辆，同比增长超15%，创历史最高纪录，促成了LNG加气网络和市场份额保持增长，但网络布局与目标市场需求匹配度不高，对柴油替代的接续能力仍显不足。充电业务，2024年行业竞争日趋白热化，充电业务起步即进入红海，全国度电服务费平均在0.2元左右，盈利空间有限，盈利模式还处在探索阶段。加氢业务，仍处于培育期，投入产出难成正比。非油业务，经过几年的飞速增长后，发展增速开始放缓，尚未形成规模支撑。

第五，成本费用刚性增长矛盾突出。受管道划转等因素影响，成品油管输费用增长。人工及资产等刚性费用占比大大增加，充换电、车生态等业务仍需保持投资增长。成品油销售企业成本费用压减空间十分有限，变动费用挖潜空间微乎其微，费用压力只增不减。

面对这样严峻的发展形势，加油站行业为求生存谋发展，在转型的十字路口殚精竭虑，四处探寻新路径。但是很多人有这样的感觉：付出的努力越来越多，得到的回报却越来越薄。这样的感觉今后几年还将持续，尤其是今年。

综合各方面预测数据来看，预计今年全球经济低速增长，我国经济增速有所放缓，成品油需求持续萎缩。同时，新能源渗透率快速攀升，预计2025年燃油汽车保有量达峰，新能源汽车渗透率达到75%，新能源开启对交通燃油的存量替代。交通领域的电动化发展对油品的替代已是大势所趋。到2030年，成品油消费将降至3.1亿~3.4亿吨，较2024年大幅下降13%~21%。

越来越严峻的行业发展形势，以及越来越多的问题和矛盾，需要加油站行业采取超常规、革命性措施，予以针对性解决。这是一场需要勇气、智慧、毅力乃至担当的变革。

首先是勇气。展望2025年，加油站前路仿若被迷雾笼罩，机遇与困境隐匿其中，需要从业者用时间和智慧去拨云见日。在此期间，从业者最需要的是勇气。

勇气是坚定的信念。面对新能源的挑战，有勇气的人并非没有恐惧，而是面对恐惧时依然坚定不移地相信未来。正如茨威格在《人类群星闪耀时》所写："一个人对奇迹的信念，永远是一个奇迹能够产生的首要前提。"2024年12月召开的中央经济工作会议指出，我国经济基础稳、优势多、韧性强、潜能大，长期向好的支撑条件和基本趋势没有变。相信国运，了解周期，这就是加油站的勇气来源。

展望2025年，成品油市场虽然很卷，但这场仗还能打。以时间换空间，加油站行业哪怕努力到无能为力，还要再使一把力。中低速增长的时代，并不能等同于行业的停滞和无所作为。踏踏实实加好每一箱油、充好每一次电、服务好每一个客户，加油站的未来就藏在今天走的每一步里。

其次是保持战略定力。我国正在按照自己的节奏和方针积极稳妥推进碳达峰碳中和，能源结构正在经历前所未有的变革。面对这一复杂多变的局面，需要更加深入了解全球能源的发展现状、趋势和挑战，以更加科学的视角、更前瞻性的思维和更务实的导向，为未来能源发展绘制方向清晰的蓝图。

对于加油站行业来说，“十五五”期间，我国成品油市场将由增量市场转入缩量市场，行业竞争从同业竞争走向异业竞争，终端服务由传统服务转向包含油气氢电非的综合服务、从“集中式加油”逐步向“分布式加能”转变，且业态将不断向外延伸、扩展，初步参与到“源网荷储”智慧能源系统中，发展虚拟电厂等，“加能 +”业态将更加丰富。

面对这种变化，面对复杂多变的国际环境和高质量发展的国内主题，为进一步推进我国能源绿色低碳转型向深发展、向高跃升，加油站行业需要更加关注和廓清转型动力、发展路径、推进节奏、成本负担等重大问题，科学谋划蓝图目标，在国家所需、行业所趋之处布局落子，让员工凝聚“知重负重共克时艰”的思想共识，苦练“看家本领”，在内外兼修上协同发力。

江河之所以能冲开绝壁夺隘而出，是因集聚千里奔涌、万壑归流的洪荒伟力。2025 年是全面贯彻二十届三中全会精神的关键一年，是“十四五”规划收官之年，是“十五五”谋篇布局之年。无论凛冬是否利如刀锋，只要勇气还在，冬天的种子终能迎来春天的风。加油站行业在 100 余年的风雨洗礼中发展、在经受考验中壮大，一路闯关、探路、破题，在保障国家能源安全上书写了数不尽的辉煌，今后在我国能源转型中也一定会书写更浓墨重彩的一笔。

为了实现这样的目标，为了建立一个更加安全稳定、成本可负担、环境可持续的能源体系，《中国加油（能）站发展蓝皮书》编委会希望与能源界同仁一起拨云见日，汇聚共识，分析各类能源的发展趋势和潜力，探讨加能站未来发展路径，以期为政府、企业、机构和公众提供有价值的参考，共同为实现我国能源绿色低碳转型和社会经济高质量发展贡献力量。

石杏茹

2025 年 2 月

目录

Ⅰ 综述篇

2024 年，是我们隆重庆祝中华人民共和国成立 75 周年，胜利召开党的二十届三中全会，吹响进一步全面深化改革号角的一年。面对变乱交织的国际形势，我国经济克服了国内外环境变化带来的各种挑战，运行总体平稳且稳中有进。

对加油（能）站行业来说，虽然我国经济回暖向好，但宏观经济结构性调整，且伴随新能源汽车产销量不断增长，渗透率持续攀升，保有量和替代成品油的规模愈加明显，使我国石油消费增长动力不足，汽柴油消费下行，加油（能）站的发展速度和空间面临前所未有的挑战。

有风有雨是常态，风雨无阻是心态，风雨兼程是状态。2024 年是我国成品油市场出现里程碑式转折的一年，加油（能）站行业紧跟能源转型，加速从传统油品销售商向“油气氢电非”综合能源服务商转型，积极拓展相关业务，不断丰富营销方式与模式，进一步开创了转型发展新局面。

一、2024 年我国加油（能）站发展环境

（一）经济环境

2024 年，是实现“十四五”规划目标任务的关键一年。尽管这一年面对着更加错综复杂的国际国内环境，但以习近平同志为核心的党中央团结带领全党全国各族人民，顶住压力、克服困难，沉着应变、综合施策，使我国经济运行总体平稳且稳中有进。

国家统计局发布的数据显示，初步核算，全年国内生产总值 1349084 亿元，按不变价格计算，比上年增长 5.0%。国民经济运行稳中有进，向好因素累积增多。分产业看，第一产业增加值 91414 亿元，同比增长 3.5%；第二产业增加值 492087 亿元，同比增长 5.3%；第三产业增加值 765583 亿元，同比增长 5.0%。2024 年，全国居民人均可支配收入 41314 元，比上年名义增长 5.3%；全国居民人均消费支出 28227 元，比上年名义增长 5.3%。

尽管来自外部的打压遏制不断升级，贸易不确定性的加大给中国出口带来巨大压力，但 2024 年我国外贸运行总体平稳。海关总署发布的数据显示，2024 年，我国货物贸易进出口总值 43.85 万亿元，同比增长 5%。其中，出口 25.45 万亿元、进口 18.39 万亿元，同比分别增长 7.1% 和 2.3%。

我国经济总量稳步攀升，与成品油相关的交通运输、快递业务等的繁荣活跃，为成品油需求的释放带来了积极的影响。

交通运输部的数据显示，2024 年，我国新增公路通车里程约 5 万千米。客运量达到 645 亿人次，日均 1.8 亿人次，同比增长 5.2%；货运量达到 565 亿吨，日均 1.5 亿吨，同比增长 3.5%；港口货物吞吐量达到

175亿吨，同比增长3.4%。中国民航局的数据显示，2024年，中国民航完成运输飞行1381万小时、539万架次、旅客运输量7.3亿人次，同比分别增长13.1%、9.5%、18%，创历史新高。国家邮政局的数据显示，2024年，我国快递业务量达到1745亿件，同比增长21%；快递业务收入1.4万亿元，同比增长13%。

但是，房地产业低迷，削弱了投资和地方政府收入；企业盈利能力下降和用工减少，劳动力市场疲软，进而抑制了消费。尤其新能源汽车产销量激增，对成品油消费的替代进一步扩大。多因素导致汽油消费量同比下降。

中国汽车工业协会的数据显示，2024年，我国汽车产销量累计完成3128.2万辆和3143.6万辆，同比分别增长3.7%和4.5%，产销量再创新高，继续保持在3000万辆以上规模。其中，新能源汽车产销量分别完成1288.8万辆和1286.6万辆，同比分别增长34.4%和35.5%；新能源汽车国内销量1105万辆，同比增长40.2%，占乘用车国内销量比例为48.9%；传统燃料汽车国内销量1155.8万辆，同比下降17.4%。虽然2024年传统燃料汽车的国内销量超过新能源汽车，但二者此消彼长的趋势明显。

第一商用车网的数据显示，2024年，我国重卡累计销售89.9万辆，同比下降1.3%。其中，国内新能源重卡累计销量在8万辆左右，同比增长1.3倍；国内燃气重卡累计销量在17.8万辆左右，同比增长约17%；传统柴油重卡新增量为23.95万辆，同比下降20.7%。

（二）政策环境

加油（能）站作为车辆油、气、电、氢等能源的补给站，其发展与成品油市场、天然气市场、新能源市场、汽车市场等息息相关。2024年，国家与地方政府出台了一系列相关政策，通过引导、规范、激励等措施，为加油（能）站发展营造了良好的政策环境。

1. 首部能源大法颁布，包括新能源在内的综合能源体系建设获法律肯定

2024年，我国通过首部《能源法》，标志着我国能源体系建设发展进入法制化的新时期。《能源法》明确提出国家支持优先开发利用可再生能源，合理开发和清洁高效利用化石能源，推进非化石能源安全可靠有序替代化石能源，提高非化石能源消费比重。首次将氢能写进国家法律，明确氢的能源属性。同时，明确了绿证的法律地位，鼓励用户优先使用可再生能源，支持新型储能和智能微电网等新技术、新业态、新模式发展。明确可再生能源的“优先”地位，反映了我国对能源绿色低碳转型的日益重视。新能源的地位得到了极大提高，将有效促进我国新能源的发展和综合能源体系的建设。

国家和地方政府还出台一系列政策引导新能源产业多元化发展格局进一步深化。在政策支持下，太阳能、风能、水能、生物质能等可再生能源发电技术不断成熟，发电成本持续下降，在能源结构中的占比稳步提升。

2. 成品油政策

2024年，国家和地方政府进一步深化石油天然气市场体系改革，不断完善成品油相关税收政策，不断加强对成品油质量的监管力度，加强对成品油生产、运输、销售等环节的溯源管理，保护消费者和经营者的合法权益，进一步推动成品油行业持续健康发展。

在市场秩序监管方面，随着成品油市场准入逐渐放宽，加强对市场主体的后续监管，确保企业具备相应的经营条件、资质，以及企业之间开展良性竞争。在安全监管方面，加强了对成品油生产、储存、运输、销售等环节的安全生产监管，督促企业落实安全生产主体责任。在政策作用下，我国成品油市场环境显著改善，不合规资源供应大幅减少，有效遏制了无序竞争。

3. 天然气政策

2024年，国家发展改革委印发了《天然气利用管理办法》，以顺应天然气利用各领域发展的较大变化，并协调解决相关的新问题新需求。国家和地方政府形成了全方位、多层次的天然气政策体系，为天然气行业在能源结构优化、供应保障强化、市场机制完善以及与其他能源协同发展等方面创造了良好的政策环境，有力推动了天然气行业的持续稳定发展。

4. 汽车政策

2024 年，国家和地方政府在汽车行业政策方面持续发力，共同推动新能源汽车产业升级，拓宽市场空间，形成了中央与地方政策协同、全方位推动新能源汽车产业发展的良好局面。如调整享受车船税优惠的节能、新能源汽车产品技术要求，加强轻型汽车能源消耗量标示管理，推动车网互动规模化应用试点工作，以及提升新能源汽车动力锂电池运输服务和安全保障能力等政策，均从不同角度促进新能源汽车产业的规范化、高质量发展。

以工业和信息化部公开征求《乘用车燃料消耗量评价方法及指标》等两项强制性国家标准的意见为代表，国家和地方政府对燃油汽车环保要求进一步提升。部分城市已经开始或计划逐步限制燃油汽车购买，以鼓励人们选择环保出行方式。

（三）资源环境

1. 石油市场

2024 年，世界经济增长动能依然不充分，国际石油市场总体宽松。尽管地缘政治仍旧动荡，但国际油价保持相对平稳状态。2024 年，布伦特原油期货年均价 79.86 美元 / 桶，同比微跌约 4%；主力合约价波动范围为 68.68~92.18 美元 / 桶，年内波动幅度约 34%。OPEC+ 减产保价稳定了全年供需平衡。油价中枢下移，但仍处中高位水平。

我国石油生产企业积极响应国家号召，大力推进增储上产。2024 年，规模以上工业原油产量 21282 万吨，比上年增长 1.8%，连续 3 年稳定在2亿吨以上，为我国能源结构调整和能源安全保障奠定了坚实的基础。

2024年，我国经济持续回升向好有利于石油消费稳中有进，但后疫情时代经济大幅恢复性反弹阶段已经结束，加之新能源汽车渗透率的进一步提升，我国石油消费量提升乏力。原油进口量有所降低，全年原油进口量55342万吨，同比下降1.9%；全年石油消费量约7.56亿吨，同比基本持平。

2. 成品油市场

2024年，受我国碳达峰行动方案持续推进、经济增长动力偏弱、新能源汽车超预期发展、燃油汽车行驶活跃度显著下降、终端能源电气化替代加速等因素影响，我国成品油市场发生了转折性变化。

（1）成品油消费进入下降通道

2024年，我国成品油消费量3.58亿吨，同比下降2.8%。汽柴油消费量均同比下降。其中，汽油消费量1.52亿吨，由增转降，同比下降2.0%；柴油消费量1.67亿吨，同比下降6.5%，降幅较往年明显扩大。航空业显现了强劲的复苏动力，航空煤油消费量达到0.39亿吨，同比增长13.3%。2024年成为交通用油消费量下降通道的起点和成品油消费的转折点。

（2）成品油供应同步回落

2024年，我国炼油能力总体保持稳定，约9.55亿吨，稳居全球第一。受成品油需求疲软、炼油效益不佳影响，全年规模以上工业原油加工量70843万吨，同比下降1.6%。全年成品油产量4.31亿吨，同比下降2.9%。其中，汽油、柴油、煤油产量分别为1.7亿吨、2.03亿吨和5883万吨，同比分别减少3.2%、7%和增加16.2%。国内市场供过于求，继续由出口平衡供需，全年成品油出口量4000万吨。

（3）市场终端竞争加剧

2024年，成品油市场萎缩，呈现供大于求的局面，加剧了市场竞争。统计数据显示，2024 年，主营单位 92 号汽油批发平均价到位率为 87.1%，同比下降 2.9 个百分点；0 号柴油批发平均价到位率为 88.6%，同比下降 5.1 个百分点，较近 5 年同期均值低 4.1 个百分点。汽油、柴油批发价格到位率分别创近 4 年、近 10 年以来最低。

3. 天然气市场

2024 年，全球天然气价格呈现先抑后扬的态势。在经济增长、极端高温、供应增加等因素影响下，2024 年全球天然气消费量为 4.21 万亿立方米，同比增加 2.8%，增速呈回升态势，为 2021 年以来最高。

2024 年，我国天然气市场处于恢复性增长期。在供应侧，加大天然气勘探开发力度，规模以上工业天然气产量 2464 亿立方米，同比增长 6.2%，连续 8 年保持百亿立方米增产势头。进口天然气保持增长，全年进口量为 13169 万吨，同比增长 9.9%。在消费侧，保持增长态势，全国天然气表观消费量 4260.5 亿立方米，同比增长 8%。2024 年，我国天然气供需形势总体平稳。

4. 新能源市场

2024 年，我国太阳能发电装机容量约 7.9 亿千瓦，同比增长 48%；风电装机容量约 4.9 亿千瓦，同比增长 20.3%。高效太阳能电池技术不断迭代，光伏发电成本不断下降，部分地区已实现平价上网。风力发电技术向大功率、智能化方向发展，海上风电发展迅速，成为风电新增装机的重要来源，技术水平和建设规模不断提升。储能技术迎来创新发展高峰期。新型储能技术如固态储能、重力储能等不断涌现，储能系统的性能和成本得到进一步优化，为新能源大规模发展提供更加可靠的储能支持。

2024 年，氢能技术和氢能开发虽取得了一些突破和进展，但相对较慢，制氢、运氢储氢成本高企的瓶颈依然存在，阻碍了氢燃料电池汽车获得大规模的商业应用。运输效率低、运输成本高、装卸时间长等因素，使得加氢站的氢气供应问题依然突出，在一定程度上制约了氢能交通产业的可持续性发展。氢能作为一种有前途的新兴能源，要得到更快发展，仍需继续努力。

二、2024年我国加油（能）站发展状况

（一）传统加油站、综合加能站此消彼长

1. 传统加油站总数同比减少

截至2024年底，我国境内加油站总数为11.06万座，同比减少1.92%。其中，中国石化、中国石油两大主营加油站数量占比48.35%，首次超过民营加油站跃居首位；民营加油站占比47%左右，同比下降3.97个百分点；中国海油、中国中化及外资加油站占比不足5%。

截至2024年12月，国有石油公司加油站总数超过5.3万座，占据运营成本优势较高的城区、国道、省道和高速地段，区位优势明显。成品油零售审批资质下放政策的逐步落地，推动了民营加油站的连锁化、规模化发展。但是，随着越来越严格的合规化检查，民营加油站成本上涨，新投资建站难度加大。截至2024年12月，我国民营加油站数量为5.2万余座。外资企业在中国成品油零售市场持续建设加油站。截至2024年12月，外资企业在中国运营加油站5000余座。

2. 综合加能站建设取得显著进展

2024年，我国综合加能站建设取得显著进展。从地域分布特点看，综合加能站的建设呈多点发力、遍地开花之势，在浙江、河北等经济发达、能源需求旺盛的地区，综合加能站的建设尤为密集。

从建设企业类型看，综合加能站的建设呈现多元并进、国企民资共舞的局面。国有石油公司加快构建多能互补新格局。中国石化加快向“油气氢电服”综合能源服务商转型升级，中国石油加快建设“油气氢电

非”销售终端，在综合加能站等多条赛道上发力，全面推进综合加能站的建设。中国石化、中国石油通过在传统加油站基础上改建、扩建或者新建等方式，已实现加氢站、充换电站、分布式光伏发电站遍地开花，同时在加氢站、制氢技术、氢燃料电池、储氢材料等多个领域开展了诸多工作，取得了新的进展。

从技术进展看，综合加能站在快充、氢能加注、智能化管理和新型储能技术等领域取得了显著的进步，能源供应效率和服务质量不断提升，相比传统能源，呈现出更加低碳环保、用能高效、管理智慧、降本增效的特点。

从服务来看，综合加能站的业务核心虽围绕电、气、氢、冷、热等能源领域展开，但已从单纯的能源耦合迈向深度功能与模式优化。通过对能源数据的深度挖掘与分析，精准预测能源需求、优化能源调配，从而提升综合加能站的整体盈利能力与市场竞争力。在确保基础能源稳定供应的同时，积极拓展增值服务。

（二）加油业务不容乐观

1. 加油站经营面临需求萎缩

我国汽柴油消费均已达峰，成品油市场进入总需求萎缩、用油结构大幅调整的时期。多种多样的能源成为终端选择，对当前的汽柴油需求产生替代。按照汽柴油折合量计算，2024 年电动力替代量已超过 2000 万吨。

汽柴油零售终端的竞争增加。一方面，民营资本不断涌入成品油销售行业，各民营主体通过低价销售获取市场份额；另一方面，加油站产品、服务等趋于同质化，品牌溢价能力减弱。

2. 持续提升业务精细化水平

加油站通过提高产品质量、优化服务体验、加强品牌推广、推出不同营销模式等，吸引更多消费者；通过拓宽销售渠道，提高市场份额；通过加强技术研发和创新等，提高市场竞争力。为满足不同消费群体的需求，出现越来越多的“加油站＋便利店”“加油站＋便利店＋快餐”“加油站＋汽车维护”“加油站＋便利店＋汽车维护”等模式。持续突出高利润“旗舰”产品，以“全系列产品体系”对顾客群体进行区分。在具体的经营服务中，充分发挥细节关怀，提升顾客体验。

（三）加气业务相对活跃

2024 年，在环保政策引导和经济优势双重因素驱动下，LNG 在交通运输领域的应用持续扩大，特别是在货运、长途运输等领域，LNG 对成品油的替代渐成规模，车用 LNG 的使用率显著提高。在重卡领域，LNG 替代势头强劲。2024 年，国内燃气重卡累计销量在 17.8 万辆左右，同比增长约 17%。

市场需求的增加促进了基础设施的发展。2024 年，我国 LNG 加气站的数量达 5277 座，同比增长 13%。整体布局进一步完善，网络密度进一步提升，LNG 重卡加气便利性进一步提高。中国石油、中国石化一方面在终端加油站业务上增设加气服务，使符合条件的加油站变为油气混合站；另一方面，利用上游勘探开发主体身份，结合终端加气站继续发展上下游一体化，快速打开终端市场，在竞争日益激烈的 LNG 市场中占据有利位置。

2024 年，我国加气站销量继续高速增长。LNG 交通用气量为 2506 万吨，同比上涨 45% 以上。

（四）新能源业务方兴未艾

1. 充换电业务

2024 年，我国充换电站发展建设的政策环境极为友好。国家密集发布了多项政策文件，各地方也陆续出台实施细则，引导充换电基础设施高质量发展。

截至 2024 年，全国电动汽车充换电基础设施累计数量为 1281.8 万台，同比增长 49.1%。2024 年，我国充电基础设施增量为 422.2 万台，同比上升 24.7%。其中，公共充电桩增量为 85.3 万台，同比下降 8.1%；随车配建私人充电桩增量为 336.8 万台，同比上升 37%。我国充电桩建设从“以数取胜的资源消耗模式”向“以质取胜的资源集约模式”转变，从单纯以“车桩比”向“车桩比 + 车功率比或车桩功率分级比”的目标导向转变。乘用车充电电压已实现从 500 伏特到 800 伏特的升级，单枪充电功率更是实现了从 60 千瓦到 350 千瓦的飞跃。

2024 年，我国换电产业生态已初步形成。截至 2024 年，我国换电站总数为 4443 座。我国换电站主要由蔚来、奥动等企业参与建设。重卡换电开始展现出更多应用于“高频”“重载”的场景，并不断扩展。服务换电型重卡的换电站稳步增加。

2024 年，中国石化、中国石油积极发展布局充换电站。数据显示，截至 2024 年底，中国石化建成充电站 7000 座，建成充电桩 8.3 万余台。光储充放综合能源服务站成为中国石化、中国石油发展充换电站的新方向之一。

2. 光伏发电业务

加油站作为能源消耗和供应的场所，推广分布式光伏电站符合国家能源转型和可持续发展要求。加油站自身运营需要消耗电能，建设光伏电站可以利用太阳能发电，满足加油站自身的用电需求，从而降低用电成本。此外，余电上网为加油站创造附加经济效益。

鉴于并网额度、消纳比例与储电成本等原因，大部分加油站光伏项目采用并网模式运营，其中“自发自用 + 余电上网”应用场景最多。目前，该模式所依赖的技术已相对成熟，设备配置简单，投资较少，且应用场景灵活。

目前，主营单位站内光伏规划摸排工作已基本告竣。整体上看，光伏业务的开发进度快于充电业务。例如，中国石油的光伏站点数量过去 3 年的年均增速约为 70%。其光伏项目不仅全面覆盖了其旗下的加油站、油库等自有场所，而且积极向外部市场延伸，与多地政府及企业建立了紧密的合作关系。

3. 加氢业务

截至 2024 年 12 月，我国已建成加氢站 439 座，居全球首位。我国仅西藏和澳门无已建成加氢站，其余 32 个省级行政区均有加氢站分布。其中，广东加氢站建设进度明显领先，山东、河南、江苏、北京、上海等地在加氢站分布密度上具备优势。

2024 年，由于各种制约因素，我国加氢站投资建设合作速度明显放缓。新建成的加氢站投资建设主体仍以国企为主，建站数量占比一半以上，民企占三成左右。外资企业以壳牌为主，也在持续布局中国市场。中国石化是目前拥有加氢站最多的企业。截至 2024 年 12 月，中国石化已建成 140 余座加氢站。

目前，我国氢能产业仍处于发展初期，市场规模不足，大规模、低成本的氢能运输技术尚未成熟，经济性制约较大，各环节待解决问题仍然较多，加氢业务想要实现正常盈利比较困难。

（五）非油业务继续规模化发展

2024 年，成品油销售企业非油业务继续呈规模化发展，经营效益持续提升。锚定“打造非油业绩增长极”目标，进一步突出便利店核心地位，更加注重自有品牌、单店店销、营销精准化，通过线下便利店、线上直播带货和即时零售等新消费模式，进一步拓宽销售渠道。其中，国有成品油销售企业持续强化品牌建设，展示良好形象。

1. 规模扩大化

2024 年，各成品油销售企业加油站便利店数量增减不一，整体规模扩大。中国石化易捷便利店数量达到 28633 家，同比增加 202 家。中国石油昆仑好客便利店数量达到 19730 家，同比增加 147 家。两大石油公司便利店数量仍居我国连锁行业便利店总数前列，占全国便利店总数比例超过20%。中国石油昆仑好客品牌价值突破200亿元，同比增长18%。中国石化易捷品牌价值达到217.45亿元，同比增长10.48亿元，连续7年保持高速增长，并继续领跑零售业品牌榜。

2. 运营深入化

2024年，各成品油销售企业进一步坚定做实门店、做强门店零售整体战略，通过把宣介和体验阵地从店内前移至加油现场、增加店内功能专区、优化便利店布局、实施专业化陈列等手段，进一步强化单店销售能力。采取商品引入、陈列、库存管控等措施，深化店面升级。结合各便利店实际情况，进一步聚焦顾客需求，更加细化商品种类。重点品类、核心单品销售实现进一步突破。

3. 营销多样化

推动营销方式常态化，组合推出"商品+服务+油卡/油品"大礼包，助力油卡非润一体化营销。打造线下购物促销活动，从商品挑选到营销策划，从宣传造势到活动落地，采取一盘棋谋划、一体化推进。进一步构建线上线下全域营销体系，丰富节日营销、直播营销、B端营销、社群营销、企微营销等营销手段，打造营销不间断消费体验，并通过直播电商销售转化等多种模式，向线下加油站便利店导流，有效提升销售规模和销售质量。紧跟即时零售风口，中国石化快速布局"易捷速购"，中国石油上线"昆仑好客即时购"，填补了传统加油站便利店无法满足"最后一公里"即时配送的市场空白，更好满足消费者居家购物需求。

三、未来我国加油（能）站发展趋势

2025年是"十四五"收官之年。稳增长政策持续发力将稳定市场预期和信心，房地产等传统产业对经济增长的拖累有所减轻，消费活力进一步释放，新一轮产能周期逐步启动，基建投资仍有增长空间，加之新质生产力不断发展壮大，2025 年中国经济增长将总体向好，能够实现 5% 左右的增长速度，助力实现“十四五”规划的圆满收官。但仍需警惕外来的各种干扰和挑战，警惕世界经济将面临的更多的不确定性。对加油（能）站行业来说，在新能源汽车快速增长、能源替代加快及传统燃油汽车节能减耗和逐步淘汰的趋势下，未来转型的压力和挑战将会越来越大。

（一）我国成品油市场发展趋势

1. 我国成品油市场需求增速大幅放缓

2025 年，预计国际原油供应将增加，国际原油价格将小幅下降。我国成品油零售价格主要根据国际原油价格进行调整，2025 年成品油价格将呈下行趋势。

2025 年，我国宏观经济在高质量发展的轨道上持续前行，经济内生需求进一步巩固增强，为能源市场注入新的活力。但是，随着消费者对环保、节能和智能出行需求的日益提升，新能源汽车作为市场新宠，预计 2025 年销量将创新高，继续对燃油汽车市场构成冲击。

预计 2025 年，我国呈现成品油消费总量和汽柴油消费量连降、航空煤油逐增的特点，消费总量为 3.52 亿吨，同比减少 813 万吨，下降 2.3%。其中，汽油消费量为 1.48 亿吨，同比下降 2.9%，较 2024 年降幅增加 1.2 个百分点。由于运输领域“以铁替公”战略及 LNG 燃气重卡替代了部分柴油需求，预计 2025 年，我国柴油消费量为 1.61 亿吨，同比下降 4%，降幅较 2024 年收窄 2.2 个百分点。居民生活水平不断提高，商务出行和旅游度假的需求不断增加，航空客运需求旺盛，随着电商行业的蓬勃发展及全球贸易的稳定增长，航空货运的需求不断增加，为航空煤油市场带来新的增长动力。预计 2025 年，航空煤油消费量达到 4250 万吨，同比增长 7.9%。

2. 炼油能力过剩问题犹存，成品油依然供过于求

预计2025年，我国整体炼油能力保持基本稳定。但由于炼油产品需求增速呈整体回落趋势，我国炼油行业仍面临严重的产能过剩问题。据相关测算，2025年，我国成品油产需差为3000万~3500万吨，我国成品油供过于求的情况犹存。

（二）我国加油站发展趋势

1. 整体数量难有增加

我国加油站的整体数量未来难有增加，即便增加，增量也不会太大，更多的是大企业的合作、兼并。民营加油站将加速整合，优胜劣汰。预计2025—2030年，我国加油站数量将持续下滑至10万座，2035年降至7万~8万座。

未来加油站行业将严格控制总量，合理优化布局，逐步建立起与国民经济发展和能源转型相适应、满足广大消费者需要、布局科学合理、竞争有序、功能完善的现代化加油站销售服务网络体系。各加油站主体或将进一步加大在重点路段建站投运，利用信息技术测算最优站点数量，发挥整体布局功能和整体优势，实现经营效益和社会效益的最大化。由于城区大部分地区加油站已经饱和，新建加油站设在部分县级以下较为偏远地区的可行性较大。

2. 加油业务竞争日益加剧

新能源汽车爆发式增长，成品油批发竞争加剧，零售终端采购呈现白热化、多样化趋势，加油站盈利空间持续压缩，市场主体竞争更加激烈，更加聚焦于存量市场的争夺。以中国石油、中国石化、中国海油为代表的国有石油公司在市场中仍占据主导地位，并将继续发挥其在原油采购、生产、勘探开发领域的优势。外资能源企业凭借品牌资产、非油业务及低碳能源的选择等组合优势，也在扩大市场占有率。各市场主体各展所长，行业集中度提高，将促进资源合理优化配置。

3. 非油业务存在较大发展空间

我国加油站非油业务利润在加油站总利润中所占比例仍较小，非油业务毛利额与国外同类企业相比较低，有巨大增长空间。加油站将进一步从满足用户需求出发，深入践行品牌理念，聚焦大消费、大数据、大平台，不断探索“互联网＋加油站＋便利店＋第三方”的新经济商业模式，以加能服务为切入口，进一步打造集购物服务、养车服务、生活服务、增值服务于一体的“人·车·生活”综合服务平台，不断拓展新兴业态，持续丰富服务功能，为消费者创造价值。进一步培养加油购物的消费习惯，更精准地深挖客户需求。

4. 经营管理水平继续提高

我国加油站整体发展将向着综合化、多元化、精细化方向发展。以消费者偏好和补能需求为重点，不断优化站点功能、管理、服务，提高价值创造能力。注重商圈商业功能打造，不断拓展新能源功能，不断完善传统业务的范围，有效引入异业合作，增强加油站竞争力。全面提升人、货、场管理水平。持续精细营销，更加注重客户管理，加强与平台的合作，注重转化私域流量，通过数智化手段，全面提升精细营销能力。

5. 更加快速地向综合能源站方向发展

我国加油站将更加快速地向综合能源站方向发展，将以改扩建为主，在原有加油站的基础上开展加气、加氢、充换电业务。不同地段的加油站将以适合自己的不同方式推进综合能源站的建设。例如，城市站点将按照“一类一策”“一商圈一策”“一站一策”来进行业务转型，最大限度发挥终端资产价值，现阶段可选择站内增设充电、换电和加氢等补能设施，并积极以补能为中心拓展业务和扩大经营范围。城际站点未来主要向快充、快换和加氢方向发展，同时辅以移动充电车、充电桩，并进一步扩大业务范围，提高盈利能力。乡村站点未来转型将朝着销售农用物资、机具设备、车辆及提供相关服务等方向发展。

（三）我国综合加能站发展趋势

1. 规模持续扩大

为了满足日益增长的能源需求和提高能源供应的稳定性，我国综合加能站的建设规模将显著扩大。在城市地区，综合加能站的布局将更加紧密地结合城市规划和交通需求，商业区、居民区、工业园区等区域将成为重点建设区域，以满足城市居民和企业的多元化能源需求。同时，随着乡村振兴战略的深入实施，乡村地区的能源需求将不断增加，综合加能站将逐步向乡村地区延伸，为这一地区的交通、生产和生活提供清洁、便捷的能源服务。大型的综合能源枢纽将逐渐涌现，集多种能源生产、储存、配送设施于一体，具备更强的能源供应能力和应急保障能力。

2. 多元化能源融合

综合加能站将呈现出多元化能源融合的趋势。除传统的油、气能源供应外，电能、氢能等清洁能源的占比将不断增加，形成油、气、电、氢等多能互补的供应格局。加油站将增加充电桩、加氢站等设施，满足不同类型新能源汽车的补能需求。加气站也将与电能、氢能等结合，为车辆提供多样化的能源选择。综合加能站将配备更加先进的智能监控与管理系统，实现对能源生产、储存、配送和消费等环节的实时监测和精准控制。快速充电、超快速充电、无线充电、智能充电等新型充电技术将在综合能源站逐步得到应用，为电动汽车的充电提供更加便捷、高效的服务。

四、我国加油（能）站转型建议

在我国进一步深化改革、推动高质量发展、经济转型的背景下，未来加油站数量势必出现大幅下降。在加油站数量减少的预期下，加油站行业如何把握自身已有资源与优势进行快速有效转型，是当前行业亟须解决的问题。

（一）短期措施

近期，加油站行业在转型过程中可先以充换电网络建设为核心，结合客户需求的多样性，采取差异化的布局策略，积极拓展延伸服务，构建全方位的综合商业生态体系。

1. 加速充换电网络布局，充分利用消费者长期以来在加油站为车辆补能的惯性认知

在新能源补能需求日益增加的背景下，加油站需要积极布局站外充换电网络，推动具备条件的加油站内部设施升级改造。通过在传统加油站新增充换电设施，不仅能满足传统客户逐步向新能源汽车过渡的需求，而且能最大限度地留住客户，巩固自身在车辆补能服务中的核心地位。

2. 差异化布局充换电场景，以满足多样化的客户需求

在高速公路站点，加油站可以部署充换电设施，为私家车长途出行提供中继性补能服务，解决私家车主的续航焦虑。在景区旅游站点，布局应急性充电设施，为游客驾车出行提供更具可操作性的紧急补能支持。在老旧小区周边社区型站点，加油站通过建设适应电力扩容不足的充电设施，为居民提供日常补能服务，可以弥补社区充电桩不足的短板。在商场、超市、影院、餐厅、公园及游乐场等居民日常生活和娱乐休闲目的地布局充换电设施，可以满足间歇性补能需求，提升客户便利性。在出租车和网约车密集行驶线路，以及港口、货场、工地等运营车辆集中的区域，设置专门服务于运营性乘用车和重型卡车的换电站，实现为高频使用车辆提供高效便捷的补能服务。差异化的布局能够全面覆盖多种使用场景，不仅提高了充换电网络的利用率，而且满足了客户在不同场景下的个性化需求。

3. 拓展车辆延伸服务，逐步构建综合商业生态体系

在充换电网络的基础上，以车辆补能服务为抓手，加油站可根据不

同站点的特点提供延伸服务。例如，提供汽车销售、车辆维修保养、汽车保险、车辅商品销售等车辆相关服务，满足客户车辆全生命周期的服务需求。在此基础上，逐步延伸至“人”的全方位需求，以衣食住行及休闲娱乐为核心，建设综合性的商业生态系统。此外，借助数字化和智能化手段，加油站可进一步提供定制化服务。例如，精准的客户画像、个性化优惠推送，以及全方位的服务咨询，实现服务价值最大化。

（二）长期措施

1. 能化产品综合化转型，拓宽销售产品线能力

紧紧围绕销售企业主要是为广大消费者提供能源补给基础设施能力的定位，未来我国加油站可以更多地承担起能源产业链条内中上游提供的能化产品顺畅销售的任务。因此，除销售传统的油气产品外，还可以销售化工品、绿电、氢能、装备与提供服务等，将现有的和即将出现的分产品线的销售渠道集中在终端加油站网络实体上。

2. “非能”业态多元化发展，打造综合服务平台能力

将现有的非油、非气业务打造成综合性的“非能”业务，提供具有市场竞争力的自有“非能”商品与服务，打造多元化的“非能”业态。

3. 线上线下一体化融合，提升综合竞争能力

充分发挥拥有规模化的线下实体终端的优势，做大做强线上业务规模，发挥线上传播引流与线下实体网络的协同营销效应；在建设充换电设备设施的同时，打造自身独有的、能够聚合其他平台的线上能力，从而实现“拉客”与精准营销；做好“非能”商品与服务线上商城及线下物流能力的建设，依托线下实体网络为客户提供及时可靠的仓储、配送、取货及多种服务落地；依托立体式商业生态实现成品油销售企业的高质量转型。

（撰稿人：陆晓如　丁少恒）

Ⅱ 环境政策篇

一、2024 年我国成品油行业环境分析与政策变化及未来趋势

2024 年是我国实施“十四五”规划的关键之年，也是经济发展与能源转型的关键一年。我国炼油工业能力继续扩张的同时，面临着替代能源快速发展、经济结构调整、石油需求增长空间压缩、经营压力加大的形势。国家相关部门不断完善成品油行业制度体系，促进成品油市场健康发展。

2025 年，我国成品油市场仍将面临诸多挑战。在“双碳”政策和《2024—2025 年节能降碳行动方案》的指导下，成品油销售企业将加快技术革新，升级换代清洁生产技术，为低碳转型注入动力。在成品油需求达峰的情况下，成品油销售企业将进一步调整产品与市场策略，开发新产品并开拓市场，提升企业的抗风险能力。

（一）2024 年我国成品油行业环境与政策变化分析

1. 监管砝码持续加重，成品油市场秩序进一步规范

为了更好地保障国家能源安全、促进经济高质量发展、加强环境保护、维护市场秩序，国家层面采取了一系列措施（见表 2–1）。这些政策进一步推动成品油行业的持续健康发展。

成品油行业深入落实中央经济工作会议和政府工作报告的部署，坚持稳中求进工作总基调，完整、准确、全面贯彻新发展理念。《2024 年能源工作指导意见》强调，深入践行绿色发展理念，坚持依靠科技创新增强发展新动能，推动能源高质量发展。《关于完善成品油管道运输价格形成机制的通知》表明，通过实行弹性监管机制，允许国家管网集团在不超过最高准许收入的前提下，与用户协商确定跨省管道运输的具体价

格。这有助于提高成品油管道运输效率，保障成品油稳定供应。

表 2–1 国家层面有关成品油行业的政策

时间	政策名称	重点内容
2024 年 3 月 18 日	《2024 年能源工作指导意见》	深入研究实施油气中长期增储上产发展战略。积极有力推进能源绿色低碳转型。深入践行生态优先、绿色发展理念，坚定不移落实“双碳”目标
2024 年 5 月 23 日	《2024—2025 年节能降碳行动方案》	合理调控石油消费，推广先进生物液体燃料、可持续航空燃料，加快非常规油气资源规模化开发
2024 年 11 月 8 日	《中华人民共和国能源法》	国家优化石油加工转换产业布局和结构，鼓励采用先进、集约的加工转换方式。国家支持合理开发利用可替代石油、天然气的新型燃料和工业原料。国家积极有序推进氢能开发利用，促进氢能产业高质量发展。国家鼓励、引导各类经营主体依法投资能源开发利用、能源基础设施建设等，促进能源市场发展
2024 年 11 月 15 日	《财政部 国家税务总局关于调整出口退税政策的公告》	将部分成品油的出口退税率由 13% 下调至 9%，具体包括车用和航空汽油、航空煤油、柴油
2024 年 12 月 3 日	《国家发展改革委关于完善成品油管道运输价格形成机制的通知》	基于成品油管道运输特性，对国家管网集团跨省成品油管道运输价格实行弹性监管机制，由国家发展改革委核定最高准许收入，国家管网集团在不超过最高准许收入的前提下，与用户协商确定跨省管道运输具体价格

资料来源：国务院、国家能源局、国家税务总局、国家发展和改革委员会官网

地方政府在国家工作部署的指导下，规范市场秩序，保障能源安全（见表 2–2）。各省市根据实际情况，或更新或制定本地区成品油行业的相关政策。重点在于加强成品油流通管理，维护成品油市场秩序，强化成品油质量和安全保障，保护消费者和经营者的合法权益，促进成品油行业高质量发展。

2. 成品油消费量同比下降，炼油能力总体保持稳定

2024 年，虽然我国经济回升向好，但成品油消费量同比下降。受新能源汽车加速替代燃油汽车等因素影响，汽油消费量呈明显下降趋势。交通运输领域 LNG 替代柴油的趋势日益突出，基建和房地产行业的经济

活动放缓，柴油消费下降幅度加快。春运期间民航客运量高涨，东南亚国家 3 月开始对我国游客施行免签政策，拉动了出境游高潮，对航空煤油消费形成持续利好。我国炼油行业受“减油增化”大方向的影响，炼油装置结构不断调整，“增化”的同时保持高质量的成品油输出。

表 2–2　重点省市有关成品油行业的政策

时间	省市	政策名称	重点内容
2024 年 1 月 15 日	上海	《上海市人民政府办公厅关于印发支持浦东新区等五个重点区域打造生产性互联网服务平台集聚区若干措施的通知》	加快推动上海石油天然气交易中心平台开展油气贸易人民币结算，形成上海石油天然气交易中心油气现货交易和上海期货交易所油气期货交易联动，打造集期货、现货、场外衍生品于一体的油气贸易平台，不断增强油气交易人民币结算、贸易商集聚、资源配置等方面综合功能，逐步提升我国油气价格影响力
2024 年 6 月 11 日	厦门	《厦门市成品油市场供储应急预案（2024 年修订）》	对各相关部门在成品油市场异常波动时的职责分工进行了更加详细和明确的划分，在通信与信息和经费方面增加应急保障
2024 年 9 月 26 日	广东	《广东省成品油流通管理条例》	从管理机制、规划与审批、经营与使用规范、监督管理以及法律责任等多个方面对成品油流通进行了全面规范，保障成品油经营者和消费者的合法权益，促进成品油行业高质量发展，保护和改善成品油流通环境

资料来源：上海市人民政府、厦门市人民政府、广东省人民代表大会常务委员会官网

3. 成品油行业技术呈现清洁高效的特征，成品油销售企业加快低碳转型步伐

2024 年，成品油行业在技术层面多点开花，既聚焦于传统炼化流程的增效升级、油品质量的精细把控，又发力于绿色低碳转型与智能化运营。通过采用高效炼化升级技术，调控汽柴油收率，促品质更上一层楼。通过智能化运营技术，借助物联网、大数据、人工智能搭建的智能工厂平台，全方位、实时监测生产设备，提高生产效率与资源配置精准度。

在国家“双碳”目标和企业可持续发展的内在需求驱动下，我国石油企业积极响应国家号召，致力于实现高效、清洁的能源生产与利用模式。例如，中国石油在下游领域发力充换电、氢能、分布式光伏发电等，致力于打造多元化的能源服务生态，形成了多能互补的经营特点。再例如，中国石化九江石化通过清洁低碳工艺改造、数智赋能推进提效增质、实施能源高效利用、减污减碳协同推进等措施，持续开展污染防治攻坚，实现传统产业绿色智能转型升级。

4. 成品油市场主体呈现多元化特征，市场竞争更加激烈

我国成品油市场的竞争主体包括国有企业、民营企业和外资企业。其中，国有企业中国石油、中国石化占据了市场主导地位。外资企业如壳牌、BP 等通过合资方式进入我国市场，虽然其市场份额相对较小，但在品牌、技术、管理等方面具有一定的优势。我国成品油销售企业需通过提高产品质量、优化服务体验、加强品牌推广，吸引更多消费者；拓宽销售渠道，提高市场份额；加强技术研发和创新等，提高市场竞争力。

新能源汽车的渗透率持续攀升，炼油产能持续提高，成品油供应充足。由于新能源替代和市场需求结构的变化，成品油需求增速放缓，使得成品油市场呈现供大于求的局面。这种供需关系的变化加剧了市场竞争。成品油销售企业需要不断提高产品质量和服务水平，加快转效，以应对激烈的市场竞争。

（二）2025 年我国成品油行业环境与政策趋势分析

1. 行业监管措施将进一步落实，市场整治力度将持续升级

2025 年，行业监管措施将进一步落实。从 1 月 1 日起对跨省成品油管道运输价格实行弹性监管，管道运输价格更加透明且具有竞争性，管道运输市场的规范化和市场化程度将进一步提高。出口退税政策从长期来看将优化行业格局，促使成品油行业向高质量、高效益方向发展。

为了促进成品油行业的规范化、标准化和高质量发展，在质量监管

方面，国家将不断加强对成品油质量的监管力度，加强对成品油生产、运输、销售等环节的溯源管理；在市场秩序监管方面，随着成品油市场准入逐渐放宽，将加强对市场主体的后续监管，确保企业具备相应的经营条件、资质，以及企业之间开展良性竞争；在安全监管方面，将加强对成品油生产、储存、运输、销售等环节的安全生产监管，督促企业落实安全生产主体责任。随着监管的持续加强，成品油行业将进一步规范有序发展。

2. 成品油消费市场将进一步分化，产量呈增长态势

（1）消费侧

美国总统特朗普再次上台后，签署约 200 项行政命令，废除前任拜登近 100 项政策。“OPEC+”成员国计划 2025 年 3 月增产，国际原油供应增加，国际原油价格将小幅下降。我国成品油零售价格主要根据国际原油价格进行调整，2025 年成品油价格将呈下行趋势。

新能源汽车的快速增长及传统燃油汽车节能减耗的趋势，对汽油消费产生一定冲击，预计汽油消费量增速放缓。运输领域“以铁替公”战略及 LNG 燃气重卡，替代了部分柴油需求，预计柴油消费小幅下降。居民生活水平不断提高，商务出行和旅游度假的需求将不断增加，航空客运需求旺盛，随着电商行业的蓬勃发展及全球贸易的稳定增长，航空货运的需求不断增加，为航空煤油市场带来新的增长动力，预计煤油消费将增加。

（2）供给侧

2025 年，炼化行业的转型升级和边际出清将进一步加快，落后产能将逐渐被淘汰，行业集中度有望提高。我国众多炼化一体化项目正在稳步推进。例如，华锦炼化新增炼油能力 1500 万吨 / 年，2025 年将投产；古雷炼化新增炼油能力 1600 万吨 / 年，2025 年将投产。国家发展改革委等部门发文要求，到 2025 年，我国原油加工能力控制在 10 亿吨以内，千万吨级炼油产能占比 55% 左右，将对成品油产量形成一定的拉动作用。

3. 多领域推进成品油行业低碳转型，技术创新推动行业绿色发展

根据《2024—2025年节能降碳行动方案》，2025年，我国将尽最大努力完成“十四五”节能降碳约束性指标，成品油行业将从多领域推进低碳发展。生产方面，炼油企业将不断升级生产工艺，降低能源消耗与碳排放，实现清洁、高效生产。产品方面，通过调整炼化产品布局，降低汽、煤、柴油收率，着重发展高附加值化工产品，推进“减油增化”。物流方面，通过购置采用轻量化车身设计、高效电动驱动系统的新能源重型卡车、厢式货车用于成品油配送，降低配送的能耗与碳排放。

随着全球能源绿色低碳转型快速推进，“技术就是资源”的趋势愈加明显。科技创新是加快能源转型、发展能源新质生产力的核心要素。我国深入实施创新驱动发展战略，围绕巩固延伸优势产业、改造提升传统产业、加快培育未来产业，推进产业链创新链协同发展，不断提升能源含“新”量。成品油行业将通过深化应用清洁生产技术，采用新型高效环保材料和清洁生产工艺，从源头减少能源消耗和污染物排放，提高生产过程的低碳化水平；推进炼油一体化“减油增化”策略，减少汽煤柴润油品总收率，调高化工用轻油比例。

4. 新能源进一步冲击成品油市场，市场主体竞争更加激烈

随着新能源技术的快速发展和普及，新能源汽车对汽油市场的冲击越发明显，LNG燃气重卡的发展也对柴油市场造成一定影响，我国成品油市场的增长空间将进一步受限，市场竞争将更加聚焦于存量市场的争夺。各成品油销售企业需要在有限的市场需求中努力提高自身的市场份额。

成品油市场主体更加多元，市场竞争更加激烈。以中国石油、中国石化、中国海油为代表的国有石油公司在市场中仍占据主导地位，并将继续发挥其上下游一体化的优势。外资能源企业凭借其品牌资产、非油业务及低碳能源的选择等组合优势，也在扩大市场占有率。例如，BP将借助其在全球的技术和管理经验，提高加油站的运营效率和服务质量，

引入先进的低碳能源技术和产品。整体来看，一方面市场结构更加多元化，国有企业、民营企业、外资企业共同参与，另一方面还面临新能源的替代冲击和环保法规要求趋严的挑战，2025 年我国成品油市场主体的竞争将更加激烈。

二、2024 年我国天然气行业环境分析与政策变化及未来趋势

2024 年，天然气行业在动态变化中不断发展。国家和地方积极出台政策，从供应保障、结构优化到节能减排等多维度引领行业前行，为行业发展营造良好的政策环境。天然气基础设施建设大步迈进，管道网络、LNG 接收站、储气库建设成绩突出，极大增强了供应保障能力，稳固了行业发展基石。数字化智能化技术广泛应用，企业纷纷借此提升效率与管理水平，推动行业向智慧化转型。市场竞争格局持续演变，大型国企与民营企业各展所长，行业集中度提高，促进资源合理配置。

2025 年，天然气行业前景广阔但充满挑战。在能源转型进程中，其与可再生能源的协同效应将越发显著，定价机制将更趋合理，绿色低碳发展成为必然趋势，全产业链减排势在必行。同时，加强监管力度将确保市场规范有序，国际合作深化有助于保障供应安全。天然气行业需积极应对，顺应趋势、持续创新，以实现可持续发展，在能源领域发挥更大作用，为经济增长和环境保护贡献力量。

（一）2024 年我国天然气行业环境与政策变化分析

1. 国家政策引领行业发展，推动能源结构优化与转型

2024 年，国家出台了一系列政策，为天然气行业的发展指明了方向（见表 2–3）。《2024 年能源工作指导意见》明确提出，要持续提升天然气

供应保障能力，加强天然气产供储销体系建设，推进天然气与新能源融合发展，降低单位产品生产能耗和二氧化碳排放量。这一政策导向有助于优化能源结构，提高天然气在能源消费中的比重，推动能源行业向绿色低碳转型。《天然气利用管理办法》的发布，进一步规范了天然气的利用，明确了不同类型天然气的适用范围和利用方式，提高了天然气利用效率，促进了天然气市场的健康有序发展。国家还通过出台政策鼓励天然气在工业、交通、居民生活等领域的合理利用，如在工业领域推广天然气替代煤炭、在交通领域推广天然气汽车等，以实现节能减排和环境保护的目标。

表 2–3 国家层面有关天然气行业的政策

时间	政策名称	重点内容
2024 年 1 月 9 日	《国家能源局关于印发〈2024 年能源监管工作要点〉的通知》	督促落实能源安全保供责任，加强电煤、电力、天然气等能源供需形势监测、分析和预警；推动国家能源规划、政策和项目落实落地，强化过程监管，持续跟踪油气管道等项目推进情况；充分发挥市场机制保供稳价作用，推动跨省跨区电力市场化交易、清洁能源交易、绿电交易
2024 年 2 月 2 日	《国家发展改革委等部门关于印发〈绿色低碳转型产业指导目录（2024 年版）〉的通知》	培育壮大绿色发展新动能，加快发展方式绿色转型。明确了节能降碳产业、环境保护产业、资源循环利用产业、能源绿色低碳转型、生态保护修复和利用、基础设施绿色升级、绿色服务等绿色低碳转型重点产业的细分类别和具体内涵
2024 年 3 月 18 日	国家能源局《关于印发〈2024 年能源工作指导意见〉的通知》	明确了 2024 年能源工作的主要目标，包括供应保障能力持续增强、能源结构持续优化、质量效率稳步提高。强调了强化能源行业节能降碳提效，推进煤炭、油气行业与新能源融合发展，降低单位产品生产能耗和二氧化碳排放量。支持煤制油气项目与新能源耦合发展和碳捕集、利用与封存规模化示范应用
2024 年 5 月 23 日	《国务院关于印发〈2024—2025 年节能降碳行动方案〉的通知》	提到优化油气消费结构，合理调控石油消费，推广先进生物液体燃料、可持续航空燃料。加快非常规油气资源规模化开发。有序引导天然气消费，优先保障居民生活和北方地区清洁取暖

续表

时间	政策名称	重点内容
2024年5月27日	《国家发展改革委等部门关于印发〈炼油行业节能降碳专项行动计划〉的通知》	实施全面节约战略，加大节能降碳工作力度，深入推进炼油行业节能降碳改造和用能设备更新，支撑完成"十四五"能耗强度降低约束性指标
2024年6月3日	《天然气利用管理办法》	规范天然气利用，优化消费结构，提高利用效率，促进节约使用，保障能源安全。适用于国产天然气（包括常规气，页岩气、煤层气、致密气等非常规天然气，煤制气等）和进口天然气（包括进口管道气、进口LNG等）的利用
2024年7月31日	《国务院关于印发〈深入实施以人为本的新型城镇化战略五年行动计划〉的通知》	加快城市燃气管道等老化更新改造，推动完善城市燃气、供热等发展规划及年度计划，深入开展城市管道和设施普查，有序改造材质落后、使用年限较长、不符合标准的城市燃气、供排水、供热等老化管道和设施，加快消除安全隐患，同步加强物联感知设施部署和联网监测
2024年8月4日	《关于2024年可再生能源电力消纳责任权重及有关事项的通知》	为助力实现"双碳"，推动可再生能源高质量发展，根据可再生能源电力消纳保障机制有关安排，印发2024年、2025年可再生能源电力消纳责任权重和重点行业绿色电力消费比例目标，推动可再生能源电力消纳责任权重向重点用能单位分解
2024年10月30日	《国家发展改革委等部门关于大力实施可再生能源替代行动的指导意见》	深入落实党中央、国务院关于"双碳"重大决策部署，促进绿色低碳循环发展经济体系建设，推动形成绿色低碳的生产方式和生活方式，大力实施可再生能源替代行动

资料来源：中央人民政府、国家能源局、国家发展和改革委员会、住房和城乡建设部、生态环境部官网

各省市根据自身能源需求和发展规划，出台了一系列与天然气相关的政策，与国家政策形成协同效应（见表2-4）。山东积极推动能源转型，印发《2024年全省能源转型工作要点》和《山东省重点能源项目管理暂行办法》，加大对天然气项目的支持力度，加快能源基础设施建设，提高天然气供应能力。江苏明确天然气发电上网电价，保障天然气发电企业的合理收益，促进天然气在电力领域的应用等。

国家与省市政策的共同发力，形成了全方位、多层次的政策体系，为天然气行业在能源结构优化、供应保障强化、市场机制完善及与其他能源协同发展等方面创造了良好的政策环境，有力推动了天然气行业的持续稳定发展，使天然气在能源领域的地位和作用不断提升。

表 2-4 重点省份天然气行业的相关政策

时间	省份	政策名称	重点内容
2024 年 1 月 4 日	江苏	《省发展改革委关于明确 2023 年天然气发电上网电价有关事项的通知》	为保持天然气发电平稳运行，保障电力供应安全稳定，根据天然气发电气电价格联动机制，上调下半年电量电价
2024 年 1 月 4 日	吉林	《吉林省人民政府办公厅印发关于促进吉林省新能源产业加快发展若干措施的通知》	围绕加快推进新能源产业发展，多策并施培育高质量发展增长极，多措并举加快形成新质生产力，提出加快绿能产业园区创建等措施
2024 年 2 月 2 日	山东	《山东省能源局关于印发〈2024 年全省能源转型工作要点〉的通知》	统筹做好 2024 年山东省能源转型工作，聚力打造能源绿色低碳转型示范区，加快推动能源高质量发展
2024 年 2 月 18 日	云南	《云南省人民政府关于印发〈2024 年进一步推动经济稳进提质政策措施〉的通知》	提高能源保障能力，2024 年内开工和投产新能源项目各 1600 万千瓦
2024 年 2 月 18 日	河南	《河南省 2024—2025 年节能工作方案》	加强非化石能源，在以生物质原料收储运产业体系较为完善的县域新建生物天然气项目
2024 年 4 月 11 日	四川	《四川省人民政府办公厅关于印发〈四川省城市燃气管道“带病运行”问题专项治理方案〉的通知》	聚焦城市内燃气输配管道、长距离输气管道、工业企业燃气管道三类管道，按照“统筹谋划、系统治理、突出重点、长效管控”工作思路，以及“谁所有、谁负责”治理原则，全面排查、重点治理，彻底消除“带病运行”管道设施等安全风险隐患，筑牢城市安全运行防线
2024 年 5 月 15 日	海南	《海南省空气质量持续改善行动实施方案（2024—2025 年）》	优化能源结构，加速能源清洁低碳高效发展，提高清洁能源比重，积极推动昌江核电二期、核电小型堆、气电、“风光”等一批重大项目建设

续表

时间	省份	政策名称	重点内容
2024年5月23日	辽宁	《辽宁省发展和改革委员会关于建立健全天然气上下游价格联动机制的通知》	进一步完善天然气价格形成机制，促进终端销售价格灵敏反映市场供需变化，保障安全稳定供应。涉及联动范围、联动周期、联动方式等内容，并要求建立健全价格信息公开制度，探索建立燃气企业激励约束机制
2024年9月24日	广东	《关于惠州LNG接收站项目二期工程核准的批复》	同意建设惠州LNG接收站项目二期工程，以增加粤港澳大湾区天然气储备、调峰能力，促进经济社会发展，优化能源结构
2024年9月30日	山西	《山西省能源局关于印发〈山西省能源领域2024—2025年节能降碳行动计划〉的通知》	旨在贯彻落实国务院《2024—2025年节能降碳行动方案》精神，加大能源领域节能降碳工作推进力度，推动能源领域绿色低碳转型，确保完成“十四五”节能约束性指标

资料来源：江苏、吉林、山东、云南、河南、四川、海南、辽宁、广东、山西政府官网

2. 天然气基础设施建设加速推进，保障能源供应安全

2024年，我国油气管道建设继续完善“全国一张网”，天然气基础设施建设继续保持快速发展态势。中俄东线天然气管道全线贯通，极大增强了我国东部地区的天然气供应能力，有效缓解了该地区用气紧张局面。西气东输四线、川气东送二线等重大管道工程稳步推进，进一步完善了全国天然气管网布局，提高了天然气资源的调配能力和供应保障能力。

LNG接收站建设取得了新进展，如广东惠州LNG接收站二期项目、浙江舟山LNG接收站三期工程等。这些项目的实施将提升我国东南沿海地区的LNG接收和储存能力，增强天然气供应的灵活性和稳定性。以广东惠州LNG接收站二期项目为例，新增了3座27万立方米大容量的LNG储罐及配套设施，建成后最大处理能力可增至745万吨/年。

储气库建设不断加强，如新疆呼图壁储气库扩建工程、大港储气库

群扩容工程等。通过新建和扩建储气库，我国的储气调峰能力得到显著提高，不仅能有效应对季节性用气高峰，而且能在突发情况下确保天然气稳定供应，为能源安全筑牢坚实防线。

3. 数字化智能化技术深度应用，提高行业运营效率与管理水平

天然气行业与数字化智能化技术的融合不断深入，推动行业运营效率和管理水平提升。一些天然气企业利用数字化技术实现了对天然气生产、运输、销售等环节的全面管理和优化，显著提升了行业的运营效率、管理水平和服务质量。例如，新奥集团股份有限公司构建了覆盖全国的能源服务网络，致力于通过“好气网”“泛能网”等数字化平台的应用，提高运营效率，降低成本。该公司作为一家以天然气长输管网建设运营为核心、集下游分销业务于一体的国有控股上市公司，积极应用数字化技术提高运营管理水平。其长输管道业务利用智能巡检系统，通过无人机、智能机器人等设备，对管道进行定期巡检，及时发现并处理潜在的安全隐患。同时，利用 GIS（地理信息系统）等技术，实现了对管道地理信息的精准管理和可视化展示，提高了管网的管理效率和应急响应能力。在城市燃气业务方面，陕西省天然气股份有限公司通过建立客户服务信息系统，实现了用户信息的集中管理和服务流程的优化，提升了服务质量和用户体验。

4. 天然气市场竞争格局演变，行业集中度进一步提高

随着天然气行业的发展，市场竞争格局持续演变。大型国有石油公司凭借资源优势、技术实力、资金规模，在天然气勘探开发、管道运输、储气设施建设等领域占据主导地位，并不断加强产业链整合。中国石油、中国石化、中国海油在天然气上游资源开发方面具有强大的实力，同时积极开拓下游市场，加强与城市燃气企业的合作，进一步提高市场份额。

部分民营能源企业通过技术创新、市场拓展、服务优化，在天然气行业中逐渐崭露头角，市场份额有所增加。如新奥股份、九丰能源等企

业在 LNG 贸易、分布式能源等领域具有一定的竞争力，通过与上游供应商建立长期合作关系，保障气源供应，同时积极开拓下游市场，为用户提供具有竞争力的 LNG 产品和服务。

2024 年，行业整合趋势进一步加剧，一些小型企业由于资源有限、技术落后等，在市场竞争中面临较大压力，逐渐被市场淘汰或被大型企业并购。这使得天然气行业集中度进一步提高，资源配置更加优化，大型企业的市场影响力和抗风险能力增强。

（二）2025 年我国天然气行业环境与政策趋势分析

1. 天然气在能源转型中扮演更加重要的角色，与可再生能源协同发展

天然气在能源转型中的作用将更加重要。随着“双碳”目标的推进，天然气作为一种相对清洁的化石能源，将在过渡时期发挥关键作用。

在电力领域，天然气发电将继续发挥调节灵活、启动快速的优势，与太阳能、风能等可再生能源发电深度互补。一方面，当可再生能源发电因天气等自然因素波动较大时，天然气发电能够迅速响应，保障电网的稳定供电，确保电力供应的可靠性。例如，在风力发电不稳定的时段，天然气调峰电站可及时启动，填补电力缺口。另一方面，天然气发电企业积极探索与 CCUS 技术的结合，进一步降低碳排放。部分企业已开展试点项目，将天然气发电过程中产生的二氧化碳进行捕集和封存，有望实现低碳甚至近零排放发电，使天然气发电在能源转型过程中更具可持续性。

在供热领域，天然气供热与地热能、生物质能等可再生能源供热的协同模式将更加普及。城市集中供热系统中，天然气锅炉与热泵等设备联合运行的方式将得到优化。在冬季寒冷期，天然气可提供基础热量，满足高峰需求；非供热季或气温较高时，加大可再生能源供热比例，提高能源利用效率。一些城市正在规划建设智能供热系统，根据实时天气

和用户需求，自动调整不同能源的供热比例，实现能源的高效利用，减少环境污染。

天然气在工业领域将与可再生能源共同助力企业实现绿色转型。对于一些高耗能工业企业，天然气可作为过渡能源，在可再生能源供应不稳定时保障生产连续性。同时，企业可利用可再生能源电力驱动天然气生产设备，进一步降低碳排放。例如，部分化工企业在生产过程中，利用太阳能光伏发电为天然气压缩机等设备供电，减少对传统能源的依赖，提高能源利用的清洁性和经济性。

2. 天然气定价机制持续完善，价格波动或趋于缓和

我国天然气定价机制正朝着更加市场化、合理化的方向不断演进。这一趋势在 2025 年将更为显著，价格波动有望趋于缓和。政府将持续加大对天然气价格的监管力度，完善价格联动机制，确保价格能够及时、准确地反映市场供需关系和成本变化。同时，价格形成机制将更加透明，并充分考虑气源采购成本、运输成本、储存成本、市场竞争状况等多方面因素。

全球 LNG 市场供应格局的变化将对我国天然气价格产生重要影响。随着澳大利亚、美国等国家新增 LNG 产能的逐步释放，全球 LNG 供应更加充足，市场竞争加剧，预计 LNG 价格波动幅度将减小。这将促使我国企业优化气源采购策略，增加 LNG 进口量，进一步丰富我国天然气供应来源，平抑价格波动。

我国天然气产量的稳步增长和储气调峰能力的持续增强，为天然气价格的稳定提供了坚实支撑。各大油气田不断加大勘探开发投入力度，提高天然气产量，增强了我国供应的自主性。同时，新建和扩建的储气库使储气调峰能力显著提升，在需求旺季可有效调节市场供需，稳定价格；在用气高峰时，储气库能够释放储存的天然气，增加市场供应，缓解价格上涨压力。

金融衍生品市场在天然气价格风险管理中的作用将进一步凸显。企业将更加熟练地运用期货、期权等金融工具进行套期保值，降低价格波动对生产经营的不确定性影响。政府将加强对企业参与金融衍生品市场的引导和规范，提高企业对市场风险的管理能力，促进天然气市场的健康稳定发展。

3. 天然气行业绿色低碳发展加速，推动全产业链减排

天然气行业将加快绿色低碳发展步伐，对从勘探开发、生产运输到利用消费的全产业链加强节能减排措施。在勘探开发环节，推广应用低碳开采技术，减少甲烷等温室气体的排放。在生产运输环节，企业将持续改进天然气净化和处理工艺，提高能源利用效率，降低生产过程中的能耗和碳排放，同时采用高效的压缩机和智能管道技术，优化输送参数，减少天然气在运输过程中的损耗和泄漏。在利用消费环节，鼓励发展高效低碳的天然气利用技术，如天然气分布式能源系统、天然气燃料电池等，以提高能源利用效率，减少污染物排放。

国家将出台更加严格的环保政策和碳排放管理措施，推动天然气企业加大绿色技术研发投入力度，积极开展碳减排行动。对天然气生产企业实施碳排放配额管理，鼓励企业通过技术创新和管理优化降低碳排放；对天然气利用项目进行碳排放评估，优先支持低碳环保项目建设。同时，加强对天然气行业甲烷排放的管控，制定甲烷排放标准，推动企业采取有效措施减少甲烷泄漏，降低甲烷排放对气候变化的影响。

4. 天然气行业监管强化，市场秩序规范与安全保障水平提升

2025 年，政府对天然气行业的市场准入监管将更加严格。对新进入的企业的资质审查将涵盖资金实力、技术水平、安全管理能力等多个方面，确保企业具备从事天然气业务的能力和条件。加强对天然气企业经营活动的监管，规范市场行为；加强对天然气销售价格、计量器具准确性、服务质量等进行严格监督检查，防止企业不正当竞争和损害消费者权益的行为。

在安全监管方面，强化对天然气生产、运输、储存和使用等环节的安全检查。加大对老旧管道、储气设施等的改造和更新力度，提高安全性能。在质量监管方面，严格执行天然气质量标准。加强对天然气气源质量的监测，确保进入市场的天然气符合国家标准。同时，加强对天然气燃烧设备的质量监管，确保设备安全可靠运行，提高能源利用效率。

三、2024 年我国新能源行业环境分析与政策变化及未来趋势

在新时代的发展背景下，新能源行业关系到国计民生，是贯彻绿色、创新、开放等新发展理念的必然要求。我国一直十分重视新能源领域的发展。2024 年，我国新能源行业继续在系列政策的支持下蓬勃发展，市场规模持续扩大，技术创新不断涌现，产业融合加速推进，为实现“双碳”目标发挥着关键作用。展望 2025 年，国家政策将继续推进，加强资金支持和科技引领，推动新能源行业高质量发展，实现能源结构的绿色低碳转型。

（一）2024 年我国新能源行业环境与政策变化分析

为进一步推动新能源行业高质量发展，2024 年，我国政府持续出台并完善相关政策，构建了全方位、多层次的政策体系。

1. 系列具体指导政策持续推出，助力各类新能源产业协同发展

国家层面，继续加大对新能源领域的投入和支持力度，出台多项政策鼓励新能源技术创新、产业升级和应用拓展（见表 2–5），其中包括充换电、氢能及光伏行业发展的具体指导政策，例如基础设施体系建设、行业标准与规范制定等。

表 2-5　国家层面有关新能源行业的政策

时间	政策名称	重点内容
2024 年 5 月 14 日	《国家发展改革委 国家数据局 财政部 自然资源部关于深化智慧城市发展 推进城市全域数字化转型的指导意见》	明确建设完善数字基础设施，推动综合能源服务与用能场景深度耦合，利用数字技术提升综合能源服务绿色低碳效益，推动新能源汽车融入新型电力系统，推进城市智能基础设施与智能网联汽车协同发展
2024 年 5 月 15 日	《工业和信息化部办公厅 国家发展改革委办公厅 农业农村部办公厅 商务部办公厅 国家能源局综合司关于开展 2024 年新能源汽车下乡活动的通知》	2024 年 5—12 月选取适宜农村市场、口碑较好、质量可靠的新能源汽车车型开展集中展览展示、试乘试驾等活动，组织充换电服务、金融服务及售后服务协同下乡，落实相关支持政策
2024 年 5 月 20 日	《关于开展 2023 年度双积分数据核算审查工作的通知》	工业和信息化部装备工业发展中心通过相关系统开展乘用车企业燃料消耗量与新能源汽车积分审查核算工作，参与核算的企业主体包括境内乘用车生产企业和进口乘用车供应企业
2024 年 5 月 29 日	《2024—2025 年节能降碳行动方案》	加强工业装备、信息通信、风电光伏、动力电池等回收利用；严格落实电解铝产能置换，从严控制部分冶炼新增产能，合理布局相关行业新增产能；新建多晶硅、锂电池正负极项目能效须达到行业先进水平。逐步取消各地新能源汽车购买限制，落实便利新能源汽车通行等支持政策，推动公共领域车辆电动化等。落实煤电容量电价，深化新能源上网电价市场化改革，研究完善储能价格机制；积极发展抽水蓄能、新型储能
2024 年 7 月 14 日	《国家发展改革委 市场监管总局 生态环境部关于进一步强化碳达峰碳中和标准计量体系建设行动方案（2024—2025 年）的通知》	围绕“双碳”目标，细化部署“双碳”标准计量体系建设工作，提出到 2025 年面向企业、项目、产品“三位一体”的碳排放核算和评价标准体系基本形成等主要目标，明确了 16 项重点任务，提出 5 方面保障措施
2024 年 7 月 25 日	《加快构建新型电力系统行动方案（2024—2027 年）》	提出在 2024—2027 年重点开展电力系统稳定保障行动、大规模高比例新能源外送攻坚行动、配电网高质量发展行动、新一代煤电升级行动、电动汽车充电设施网络拓展行动等 9 项专项行动，推进新型电力系统建设取得实效，打造一批系统友好型新能源电站

续表

时间	政策名称	重点内容
2024 年 7 月 29 日	《新能源城市公交车及动力电池更新补贴实施细则》	对城市公交企业更新新能源城市公交车及更换动力电池给予定额补贴，明确补贴范围和标准、申报审核和发放、资金管理、绩效管理与监督等内容
2024 年 7 月 31 日	《中共中央 国务院关于加快经济社会发展全面绿色转型的意见》	大力发展非化石能源。加快西北风电光伏、西南水电、海上风电、沿海核电等清洁能源基地建设，积极发展分布式光伏、分散式风电，因地制宜开发生物质能、地热能、海洋能等新能源，推进氢能“制储输用”全链条发展。统筹水电开发和生态保护，推进水风光一体化开发。积极安全有序发展核电，保持合理布局和平稳建设节奏。到 2030 年，非化石能源消费比重提高到 25% 左右
2024 年 8 月 2 日	《加快构建碳排放双控制度体系工作方案》	提出到 2025 年、“十五五”时期、碳达峰后三个阶段工作目标，明确将碳排放指标纳入国民经济和社会发展规划，要求建立健全相关政策制度和管理机制
2024 年 8 月 3 日	《能源重点领域大规模设备更新实施方案》	提出到 2027 年能源重点领域设备投资规模较 2023 年增长 25% 以上，重点推动实施煤电机组节能改造、供热改造和灵活性改造“三改联动”，以及输配电、风电、光伏、水电等领域的设备更新和技术改造。推进风电和光伏设备更新和循环利用，鼓励风电场开展改造升级等
2024 年 10 月 18 日	《国家发展改革委等部门关于大力实施可再生能源替代行动的指导意见》	加快推进以沙漠、戈壁、荒漠地区为重点的大型风电光伏基地建设，推动海上风电集群化开发。科学有序推进大型水电基地建设，统筹推进水风光综合开发。就近开发分布式可再生能源。稳步发展生物质发电，推动光热发电规模化发展。因地制宜发展生物天然气和生物柴油、生物航空煤油等绿色燃料，积极有序发展可再生能源制氢。促进地热能资源合理高效利用，推动波浪能、潮流能、温差能等规模化利用。推动建立可再生能源与传统能源协同互补、梯级综合利用的供热体系

资料来源：中央人民政府、国家发展和改革委员会、国家能源局、工业和信息化部装备工业发展中心官网

在国家政策的指导下，地方政府因地制宜下发实施方案，明确具体目标，全国多个省市对新能源各个领域的发展提出了具体的应用实施方案（见表 2–6）。

表 2–6 重点省市有关新能源产业的政策

时间	省市	政策名称	重点内容
2024 年 3 月 14 日	河南	《河南省人民政府办公厅关于印发河南省加快制造业“六新”突破实施方案的通知》	聚焦制氢、储氢、加氢、氢能发电等环节，全面提升高端氢能装备供给能力。突破低成本、高效率、长寿命质子交换膜电解制氢、高温固体氧化物电解制氢成套工艺，加快发展制氢装备、氢气纯化装备和储氢供氢装备，提升关键阀体和高压件配套水平。开展质子交换膜燃料电池关键材料、部件批量制备技术研发攻关，研发燃料电池系统、车载供氢系统等氢能发电装备
2024 年 8 月 16 日	北京	《本市加快推进新能源汽车超级充电站建设实施方案》	按照超快结合、适度超前，政府引导、市场主导，节约资源、鼓励共享，创新融合、安全高效的原则，加快推动超充站建设，到 2025 年底建成超充站 1000 座，建成布局合理、便捷高效、智能安全、技术先进的超充网络，构建共享开放、多方参与的超充行业生态，有效支撑全市新能源汽车推广应用
2024 年 9 月 13 日	上海	《关于做好 2024 年上海市可再生能源开发建设有关事项的通知》	加快陆上风电、光伏电站项目建设。本年度各区拟实施的陆上风电规模 24.841 万千瓦、光伏电站规模 48.896 万千瓦，经上海市电力公司评估可全额保障性消纳，全部纳入 2024 年度陆上风电、光伏电站开发建设方案。力争陆上风电 2025 年 6 月前核准，光伏电站 2025 年 6 月前开工，在建项目尽快并网发电
2024 年 10 月 14 日	云南	《云南省 2024 年第二批新能源项目开发建设方案》	纳入云南省 2024 年第二批新能源项目开发建设方案实施的项目共 108 个，装机 934.75 万千瓦。其中，风电项目 30 个、装机容量 242.26 万千瓦，光伏项目 78 个、装机容量 692.49 万千瓦。工作要求包括规范程序加快推进、强化日常调度监管、压实环保和安全生产等责任、严密防范廉政风险等

续表

时间	省市	政策名称	重点内容
2024年11月13日	乌兰察布	《推动乌兰察布市新能源产业高质量发展方案（2024年修订版）》	到“十四五”末，新能源发电装机持续增加至约2300万千瓦，发电装机占比达到60%左右，发电量占比超过40%等。涉及资源摸底普查、应用场景拓展、全产业链提升、行业提质增效、服务保障提升等重点任务
2024年11月21日	四川	《四川省算力基础设施高质量发展行动方案（2024—2027年）》	以“提升绿色能源利用水平”为重点任务，加强数据中心集群建设规划与新能源发展规划、电网建设规划的衔接，支持在清洁能源富集区域探索实施风电、光伏发电联营绿电稳定供应模式，推广应用各类绿色节能技术，推进数据中心绿色智能发展
2024年11月26日	海南	《海南省工业和信息化厅 海南省财政厅 海南省交通运输厅 海南省公安厅 海南省住房和城乡建设厅关于办理海南省2024年鼓励新能源汽车推广应用补贴的通知》	出台新能源汽车补贴政策，补贴对象为在省内购买且登记新能源号牌新车所有人（需满足条件），补贴要求涉及运营服务补贴（按车辆类型）及充电费用补贴（依充电量），办理时间为通知发布起至2025年12月31日，由省工业和信息化厅审核信息，补贴发放方式为个人充电费用补贴分阶段发放，运营服务及非个人充电费用补贴按特定顺序发放
2024年12月5日	广东	《广东省人民政府办公厅关于推动能源科技创新促进能源产业发展的实施意见》	提出发展目标，以企业为主体、市场为导向、产学研相结合，加快组织实施一批科技创新项目，转移转化一批高价值成果等。明确重点任务，如加强统筹引导、强化企业科技创新主体地位、加快创新平台建设、加快推动创新成果转化与应用、培育壮大能源产业集群等

资料来源：河南、北京、上海、云南、乌兰察布、四川、海南、广东政府官网

在政策引导下，新能源产业多元化发展格局进一步深化。太阳能、风能、水能、生物质能等可再生能源发电技术不断成熟，发电成本持续下降，在能源结构中的占比稳步提升。充换电基础设施建设持续推进，可再生能源制氢项目积极推进，光伏产业持续赋能，新能源汽车市场继续保持高速增长，各类新能源产业协调发展。氢能行业各环节降本取得

实质性进展，加氢站数量居世界首位，应用领域逐渐扩大。换电站、高压充电桩等新型基础设施布局逐渐完善。目前，我国已建成世界上数量较多、覆盖范围较广的充电基础设施体系。光伏产业技术实现创新突破，实现自身优势的最大化应用，积极推进能源数字化转型，降低发电成本。国家和地方出台多项政策鼓励新能源汽车发展，如购置补贴、下乡活动、基础设施建设支持等，推动新能源汽车市场不断扩大。

2. 市场规模持续扩大，经济效益显著提升

新能源行业市场规模持续快速扩张，成为推动经济增长的重要力量。2024 年 11 月 14 日，我国新能源汽车年产量首次突破 1000 万辆，成为全球首个新能源汽车年度达产 1000 万辆的国家。2024 年，我国新能源汽车产量为 1288.8 万辆。每日经济新闻和清华大学经济管理学院中国企业研究中心联合推出的“中国上市公司品牌价值榜”显示，汽车行业上市公司 2024 年合计品牌价值为 16162.81 亿元，同比增长 7.84%，绝对增量为 1174.39 亿元。我国新能源汽车出口量近年增速明显加快，远高于汽车出口的平均增速。根据中国汽车工业协会的数据，2023 年，新能源汽车出口量为 120.3 万辆，同比增长超 77%，对汽车出口量的贡献度进一步扩大至 24.75%。2024 年，新能源汽车累计出口量突破 200 万辆，在全球新能源汽车市场中的影响力不断增强。

我国充换电基础设施产业持续高速增长，有力支撑新能源汽车规模化市场的快速发展。全国累计发电装机容量约 31.9 亿千瓦，同比增长 14.5%。其中，太阳能发电装机容量约 7.9 亿千瓦，同比增长 48%；风电装机容量约 4.9 亿千瓦，同比增长 20.3%。光伏发电成本不断下降，部分地区已实现平价上网，光伏发电项目投资回报率显著提高，吸引了大量企业和资本进入该领域。风力发电装机容量也稳步增长，海上风电发展迅速，成为风电新增装机的重要来源，技术水平和建设规模不断提升。

随着市场规模的扩大，新能源产业经济效益显著提升，对经济增长的贡献率不断提高。新能源企业盈利能力增强，部分企业净利润实现大

幅增长。同时，新能源产业的发展还带动了上下游相关产业的协同发展，如电池材料、充电桩制造、新能源汽车零部件等产业，形成了完整的产业链条，创造了大量就业机会，对经济结构调整和转型升级发挥了重要作用。

3. 技术创新加速推进，核心竞争力不断增强

新能源行业技术创新步伐不断加快，关键核心技术取得重要突破，为产业发展提供了强大的技术支撑。电池技术方面，固态电池研发取得重要进展，能量密度显著提高，安全性能大幅提升，有望成为下一代动力电池的主流技术。宁德时代、比亚迪等企业在固态电池研发和产业化方面处于领先地位，部分产品已进入样品试制阶段。氢燃料电池技术实现了关键性突破，氢燃料电池电堆功率密度、耐久性等指标不断提升，成本逐渐降低。我国自主研发的氢燃料电池发动机系统已成功应用于多款商用车，推动了氢燃料电池汽车产业的发展。

新能源发电技术创新成果丰硕，高效太阳能电池转换效率不断刷新世界纪录，钙钛矿太阳能电池商业化进程加速。隆基绿能、通威股份等企业在高效太阳能电池研发方面投入大量资源，推动技术不断进步。风力发电领域，大容量海上风电机组实现国产化，风电智能化运维技术广泛应用，有效提高了风电场的发电效率和运行可靠性。金风科技、远景能源等企业在海上风电技术研发和装备制造方面取得了显著成绩。

储能技术创新取得了重要突破，新型储能技术产品如钠离子电池、液流电池等不断涌现，储能系统的安全性、能量转换效率、循环寿命等性能指标不断提升。这些技术创新成果推动了新能源产业向高端化、智能化、绿色化方向发展，提高了我国新能源产业在全球的核心竞争力。

4. 产业融合加速推进，新业态新模式不断涌现

新能源产业与其他产业加速融合，新业态、新模式不断涌现，拓展了新能源产业的发展空间。“新能源＋储能”“新能源＋生态治理”模式成为能源发展的新趋势，储能系统与新能源发电设施配套建设，有效解

决了新能源发电的间歇性和波动性问题，提高了电力系统的稳定性和可靠性。新能源与生态治理涉及能源、环境、农业、林业等多个领域，不同领域的技术和资源相互融合，可创造出更多创新的解决方案和商业模式。在应对气候变化和生态环境保护的大背景下，新能源作为清洁能源，与生态治理相结合是实现可持续发展的必然选择。

新能源汽车与智能网联技术深度融合，智能驾驶、车联网等功能不断普及，提高了新能源汽车的用户体验和市场竞争力。百度、华为等科技企业与汽车制造商合作，共同研发智能网联汽车技术，推动新能源汽车产业向智能化方向发展。新能源产业还与绿色建筑、分布式能源系统等领域融合发展，形成了能源互联网、多能互补等新业态，实现了能源的高效综合利用。

能源互联网通过先进的信息技术和智能控制技术，实现了能源生产、传输、存储、消费等环节的互联互通和智能化管理，提高了能源利用效率，降低了能耗。多能互补将多种能源形式有机结合，实现能源之间的优势互补，提高能源供应的稳定性和可靠性。这些新业态新模式的发展，促进了新能源产业与其他产业的协同发展，为经济社会发展注入了新的活力。

（二）2025年我国新能源行业环境与政策趋势分析

1. 政策支持更加精准，助力产业迈向高端化

展望2025年，政府针对新能源行业的政策支持将更具精准性与聚焦性，全力推动产业迈向高端化发展进程。在财政政策方面，会加大对新能源前沿技术研发、关键零部件制造及高端装备研发等关键领域的资金投入力度，以此引导企业积极向产业链高端攀升。政府将设立专项资金用于固态电池、氢燃料电池核心技术的攻关突破，助力新能源汽车电池技术实现质的跃升。同时，为高端新能源装备制造企业提供研发补贴，激励企业提高装备制造水准与智能化程度。

产业政策将更为着重引导产业实现集聚发展与协同创新。一方面，通过科学规划建设新能源产业园区、创新基地等载体，吸引上下游企业进驻，构建完备的产业链条，增强产业集群效应与协同创新能力。另一方面，强化产学研之间的合作联动，推动高校、科研机构与企业携手开展技术研发与人才培养工作，加速科技成果的转化进程及产业化应用。此外，政府还会强化对新能源行业的质量监管力度并完善相关标准制定，提升新能源产品与服务质量，促进行业规范有序发展。

2. 市场机制不断完善，推动产业可持续发展

随着新能源行业的发展，市场机制将不断完善，在推动产业可持续发展方面发挥更加重要的作用。价格机制方面，新能源产品价格将逐步由市场供需关系决定，政府补贴将更加注重引导市场形成合理价格。如在新能源电力领域，随着光伏发电和风力发电成本的下降，将逐步推进电力市场化改革，通过市场竞争形成合理的上网电价。同时，政府将加强对新能源产品价格的监测和调控，防止价格大幅波动，保障产业稳定发展。

市场竞争机制将更加公平和有序。政府将加强反垄断监管，防止企业滥用市场支配地位，维护市场公平竞争环境。鼓励企业通过技术创新、产品差异化等方式提升竞争力，推动行业优胜劣汰。在新能源汽车市场，随着市场竞争加剧，企业将更加注重品牌建设、服务质量提升和用户体验优化，促进市场健康发展。市场准入和退出机制将进一步完善，简化新能源项目审批流程，降低企业市场准入门槛，吸引更多社会资本进入新能源领域。同时，建立健全企业退出机制，对不符合环保、安全等要求的企业依法依规予以退出，提高产业整体素质。

3. 技术创新引领突破，拓展产业发展新边界

在新能源汽车领域，电池技术创新将持续推进，固态电池有望实现大规模商业化应用，续航里程和充电速度将得到进一步提升。氢燃料电池技术将不断成熟，成本将进一步降低，推动氢燃料电池汽车在商用车和乘用车领域的广泛应用。智能驾驶技术将取得重大突破，实现更高级别的自动驾驶功能普及，提高交通安全性和出行效率。新能源汽车与5G、物联网等技术深度融合，将催生出更多智能网联应用场景，如智能交通管理、车路协同等。

新能源发电技术方面，高效太阳能电池技术将不断迭代，钙钛矿太阳能电池有望实现大规模产业化生产，提高光伏发电效率和降低成本。风力发电技术将向大功率、智能化方向发展，海上风电将成为风电发展的重要方向，深远海风电技术和漂浮式风电技术将取得突破。储能技术将迎来创新发展高峰期，新型储能技术如固态储能、重力储能等将不断涌现，储能系统的性能和成本将得到进一步优化，为新能源大规模发展提供更加可靠的储能支持。

4. 绿色低碳理念深入人心，促进产业融合发展

新能源产业将与建筑、交通、工业等领域实现更加广泛和深入的融合，构建绿色低碳产业生态系统。在建筑领域，大力推广建筑光伏一体化，将太阳能光伏发电系统与建筑有机结合，实现建筑节能和可再生能源利用。在交通领域，新能源汽车与智能交通系统深度融合，实现交通设施与新能源汽车之间的信息互联互通，优化交通资源配置，提高交通运行效率。同时，新能源汽车的发展将带动充电桩、换电站等基础设施建设，形成新的产业增长点。

在工业领域，大力推广新能源技术在工业生产流程中的应用，通过采用太阳能供热、风能供电等多元化方式，有效降低工业企业的能源消耗与碳排放，推动工业企业绿色转型。新能源产业积极与金融、信息技术等产业深度融合，催生出创新的商业模式和金融服务模式，如积极发展绿色金融，能够为新能源项目开辟多元化融资渠道，有力保障项目资金需求。同时，借助大数据、人工智能等前沿技术，显著提升新能源产业的生产管理效率以及市场运营能力，实现精准生产、智能运维与精准营销等。新能源产业与其他产业的这种融合发展模式，将构建起互利共赢的格局，共同助力经济社会朝着绿色低碳方向稳步转型。

四、2024 年我国汽车行业环境分析与政策变化及未来趋势

2024 年，我国汽车行业面临着复杂的环境。一系列政策出台推动汽车产业的转型升级和高质量发展，经济恢复向好为汽车行业的持续发展提供了良好的宏观经济环境，电动汽车技术、自动驾驶技术、轻量化技术等取得显著进步，用户体验提升。行业内竞争激烈，自主品牌与合资品牌、传统汽车企业与新兴造车势力之间竞争白热化。

2025 年，我国汽车市场将继续保持增长态势，行业内机遇与挑战并存。政府对于汽车产业的政策支持力度依然强劲，促使汽车企业加大在智能驾驶领域的研发投入，提高产品智能化水平。新能源汽车技术的不断进步和消费者认知度的提升，推动新能源汽车的市场占有率进一步提高。随着市场的不断扩大，竞争将更加激烈，各大品牌需要不断提升自己的产品竞争力以争夺更多的市场份额。

（一）2024 年我国汽车（燃油、充电、充气、加氢）行业环境与政策变化分析

1. 政策推动新能源汽车高质量发展，助力产业升级与市场拓展

2024 年，国家在汽车行业政策方面持续发力，推动新能源汽车产业向更高质量发展（见表 2–7）。在购置税减免政策方面，技术门槛有所提升，释放出新能源汽车从依赖补贴向注重质量发展的信号，引导消费者购买更高质量车型，解决消费者续航焦虑。积极开展县域充换电设施补短板试点工作，计划在 2024—2026 年实施“百县千站万桩”工程，加强重点村镇新能源汽车充换电设施规划建设，改善农村地区新能源汽车使用环境，促进新能源汽车在农村市场的普及。不断优化对新能源汽车产品的管

理，激励企业提升技术水平，如调整享受车船税优惠的节能、新能源汽车产品技术要求，加强轻型汽车能源消耗量标示管理，推动车网互动规模化应用试点工作，以及提升新能源汽车动力锂电池运输服务和安全保障能力等政策，均从不同角度促进新能源汽车产业的规范化、高质量发展。

表 2-7 国家层面有关汽车行业的政策

时间	政策名称	重点内容
2024 年 4 月 12 日	《财政部 工业和信息化部 交通运输部关于开展县域充换电设施补短板试点工作的通知》	2024—2026 年，按照“规划先行、场景牵引、科学有序、因地制宜”的原则，开展“百县千站万桩”试点工程，加强重点村镇新能源汽车充换电设施规划建设
2024 年 5 月 15 日	《工业和信息化部办公厅 国家发展改革委办公厅 农业农村部办公厅 商务部办公厅 国家能源局综合司关于开展 2024 年新能源汽车下乡活动的通知》	加快补齐农村地区新能源汽车消费使用短板，提升居民绿色安全出行水平，赋能美丽乡村建设和乡村振兴
2024 年 5 月 27 日	《关于调整享受车船税优惠的节能 新能源汽车产品技术要求的公告》	加大新能源汽车配备力度，统筹新能源汽车采购比例，严格新能源汽车配备标准，优化新能源汽车使用环境
2024 年 7 月 1 日	《工业和信息化部 公安部 自然资源部 住房和城乡建设部 交通运输部关于公布智能网联汽车“车路云一体化”应用试点城市名单的通知》	建成一批架构相同、标准统一、业务互通、安全可靠的城市级应用试点项目，推动智能化路侧基础设施和云控基础平台建设，提升车载终端装配率，开展智能网联汽车“车路云一体化”系统架构设计和多种场景应用，形成统一的车路协同技术标准与测试评价体系，健全道路交通安全保障能力，促进规模化示范应用和新型商业模式探索，大力推动智能网联汽车产业化发展
2024 年 7 月 19 日	《工业和信息化部办公厅 市场监管总局办公厅关于进一步加强轻型汽车能源消耗量标示管理的通知》	汽车生产企业或进口汽车经销商需确保销售的轻型汽车粘贴能耗标识，标识内容、格式、材质和粘贴应符合国家标准。能耗标识应包括企业标志、能源消耗量扩展信息、备案号和启用日期。企业可根据实际情况选择行业平均水平或试验结果标注能源消耗量或续驶里程，燃油汽车的标注值应不低于试验值，纯电动汽车的标注值应不高于试验值。已备案能耗标识数据如有变化，企业需及时更新备案

续表

时间	政策名称	重点内容
2024 年 8 月 15 日	《商务部等 7 部门关于进一步做好汽车以旧换新有关工作的通知》	对报废国Ⅲ及以下排放标准燃油乘用车或 2018 年 4 月 30 日前注册登记的新能源乘用车并购买新能源乘用车的补贴 2 万元；对报废国Ⅲ及以下排放标准燃油乘用车并购买 2.0 升及以下排量燃油乘用车的，补贴 1.5 万元
2024 年 8 月 23 日	《国家发展改革委办公厅等关于推动车网互动规模化应用试点工作的通知》	按照“创新引导、先行先试”的原则，全面推广新能源汽车有序充电，扩大双向充放电（V2G）项目规模，丰富车网互动应用场景，以城市为主体完善规模化、可持续的车网互动政策机制，以 V2G 项目为主体探索技术先进、模式清晰、可复制推广的商业模式，力争以市场化机制引导车网互动规模化发展
2024 年 9 月 14 日	《关于加快提升新能源汽车动力锂电池运输服务和安全保障能力的若干措施》	加快提升新能源汽车动力锂电池运输服务和安全保障能力，促进新能源汽车动力锂电池安全、便捷、高效运输，切实增强新能源汽车和动力锂电池产业竞争力，为服务构建现代化产业体系，加快发展新质生产力提供坚实运输服务和保障
2024 年 9 月 27 日	《国管局 中直管理局关于做好中央和国家机关新能源汽车推广使用工作的通知》	提出构建高质量充电基础设施体系的意见，优化完善网络布局，提升运营服务水平，加快重点区域建设，加强科技创新引领，加大支持保障力度，以促进新能源汽车产业发展

资料来源：中央人民政府、国家工业和信息化部、国家发展和改革委员会、商务部官网

地方政策积极响应，与国家政策协同共进（见表 2-8）。湖北出台农村充电基础设施建设实施方案，抓住国家政策机遇，提高城乡充电服务均等化水平，促进新能源与智能网联汽车产业高质量发展；福建在推动大规模设备更新和消费品以旧换新行动中，大力推广新能源汽车，提高其在城市公交、快递等多个领域的应用比例，提高新能源汽车个人消费比例；河南不仅印发新能源汽车产业链工作要点，明确产量增长目标，提升产业基础能力，而且还出台汽车置换更新补贴实施细则，刺激新能源汽车消费。这些政策共同推动新能源汽车产业升级，拓展市场空间，形成了中央与地方政策协同、全方位推动新能源汽车产业发展的良好局面。

表 2–8　重点省市区有关汽车行业的政策

时间	省市区	政策名称	重点内容
2024 年 4 月 24 日	福建	《福建省推动大规模设备更新和消费品以旧换新行动实施方案》	持续推进城市公交车电动化替代，大力推广节能与新能源汽车，提高城市公交、快递、环卫、城市物流配送等领域新能源汽车比例，提高新能源汽车个人消费比例
2024 年 5 月 17 日	湖北	《湖北省农村充电基础设施建设实施方案》	抢抓国家推动新能源汽车下乡、大规模设备更新和消费品以旧换新行动、县域充换电设施补短板试点等政策机遇，积极补全有效覆盖的农村充电网络，提高城乡充电服务均等化水平，创新有力支撑的建设运营模式，优化新能源汽车消费环境和使用体验，统筹带动提高农村居民生活质量和促进新能源与智能网联汽车产业高质量发展
2024 年 6 月 7 日	广西	《广西加快内外贸一体化发展的若干措施》	（自治区商务厅牵头）聚焦新能源汽车、锂电池、光伏等重点领域培育一批制造业链主型龙头企业，推动新质生产力发展
2024 年 6 月 22 日	河南	《河南省发展和改革委员会关于印发〈新能源汽车产业链 2024 年工作要点〉的通知》	加快提升河南省新能源汽车产业基础能力和产业链现代化水平，全省汽车产量、新能源汽车产量力争分别达到 150 万辆、80 万辆，同比增速分别达到 50%、100%
2024 年 6 月 28 日	江苏	《省政府办公厅关于加快构建废弃物循环利用体系的实施意见》	完善新能源汽车动力电池全产业链溯源管理。大力推动废旧动力电池残值快速评估、梯次利用和再生利用技术研发和推广，推动梯次利用产品质量认证
2024 年 7 月 25 日	上海	《上海市促进工业服务业赋能产业升级行动方案（2024—2027 年）》	实施“元创未来”计划，推动数字新技术在制造业设计领域发展应用，鼓励新能源汽车行业开展原创、前瞻设计，优化人机交互、智能应用、外观内饰等方面，在新能源汽车、锂电池、光伏产品等领域开展“一测多证”试点，提升检验检测认证服务能力
2024 年 7 月 29 日	安徽	《安徽省汽车办等关于印发支持新能源汽车动力电池回收利用产业发展工作方案的通知》	鼓励新能源汽车生产企业、动力电池生产企业、报废机动车回收拆解企业与综合利用企业通过共建方式构建区域化回收中心，共享回收、贮存、转运网点，建设数字化回收服务平台，探索产业链上下游协同、风险共担、利益共享、线上线下融合的产业发展新模式

续表

时间	省市区	政策名称	重点内容
2024 年 9 月 10 日	河南	《河南省商务厅等 8 部门关于印发〈河南省汽车置换更新补贴实施细则〉的通知》	2024 年 7 月 25 日至 12 月 31 日期间，对个人消费者在省内转让旧乘用车并购买新能源新车的给予一次性补贴，购车价格不同补贴金额不同，最高补贴 1.6 万元
2024 年 9 月 13 日	浙江	《浙江省新能源汽车充（换）电基础设施建设运营管理办法》	充分考虑近年来充换电设备的智能化趋势，以及换电、车网互动等新方向，补充了换电设施定义及相关规定，鼓励探索发展车网互动等新模式
2024 年 10 月 29 日	湖北	《湖北省加快发展氢能产业行动方案（2024—2027 年）》	因地制宜发展新质生产力，以培育壮大氢能产业为目标，以提升产业创新能力为抓手，以健全现代氢能产业体系为路径，以拓展多元场景应用示范为牵引，推进中国式现代化湖北实践。力争到 2027 年，以武汉为核心的湖北氢能产业布局初步成形，打造以电解槽、燃料电池等为核心的全国氢能装备中心，成为全国重要氢能枢纽，在交通、工业等领域形成氢能应用推广示范

资料来源：福建、湖北、广西、河南、江苏、上海、安徽、河南、浙江政府官网

2. 市场规模持续增长，新能源汽车加速替代燃油汽车

2024 年，我国汽车市场整体保持增长态势，全年汽车销量 3143.6 万 ~ 3200 万辆，同比增长 4.5%。其中，新能源汽车市场增长势头迅猛，销量已达 1286.6 万辆，市场渗透率持续走高，成为推动汽车市场增长的关键力量。新能源汽车出口保持良好态势，延续了 2023 年的增长趋势，进一步提高了我国汽车产业的国际影响力。

在市场结构上，插混车型（含增程）保持高速增长，成为新能源汽车增长的主要驱动力。消费者对插混车型使用场景多元和性价比高的优势认知不断加深，需求持续增长。同时，供给端积极响应，众多插混车型密集上市，覆盖广泛价位区间，部分车型价格下探至 10 万元以下，进一步增强了市场竞争力。传统燃油汽车市场则面临一定挑战，国内市场

增速持续降低，但出口市场稳中有升。部分合资品牌在转型过程中面临市场份额被挤压、销量下滑等问题，不过仍有部分合资汽车企业凭借品牌影响力和技术积累在市场中占据一席之地。

3. 技术创新驱动行业发展，多领域取得关键突破

技术创新是2024年汽车行业发展的核心驱动力。多领域技术突破，为汽车产业带来深刻变革。电池技术不断取得进展，新型电池材料如磷酸锰铁锂的应用逐渐增多，有望提高电池能量密度和车辆行驶距离。复合铜箔等新兴技术朝着规模商业化持续迈进，高压快充和4680电池等技术成为未来新能源汽车发展的重要方向。这些创新将显著提升新能源汽车的续航里程和充电效率，改善用户使用体验。

智能驾驶技术加速发展，无人驾驶技术和智能驾驶辅助系统在更多新能源汽车上得到应用，为驾驶者提供更安全、便捷的驾驶体验。智能网联技术持续赋能新能源汽车，“智能驾驶、智能座舱、智能网联”三智技术成为行业竞争焦点。技术领先的品牌将在市场竞争中占据更大优势，推动汽车从单纯交通工具向智能移动终端转变。

车网互动技术取得新突破。国家推动的车网互动规模化应用试点工作，促进新能源汽车与电网之间的双向互动，实现能源的优化配置。新能源汽车不仅仅是电能消耗者，而且能在电网负荷低谷时储存电能，在高峰时向电网放电，提高能源利用效率，降低用电成本，同时有助于电网稳定运行。

4. 行业竞争激烈，市场格局加速重塑

2024年，汽车行业竞争进入白热化阶段，市场格局加速重塑，企业面临分化挑战。新能源汽车企业竞争激烈，降价已是大势所趋。传统汽车企业在新能源领域加速布局，凭借品牌、技术和渠道优势，与新势力汽车企业展开竞争。例如，比亚迪、华为等厂商凭借核心技术和创新商业模式，实现高速增长，在市场中占据有利地位。

智能化成为竞争关键领域。以问界为代表的智能化水平高的车型销量持续走高，表明消费者对汽车智能化功能的需求日益增长。智能化水平高低将直接影响汽车企业的市场份额和盈利能力。价格战仍是竞争主基调。随着市场竞争加剧，“油电同价”时代有望全面来临。产业链各环节价格下滑及行业规模扩大，使电动汽车成本降低，具备降价空间。自主电动汽车在中低端市场和自主电动智能汽车在高端市场的竞争力不断增强，合资汽车企业面临定价和盈利压力，部分转型迟缓的合资品牌可能退出我国市场，市场份额逐渐向竞争力强的企业集中，行业集中度进一步提高。

（二）2025 年我国汽车（燃油、充电、充气、加氢）行业环境与政策趋势分析

1. 政策助力新能源汽车产业提质增效，多领域协作推动汽车产业发展

财政部提前下达 2025 年节能减排补助资金预算超 98.85 亿元，用于支持新能源汽车产品推广应用及燃料电池汽车关键核心技术产业化攻关和示范应用。补贴政策将不断更新补贴标准、扩大补贴范围，并在申报条件、补贴金额、操作流程等方面进行优化完善，提高政策的可操作性和精准度。《中国制造 2025》《交通强国建设纲要》等政策文件对智能网联汽车的发展方向和目标进行了规划，相关部门将加快制定和完善智能网联汽车的技术标准、测试规范、安全法规等，确保智能网联汽车的安全可靠运行，促进智能网联汽车产业的健康发展。

根据《新能源汽车产业发展规划（2021—2035 年）》，政府将继续推动新能源汽车产业的高质量发展，深化电动化、网联化、智能化发展方向，突破关键核心技术，提升产业基础能力，构建新型产业生态，完善基础设施体系，优化产业发展环境。为了进一步提高汽车行业的市场竞争力，政府将完善服务保障体系，提高国际化经营能力，加强国际合作，加快推动我国汽车产业融入全球市场。

2. 新能源汽车市场渗透率提高，品牌竞争更加激烈

2025 年，随着电池技术的进步和全生命周期拥车成本的降低，新能源汽车的消费端担忧和痛点不断释放，我国新能源汽车市场将保持高速增长，燃油汽车市场份额将进一步缩减。中国汽车工业协会预计，2025 年我国汽车销量为 2697 万辆。国务院发展研究中心预计，我国新能源汽车销量将达到 1700 万辆。多家新能源汽车企业预计，2025 年我国新能源汽车销量将翻倍。新能源汽车的市场渗透率将持续提升，燃油汽车在我国市场增速放缓。

2025 年，我国汽车市场将呈现出更加激烈的品牌竞争态势。目前，市场上的主要新能源汽车品牌包括比亚迪、特斯拉、吉利、蔚来、小鹏、理想等。小米汽车依托小米生态链，将手机、智能家居与汽车互联互通，打造一体化智能出行体验，计划 2025 年销量冲击 50 万辆。新势力汽车企业如蔚来、零跑等，销量将近乎翻倍。各品牌都在不断提升自身的产品力和品牌力，以争夺市场份额。

3. 循环经济理念深入贯彻，汽车回收利用产业发展壮大

在环保意识增强和资源循环利用需求的推动下，2025 年汽车回收利用产业将快速发展。政府会完善法规政策，强化对回收企业规范管理，构建全国性专业回收网络。回收企业将加大研发投入，提升报废汽车拆解、零部件再制造和材料回收利用等环节技术水平与效率。

汽车零部件再制造产业将崛起成为新增长点。利用先进技术恢复废旧零部件性能和质量，实现循环利用，降低汽车生产成本，减少资源消耗。在材料回收利用方面，新的分离技术和制备工艺将提高废旧汽车材料回收利用率与附加值。电池回收利用将是关键环节。新能源汽车市场扩张使动力电池退役量增加，政府将制定严格法规，明确责任，保障回收渠道畅通有序。回收企业将运用先进技术对退役电池梯次利用，如用于储能系统，无法梯次利用的电池则拆解提取关键原材料，实现资源闭环循环利用，为新能源汽车产业提供原材料保障，推动汽车产业绿色发展。

4. 技术创新驱动产业深度变革，跨界融合更加紧密

技术创新将继续成为汽车产业深度变革的核心驱动力。2025 年，汽车行业将在电动化、智能化、网联化、共享化等方面取得更多突破。电池技术将持续创新，固态电池有望实现大规模量产，续航里程和充电速度将进一步提升。氢燃料电池技术将不断成熟，成本将进一步降低，应用范围将逐步扩大。智能驾驶技术将向更高级别迈进，实现更高级别的自动驾驶功能普及，同时智能座舱技术将为消费者带来更加智能、便捷、舒适的驾乘体验。

汽车行业跨界融合将更加紧密。汽车企业将与科技公司、通信企业、能源企业等深度合作，共同推动汽车技术创新和产业发展。科技公司在人工智能、大数据、云计算等领域的技术优势将为汽车智能化发展提供有力支持。通信企业 5G 技术将加速车联网应用落地。能源企业与汽车企业合作，将推动新能源汽车能源补给基础设施建设和能源管理模式创新。跨界融合将促进汽车行业资源整合和协同创新，为汽车行业发展注入新活力。

（撰稿人：张海霞　王　静　陈婉茹　支丹丹　战凯文）

Ⅲ 资源供给篇

一、2024 年国际油价回顾及 2025 年展望

（一）2024 年国际油价走势

2024 年，国际油价总体持稳，布伦特原油期货年均价 79.86 美元 / 桶，同比小幅下降 2.2 美元 / 桶。地缘政治与供需基本面交织，影响国际油价走势，全年呈窄幅震荡的“M”形走势。国际油价运行总体在 70~85 美元 / 桶震荡。1—4 月，巴以冲突持续并外溢至伊朗等国，乌克兰袭击俄罗斯炼油设施，由此引发供应中断恐慌，导致国际油价整体呈现上升态势。5—10 月，基本面弱化预期主导国际油价。OPEC+ 部分成员国减产执行力度不佳，我国需求增长明显放缓，导致原油进口大幅下降。美国先是在高利率下展现较强韧性，但自第三季度起，美国因就业转弱致 9 月大幅降息，且中东地缘冲突未见明显缓解，又使地缘溢价有所消退。以上这些因素使得油价震荡走低。

（二）2025 年国际油价展望

2025 年，国际油价如何运行主要取决于原油市场低库存、紧平衡、小缺口的特点能否延续，取决于中国需求的衰减是短期现象还是长期趋势。OPEC+ 是否退出自愿减产是基本面决定因素。另外，特朗普再度执政，其内外政策和美元指数的变化也将对油价走势产生扰动。

1. 中国石油需求进入长周期下行通道

（1）汽油需求已于 2023 年达到峰值，并步入快速下降期

汽油消费量的变化将受到新车增量和报废车减量共同影响。目前，新能源汽车已在购车价格、使用成本、使用体验、智能驾驶等方面较燃油汽车具备比较优势，总体进入加速替代周期。运用 Logistic 模型对新能源汽车

销量渗透率进行预测发现，预计 2030 年，新能源汽车的渗透率达到 82%，销量达到 2580 万辆，而燃油汽车销量相应降至 880 万辆，燃油汽车增量显著减少。同时，中国燃油汽车将进入加速报废周期。2009—2019 年积累的 1.5 亿辆燃油汽车，将在 2025—2035 年集中报废。结合销量与报废量，中国燃油汽车保有量将于 2025 年达峰，峰值为 2.75 亿辆，随后逐年下降至 2030 年的 2.49 亿辆。中国汽油需求已于 2023 年达峰，加之报废的老旧车辆油耗水平较高，新增车辆油耗水平较低，中国汽油消费量将进入快速下降期。

（2）柴油消费总体呈现下降趋势

中国柴油终端消费行业较多，但大体为交通运输、农业和工业三类。交通领域碳达峰行动方案提出，积极扩大新能源、清洁能源在交通运输领域的应用，降低公路货运比重，大力发展以铁路、水路为骨干的多式联运，对柴油消费形成不利影响。农业是柴油消费的第二大领域。当前，中国综合农机化率超过 75%。除部分经济作物外，主要粮食生产过程已经全面机械化。农业用油需求主要与耕作面积有关，进入稳定周期。工业领域，工业和建筑柴油需求主要与工业化周期相关。中国已经总体进入后工业化阶段，第二产业占比呈现持续下降趋势，生产用油需求长期衰减。综合交通运输、农业和工业三类柴油终端消费领域，预计到 2035 年，柴油消费降至 1.1 亿吨，较峰值下降近 40%。

（3）航空煤油需求还有增长空间

从航空需求来看，中国人均乘机次数仍有翻倍空间。预计 2035 年，航空煤油消费达到 7000 万吨，较当前接近翻倍，但不足以对冲汽油、柴油的衰减。

结合三大类成品油的变化情况，预计 2035 年，我国成品油消费量降至 2.3 亿吨，较 2025 年减少 1/3。由此研判，我国油市转弱并非短期现象，而是长期趋势。我国石油需求总体进入由增转减的转折阶段。

2. 预计 OPEC+ 渐进增产

OPEC+ 减产是维持供需平衡，为市场价格提供锚点的核心要素。其长期核心策略是“减产控产推价”，通过扩大需求、缩减低成本产量或计价货币贬值等方式推升价格。历史上，OPEC+ 曾多次成功通过减产行动推动油价成倍增长。例如，20 世纪 70 年代的石油危机、2008 年的经济危机、2016—2017 年的低油价危机、2020—2022 年新冠疫情期间。这些减产行动均以较小的代价实现了量价乘积的最大化。然而，在控产仍然无法稳定油价时，OPEC+ 会选择增产以保护市场份额。历史上，OPEC+ 共发生过 3 次放弃限产保价政策的情况，均发生在油价下行时期。在这些情况下，OPEC+ 通过增产应对来自其他国家或地区的石油产量增长或市场需求下降，直至迫使竞争对手停止增产或市场需求恢复。

2024 年，OPEC+ 多次决定延长减产协议。这一决策过程颇为艰难，面临成员国产量超出配额、部分国家考虑脱离组织、组织内部产量份额分配不均衡等多重挑战。值得注意的是，沙特采取了历史上前所未有的举措，多次单独并自愿减产。展望 2025 年，非 OPEC+ 国家如美国、圭亚那等国，石油产量预计呈现增长态势，且增长幅度预计超过全球石油需求。鉴于此，OPEC+ 在未来可能难以完全避免逐步增产的趋势。但其增产幅度可能会受到一定程度的限制或打折扣，预计增产幅度在 50 万 ~80 万桶 / 日。

在此背景下，后续的观察重点将聚焦两个方面。一是利比亚、伊朗是否被纳入 OPEC+ 的配额体系之中；二是 OPEC+ 所采取的“以战逼统”策略能否取得预期效果。

3. 美国更迭执政党及货币政策变化的有关影响

在特朗普的上一任期中，除去 2020 年新冠疫情的油价暴跌，其他时间内油价大体处于稳步上升、高位横盘的状态。上一任期，特朗普通过增产和制裁伊朗、委内瑞拉等手段推动油价从 40 美元 / 桶左右开始回升，并在油价超过 85 美元 / 桶时迫使沙特增产以压低油价。有关操作反映了其重视原油价格并擅长干预石油价格。其理想油价区间为 50~80 美元 / 桶。

2025 年 1 月特朗普胜选以来，其施政风格较上任政府有较大转变，也对石油市场走势造成了一些影响。

从外交政策来看，特朗普减少对乌克兰的支持力度，主动与俄进行停火谈判。其中，解除有关制裁措施是谈判的重要议题。但是，欧洲目前禁止购买俄罗斯油气，为美国提供了重要的出口市场，预计即使达成和谈，有关油气市场也不会拱手让出。在中东方面，特朗普政府继续坚定支持以色列，打击胡塞武装等伊朗代理人，重新加强对伊朗制裁。同时，在南美收紧了对委内瑞拉的制裁。主要思路也是从市场上清除部分产油国的市场份额，为美国增产提供市场空间。美国对外政策的急转向将进一步削弱传统国际秩序，加剧全球地缘政治局势的不确定性，对国际关系和全球治理体系产生重大影响。

在宏观政策上，特朗普频繁动用关税武器，企图通过提升关税、出口管制和产业补贴等手段扭转贸易顺差，拉动制造业回流。同时，抵制新能源并主张依赖美国传统能源，或结束对电动汽车的支持政策，退出《巴黎气候协定》，放松本土石油和天然气勘探开发。美国的油气需求与本国石油产量将双双增长。但在关税高企之下，全球贸易流通势必受到负面影响，全球石油需求增长将因此略有放缓。

从货币政策来看，尽管特朗普偏好实施宽松的货币政策，提出加快降息步伐，但其关税政策必然推升美国物价，带来二次通胀挑战。美联储的降息步伐势必放缓，甚至不排除回头加息的可能。特朗普上任以来，市场对美联储的降息预期从全年 4 次降息 100~150 个基点已经压缩到 1 次 25 个基点，金融侧对油价的支撑明显减弱。

总的来看，2025 年，国际油价将受到特朗普政策的多方面影响。一是关税政策压制全球石油需求，贸易战将导致全球 GDP 增速下滑，原油需求增长放缓，美元指数强势也将压制油价。二是产能扩张冲击市场平衡，特朗普已与沙特等 OPEC+ 国家接触，要求其增加石油产量以打压油价，同时国内监管松绑释放增产潜力，能源独立战略的深化将重塑全球供给格局。三是制裁升级重构全球原油流向，扩大对俄制裁范畴，对伊朗极限施压，恢复次级制裁以震慑亚洲买家，为美油气开拓市场。四是平息冲突削减地缘溢价，推动沙以关系正常化，乌克兰危机降温，打击胡塞武装对关键航道的骚扰行为。特朗普几乎在需求、供应、地缘、金融等全维度出牌，市场将跟随其施政预期及预期差展开交易。2025年，国际油价波动幅度将显著放大。

4. 预期2025年国际油价中枢下移

OPEC+渐进增产计划将导致市场出现明显过剩。预计到2025年底，全球陆上库存将回归到5年库存区间的50%~75%分位，低库存、紧平衡、小缺口将转变为高库存、有过剩、大宽松，油价中枢将明显下移，预计布伦特均价70~75美元/桶。

（撰稿人：仇　玄）

二、2024年我国成品油市场供需状况与2025年展望

我国碳达峰行动方案持续推进，新能源汽车超预期发展，LNG燃气重卡销量实现连涨，燃油汽车行驶活跃度显著下降。2024年，我国成品油市场发生了重大变化。在燃油汽车保有量还在持续增加的背景下，我国汽油消费提前迎来了由升转降的拐点，柴油消费则在节能降碳要求及车用气替代不断增加的双重压力下呈现较大降幅，航空煤油需求仍然持续回升，消费量已超过新冠疫情前。2024年，我国成品油市场由2023年的供需两旺转为供需两弱。展望2025年，预计成品油需求“两降一升”的趋势仍将延续，我国可用炼能进一步增加，出口退税率下降，成品油出口量预计持续下降，产能过剩矛盾和资源过剩矛盾有所加剧。

（一）多重周期叠加，2024年成品油市场迎来关键拐点

2024年，汽油、柴油消费量均同比下降，航煤消费继续回升。但航煤增量难以抵消汽柴油消费的降幅之和。从后期走势来看，交通运输

燃料清洁化不可逆转。交通运输领域燃料消费量的下降趋势已然形成。2024 年是交通用油消费量下降通道的起点。

1. 国内成品油市场由增转降，消费柴汽比持续下降

2024 年，成品油消费量 3.58 亿吨，同比下降 2.8%，增速较上年下降 15.9 个百分点。汽煤柴消费量同比增速分别为 –2.0%、13.3% 和 –6.5%。2019—2024 年我国成品油表观消费量及增速变化参见图 3–1。

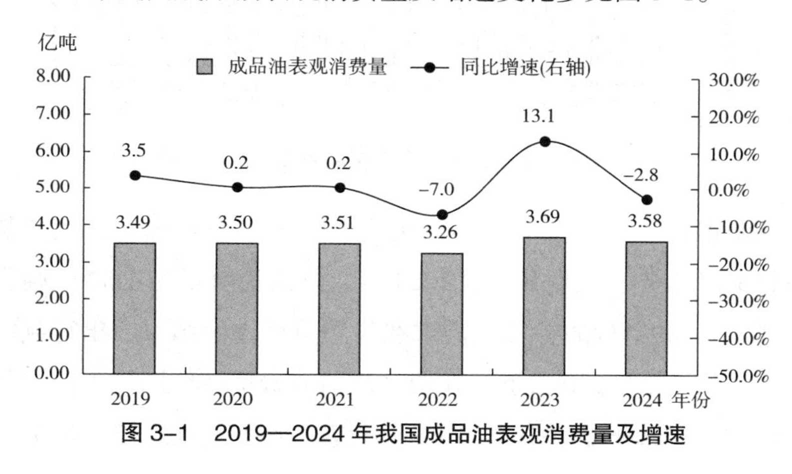

图 3–1　2019—2024 年我国成品油表观消费量及增速

2. 新能源加速渗透周期叠加私人轿车报废周期，汽油消费量迎来下降拐点

2024 年，新能源汽车市场的迅猛发展成为汽车行业的一大亮点。随着技术的不断进步和消费者环保意识的日益增强，新能源汽车的渗透率持续攀升，已逐渐从市场边缘走向主流。我国各省市新能源乘用车累计销量渗透率均高于 20%，海南（58%）、浙江、广西等省渗透率过半。新能源汽车全年销售 1286.6 万辆，市场渗透率接近 40%，保有量占比达到 10.5%。新能源汽车已成为市场的主导力量。2024 年 6 月各省市区新能源乘用车销量渗透率见图 3–2。

2010 年前后购置的私家车大量进入报废阶段。国家消费品以旧换新的鼓励政策倾向于换购新能源汽车。据统计，2024 年燃油汽车销量累计降幅超过 13%，反映了消费者购车偏好的转变和新能源汽车的崛起。

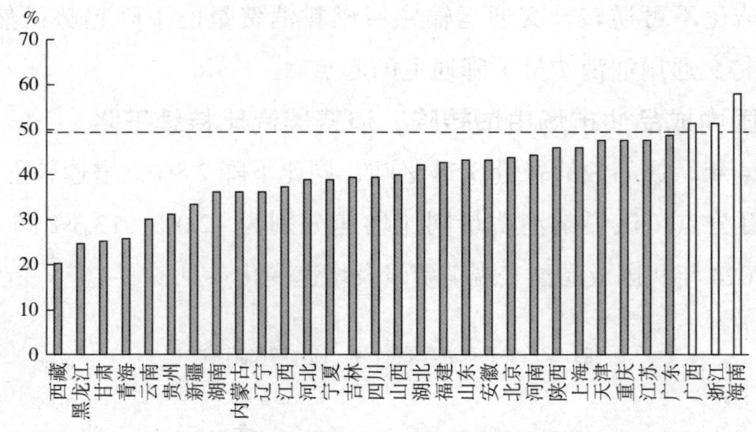

图 3–2　2024 年 6 月各省市区新能源乘用车销量渗透率

受到新能源汽车普及和老旧燃油汽车报废的双重影响，汽油消费量呈现明显下降趋势。数据显示，2024 年，汽油消费量为 1.52 亿吨，同比下降 2.0%。居民出行的补偿性需求在清明节后逐渐结束，出行频率回归正常水平。从 2024 年第二季度开始，汽油消费量持续同比下降，新能源汽车对汽油消费市场的替代效应加速显现。2022—2024 年汽油消费量变化及同比增速见图 3–3。

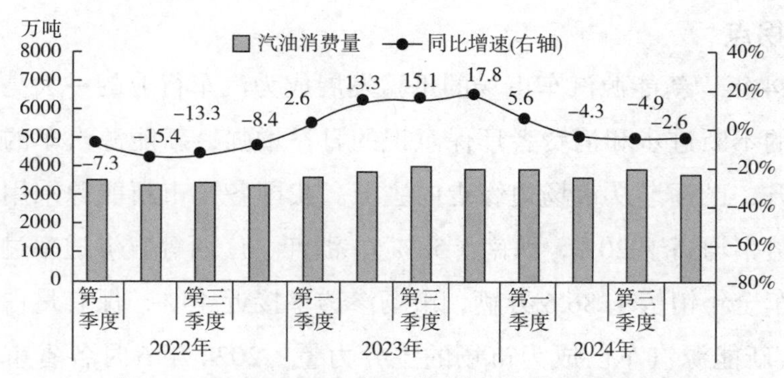

图 3–3　2022—2024 年汽油消费量变化及同比增速

3. 国内外航空客货运输需求持续增加，航空煤油消费稳健增长

我国煤油消费中 97% 以上为航空煤油。因此，消费研究中常以航空煤油研究代替煤油。航空煤油消费量与航班执飞数量、飞机油耗等密切

相关。其中，航班执飞数量是影响航空煤油消费量最直观、影响程度最大的因素。

2024 年，随着全球经济稳步复苏与旅游限制放宽，国内外航空客货运输需求呈现持续增加态势。航空煤油消费量达到 0.39 亿吨，较 2023 年同比增长 13.3%，航空业显现了强劲的复苏动力。2024 年第一季度，受到 2023 年低基数效应影响，航空煤油消费同比增速较高。进入 2024 年第二季度，随着居民出行逐渐恢复至常态水平，航空煤油消费增速趋于平稳。2022—2024 年航空煤油消费量变化及同比增速见图 3-4。

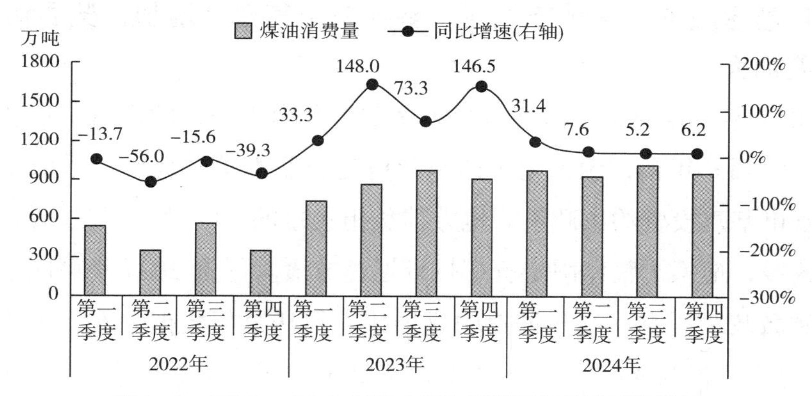

图 3-4　2022—2024 年航空煤油消费量变化及同比增速

国内航线的航班数量已经全面超越疫情前水平。同时，中东、东南亚等国家推出的旅游免签政策，进一步激发了出境游需求，免签过境旅客数量显著增加。国际航班数量也在持续恢复中，为国际航空运输市场复苏注入了新的活力。2024 年，总的航空运输周转量达到 1500 亿吨千米，同比增长 30%，彰显了航空运输业的蓬勃发展态势。2023—2024 年航空运输总周转量及同比增速见图 3-5。

2024 年，航空业在多重利好因素的推动下实现了更加稳健的增长。一方面，全球经济复苏带动商务出行与旅游需求进一步释放。另一方面，国际航班的持续增加为航空公司提供更多的业务增长点，有效拉动了航空煤油消费。

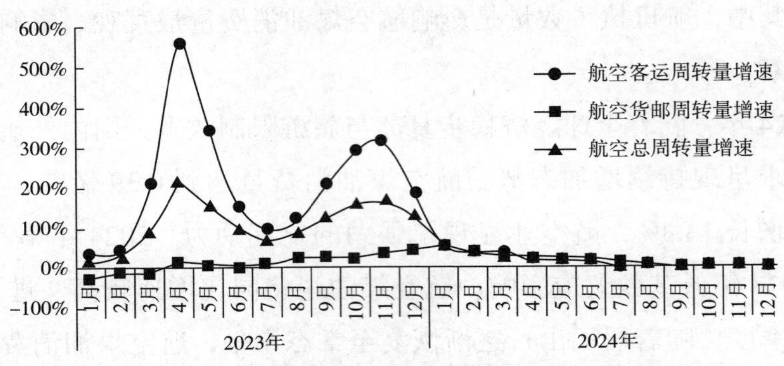

图 3-5　2023—2024 年航空运输总周转量及同比增速

4. 基建减速和房地产低迷，叠加车用气替代增加，柴油消费下降幅度加大

2024 年，我国柴油市场承受了多重不利因素交织的压力，消费量呈现较大降幅。年初，国家为了防范化解地方隐性债务风险，采取了严格的分省市基建投资约束政策。地方债负担较重的 12 省区，基建投资增速明显放慢，拖累了整体固定资产投资增速放缓。尽管 2024 年第四季度受增量刺激政策影响，基建增速明显加快，但从全年数据来看，基建投资（不含电力）仅为 4.4%，较上年增速下降 1.5 个百分点。同时，房地产行业持续低迷。2024 年，全国房地产开发投资 100280 亿元，比上年下降 10.6%，房地产新开工面积和施工面积累计同比分别下降 23% 和 12.7%。受基建减速和房地产持续下滑拖累，建筑行业产业链上游的粗钢、水泥等建筑材料产量随之下滑，全年产量分别同比下降 1.7% 和 9.5%，进一步压缩了柴油的需求空间。2022—2024 年房地产施工相关数据见图 3-6。

系列连锁反应迅速向更广泛的产业链传递。工矿生产、物流运输等行业受到严重影响，制造业采购经理指数（PMI）自 2024 年 5 月以来持续在荣枯线下方徘徊，显示出制造业活动的明显放缓。工业生产者出厂价格指数（PPI）自 2023 年 11 月起连续多月处于负向区间，工业企业利润大幅下滑。2024 年第一季度同比增长 4.3%，到 11 月转变为累计下降 4.7%，反映出实体经济面临的严峻挑战。2022—2024 年 PPI 及 PMI 趋势见图 3-7。

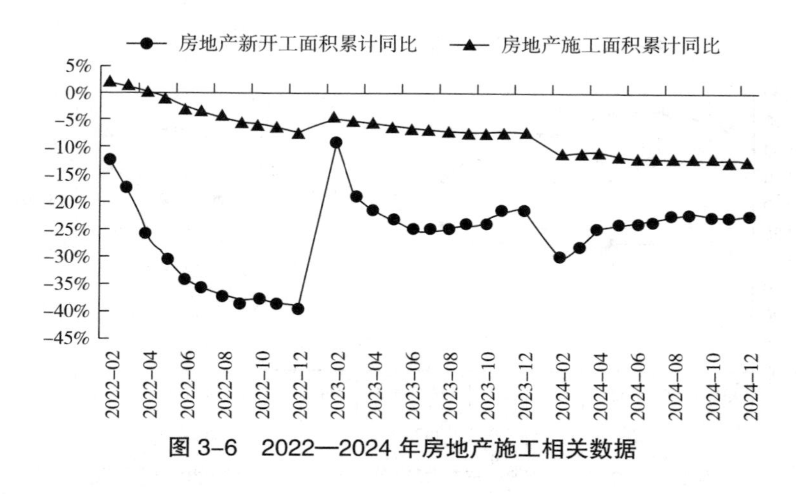

图 3−6　2022—2024 年房地产施工相关数据

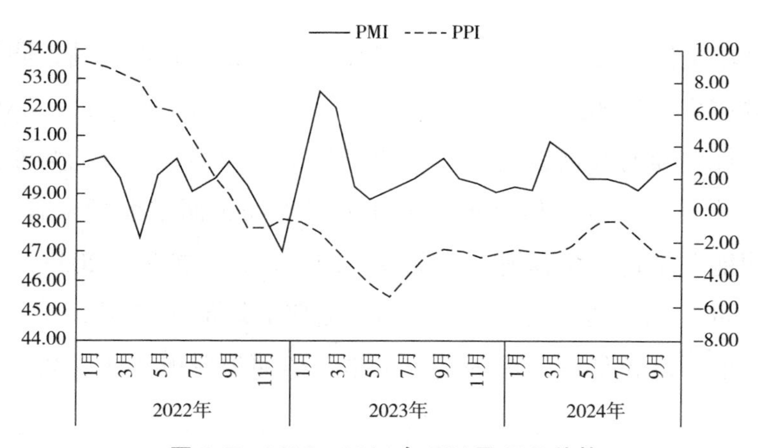

图 3−7　2022—2024 年 PPI 及 PMI 趋势

在此背景下，车用 LNG 以其显著的经济性优势成为柴油的重要替代选择。随着环保政策日益严格和清洁能源技术不断成熟，LNG 燃气重卡销量快速增长。2022 年 12 月至 2024 年 7 月，LNG 燃气重卡销量实现 20 个月的连续正增长。虽然从 2024 年 8 月开始销量由增转降，但预计全年销量仍达到 17.9 万辆，同比增长 16%。在公路运输领域，车用气对柴油的替代效应越发明显，替代量达到 2700 万吨，较 2023 年增加约 900 万吨。这一趋势加剧了柴油消费市场的萎缩。2022—2024 年我国车用 LNG 对车用柴油替代情况见图 3−8。

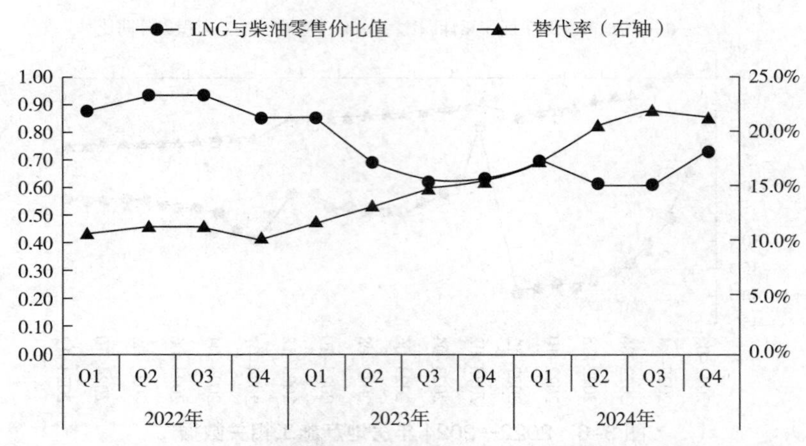

图 3-8　2022—2024 年我国车用 LNG 对车用柴油替代情况

从市场整体来看，2024 年，我国柴油消费量为 1.67 亿吨，同比下降 6.5%，降幅较往年明显扩大。其中，受到经济活动增速放缓及 LNG 经济性、季节性差异的双重影响，2024 年第二季度和第三季度的柴油消费同比降幅尤为显著。这不仅意味着柴油消费市场正面临前所未有的压力，而且表明能源结构转型和清洁能源替代的步伐正在加快。2023—2024 年柴油消费量变化及同比增速见图 3-9。随着全球能源转型深入发展，以及我国政府对绿色低碳发展的坚定承诺，柴油消费市场或继续面临下行压力。

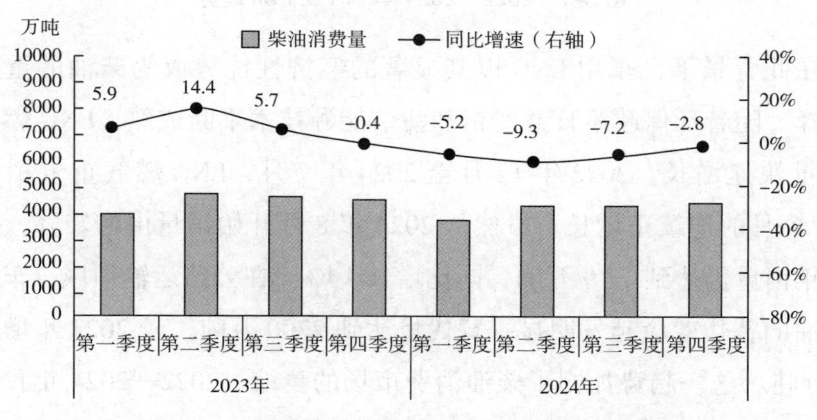

图 3-9　2023—2024 年柴油消费量变化及同比增速

相关行业需密切关注政策导向和市场变化，积极调整战略布局，加强技术创新和产业升级，以应对日益激烈的市场竞争和不断变化的能源需求格局。同时，政府应继续完善相关政策措施，引导和支持清洁能源的广泛应用，推动能源结构持续优化和升级。

（二）新炼厂投用与老炼厂关停并存，我国成品油产需差同比下降

2024 年，我国成品油市场迎来新一轮结构调整。裕龙石化在第四季度成功投产了一套 1000 万吨 / 年的大型炼油装置，大连石化关停了 450 万吨 / 年的炼油厂，中化集团旗下山东地区的三家传统炼厂陆续关停，停用炼油能力合计约 1700 万吨 / 年。

2024 年，全国地炼开工率为 67%。辽宁锦城原油加工量显著增长，成为市场中的新兴力量，并带动地炼开工率上升。但山东地炼平均开工率仅为 56.8%，较上年同期大幅下滑 9.1 个百分点。2022—2024 年山东地炼开工率参见图 3-10。

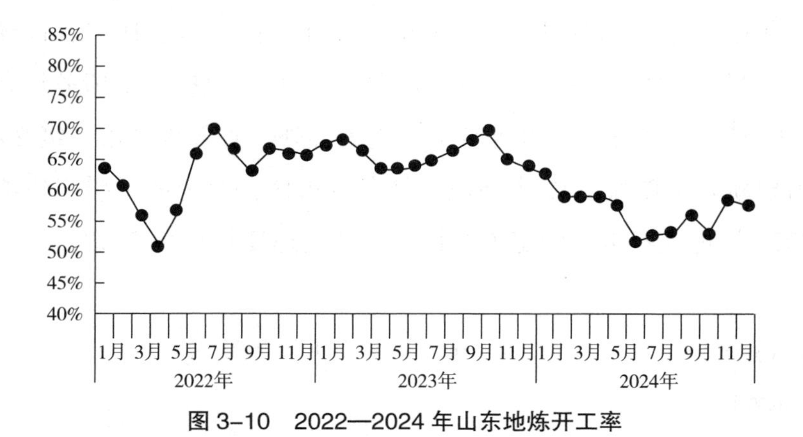

图 3-10　2022—2024 年山东地炼开工率

在供需两端均表现疲软的情况下，我国成品油市场产需差呈现同比下降趋势。产需差已经下降至 0.36 亿吨，较之前有所收窄。2019—2024 年我国成品油产需差见图 3-11。

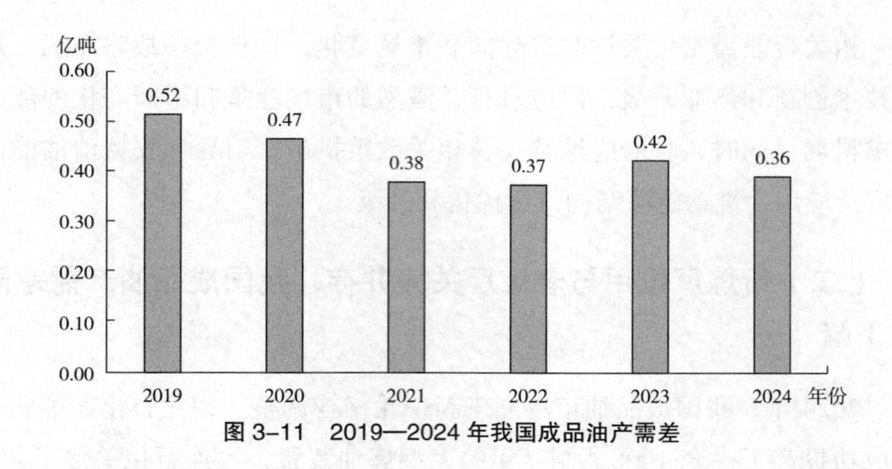

图 3–11　2019—2024 年我国成品油产需差

（三）多维度政策调控下我国能源市场转型加速

1. 分省市投资控制政策

2024 年，《重点省份分类加强政府投资项目管理办法（试行）》实施后，相应省市区的基建项目投资受到较大影响，不仅对建筑用油产生负面影响，而且对上游大宗工业品生产和下游物流运输行业的柴油需求产生下拉作用，并产生强烈的溢出效应。天津、内蒙古、辽宁、吉林、黑龙江、广西、重庆、贵州、云南、甘肃、青海、宁夏 12 个债务较高的省市区，除供水、供暖、供电等基本民生工程外，省部级或市一级 2024 年不得出现新开工项目。12 个高风险债务省市区，要全面暂缓基建项目建设。2024 年重点省市区固定资产投资累计增速变化见图 3–12。

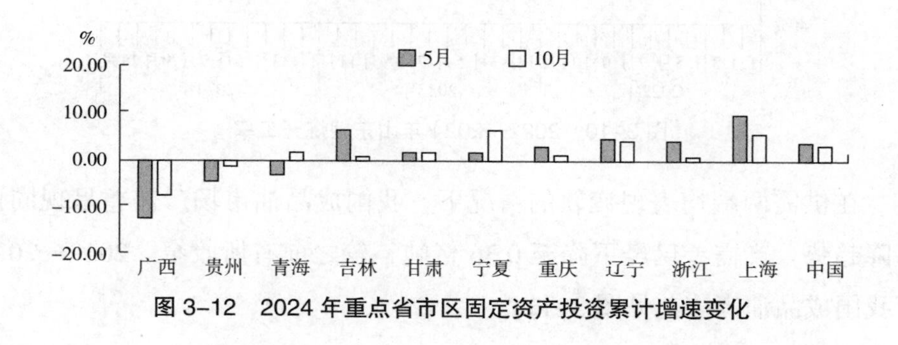

图 3–12　2024 年重点省市区固定资产投资累计增速变化

该办法的实施导致相应省市投资增速较低，对建筑、生产及物流用油均产生不利影响，导致柴油消费降幅较大。在上游大宗工业品生产方面，钢铁、水泥等大宗工业品的需求下降，导致产能过剩。同时，工业品生产依赖的大量柴油等燃料油需求随之下降。在下游物流运输行业，货物运输量大幅下降，对整个物流产业链的运行产生威胁，同时影响了对柴油等运输工具用油的需求。在溢出效应方面，与基建项目相关的产业链企业，如建筑机械制造商、建筑材料供应商等，都面临市场需求下滑和盈利能力下降的困境。

2. 消费品以旧换新

国家陆续推出消费刺激政策，特别是《推动消费品以旧换新行动方案》与《汽车以旧换新补贴实施细则》的颁布，为汽车消费市场注入了新的活力，并显著加速了新能源汽车市场的扩张步伐。

《推动消费品以旧换新行动方案》明确提出，在全国范围内开展汽车以旧换新，以驱动汽车消费市场结构升级与绿色转型。该方案设定了至2025年，报废汽车回收量相较2023年要实现50%的增长目标。此目标的达成，不仅将极大促进汽车回收再利用产业的规模化发展，而且有助于缓解资源环境压力，推动经济社会的可持续发展。为了更加有效地激发市场换购潜力，《汽车以旧换新补贴实施细则》进一步提出，对符合条件的报废旧车并购置新车的消费者给予补贴。购买新能源乘用车的补贴额度达到1万元，较换购燃油汽车的补贴高出3000元。这一政策倾斜增强了新能源汽车的市场吸引力。

在政策的有力驱动下，汽车换购需求正在加速向新能源汽车领域转移。随着消费者对新能源汽车技术成熟度与环保价值的认知提升，以及充电基础设施的不断完善，新能源汽车在市场竞争中的地位日益凸显。预计2025年，燃油汽车销量下滑至1250万辆；报废量达到1100万辆，燃油汽车保有量增速降至0.7%。燃油汽车市场已逐渐进入成熟阶段，而新能源汽车市场正展现出蓬勃的增长态势。2020—2025年燃油汽车销售量和报废量变化见图 3-13。

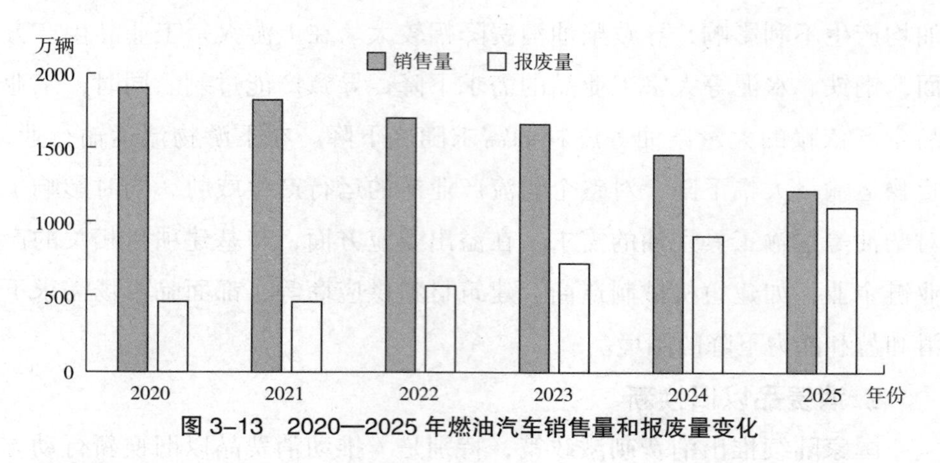

图 3-13　2020—2025 年燃油汽车销售量和报废量变化

3.《2024—2025 年节能降碳行动方案》

2024 年 5 月 23 日，国务院正式发布了《2024—2025 年节能降碳行动方案》。该方案作为“双碳”目标“1+N”政策体系的关键一环，为“十四五”规划的后两年在节能降碳领域提供了明确的指导方向。为了更有效地落实这一方案，国家发展改革委等多个部门协同推出了针对钢铁、炼油、合成氨、水泥四大行业的节能降碳专项行动计划，旨在通过行业细分策略，精准施策，推动节能降碳工作深入实施。该方案不仅强调了完善能源消耗总量和强度调控的重要性，而且特别指出了化石能源消费的重点控制，以及碳排放强度的严格管理。通过分领域、分行业的专项行动，力求实现节能降碳目标的精准落地。

政策影响分析：一是推动产业链上下游的绿色转型。随着主要用油行业的减量行动和新能源替代行动的实施，整个产业链上下游企业都将面临绿色转型的压力和机遇。这要求企业不仅要关注自身的节能降碳，而且要推动上下游合作伙伴共同实现绿色低碳发展。二是给中国石油、中国石化等石油公司带来了能源结构优化的挑战与机遇。方案对能源企业加大清洁低碳能源供应、炼油和合成氨产业降耗控排的力度和节奏产生影响，对用能设备更新和节能技术开发应用提出新要求。

4. 成品油出口退税率下调

2024 年 11 月 15 日，财政部与税务总局联合发布了《关于调整出口退税政策》的公告，明确规定自 2024 年 12 月 1 日起，对部分成品油（涵盖汽油、柴油、航空煤油）、光伏产品、电池，以及部分非金属矿物制品的一般贸易出口退税率实施调整，由现行的 13% 下调至 9%。这一政策调整无疑对成品油的出口业务产生显著影响。

依据当前我国成品油净税价的核算结果，此次退税率下调导致一般贸易汽柴油每吨的退税额减少约 200 元，进而对出口效益产生直接的负面影响。从宏观经济层面分析，此举有助于引导我国企业合理安排生产，有效抑制资源过剩现象，对于优化产业结构、提升行业整体竞争力具有积极作用。

从更深层次的政策导向来看，此次调整旨在通过税收杠杆对我国炼油企业实施更为精细化的市场调控。政策意在鼓励优质企业做大做强，同时加速淘汰低效、高能耗的产能，推动整个炼油行业优胜劣汰和转型升级。这不仅有助于提升我国炼油企业的国际竞争力，而且能在长远上促进能源行业的可持续发展。

基于当前的政策导向和市场环境，预计未来国家政策继续以抑制资源过剩、优化产能结构为核心目标。成品油出口配额的增长空间或受到较大限制，甚至存在进一步下调的可能性。企业需密切关注政策动态，灵活调整出口策略，以应对潜在的市场风险和挑战。

（四）预计 2025 年我国成品油市场需求增速大幅放缓

2025 年，我国宏观经济在高质量发展的轨道上持续前行，经济内生需求进一步巩固增强，为能源市场注入新的活力。与 2024 年相比，2025 年的成品油总消费量虽然面临一定的增长压力，但在经济结构优化和消费升级的双重驱动下，仍然有一定的增长空间。汽油消费降幅扩大，航空煤油需求继续保持快速增长，柴油消费则呈现下降趋势。炼油行业继续迎来新产能投放，资源供给端增速依然快于消费端，市场资源过剩量进一步增加。2025 年，我国成品油市场面临供需结构调整、新能源快速发展、国际贸易环境复杂多变等多重挑战。

1. 经济回升动能增强：供需两侧稳步复苏，出口面临挑战

2024 年，在一系列增量刺激政策推动下，我国经济的供给侧活力得到不断释放，需求侧开始呈现稳步复苏态势。这些政策不仅为市场注入了新的活力，而且为我国经济回升提供了强大动能。

（1）投资方面

2024 年第四季度，基建投资增速显著加快，主要得益于较宽松的财政和货币政策。这些政策不仅为基建项目提供了充足的资金支持，而且推动了相关产业链复苏与发展。预计未来一段时间内，这种回升势头得到延续，进一步推动我国经济增长。房地产市场虽然仍然处于筑底阶段，但回升迹象显现。尽管回升仍需时日，但高新技术产业投资的持续增长为经济注入了新的活力。预计固定资产投资增速明显加快，为经济稳定增长提供有力支撑。

（2）消费方面

随着楼市企稳、股市活跃及就业持续改善，居民的消费预期逐渐向好。这些因素共同推动消费增速加快。

（3）出口方面

我国面临较大挑战。国际贸易摩擦的加剧及特朗普就任后可能对我国出口商品大幅征税的威胁，使得我国的出口承受了巨大的压力。这对我国的外贸行业构成严峻挑战。

综合对经济增长三驾马车发展趋势的分析，预计 2025 年我国经济增长速度仍然维持在 5% 左右。2014—2024 年我国 GDP 增速及 2025 年 GDP 预测见图 3–14。

2. 燃油汽车保有量将达峰，汽油消费量降幅较上年扩大

近年来，新能源汽车市场加速发展不仅推动了新能源汽车产业崛起，

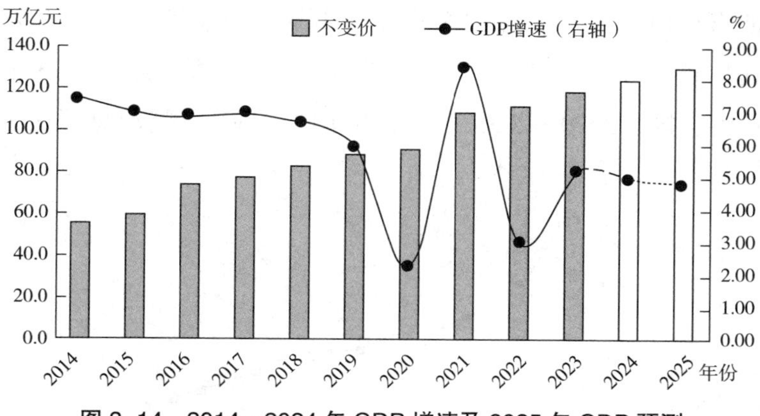

图 3–14　2014—2024 年 GDP 增速及 2025 年 GDP 预测

而且导致燃油汽车保有量增速快速下降。随着消费者对环保、节能和智能出行需求的日益提升，新能源汽车逐渐成为市场新宠。根据中国汽车工业协会等的数据，2024 年，我国新能源汽车销量已经达到 1150 万辆，销量占比高达 38%。这一趋势将在 2025 年得到延续，预计新能源汽车销量将再创新高。在乘用车市场中（以小客车为主），新能源汽车的占比达到 50% 以上，将进一步巩固市场地位。2015—2025 年新能源汽车销量及销量渗透率变化见图 3–15。

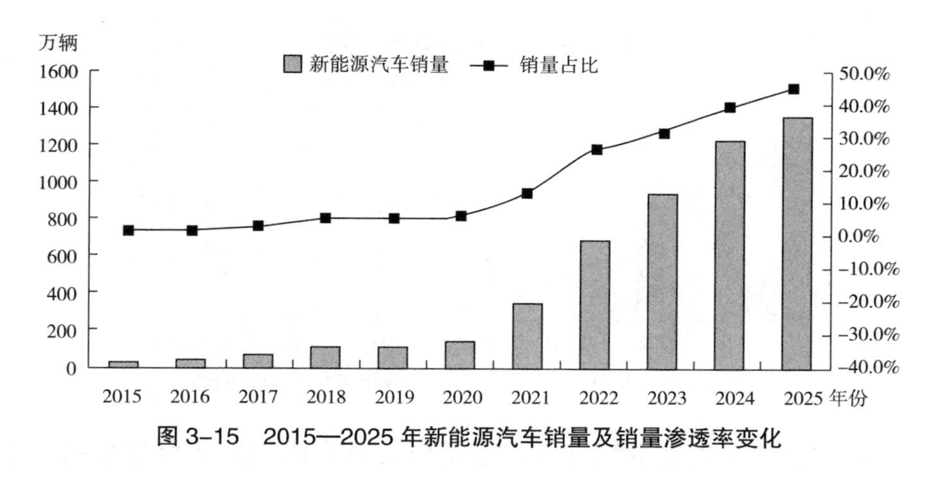

图 3–15　2015—2025 年新能源汽车销量及销量渗透率变化

新能源汽车的快速崛起对燃油汽车市场构成巨大冲击。随着新能源汽车的加速分流，燃油汽车销量持续负增长，市场份额不断被挤压。2025

年，燃油汽车销量预计继续下降至 1250 万辆；报废量增至 1100 万辆，保有量同比增长仅 0.7%，较 2024 年增速放缓 1.4 个百分点，2025 年燃油汽车保有量将达峰。2020—2025 年燃油汽车保有量变化情况见图 3-16。

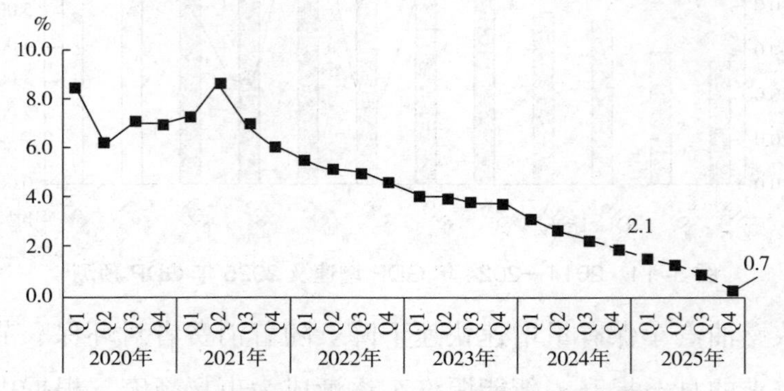

图 3-16　2020—2025 年燃油汽车保有量变化情况

新能源汽车市场的快速发展、智能驾驶技术的商业化落地，以及私人车辆出行频率的降低等因素，共同推动汽油消费量下降。预计 2025 年，汽油消费量为 1.48 亿吨，同比下降 2.6%，较 2024 年降幅扩大 0.6 个百分点。2019—2025 年汽油消费量变化及同比增速见图 3-17。

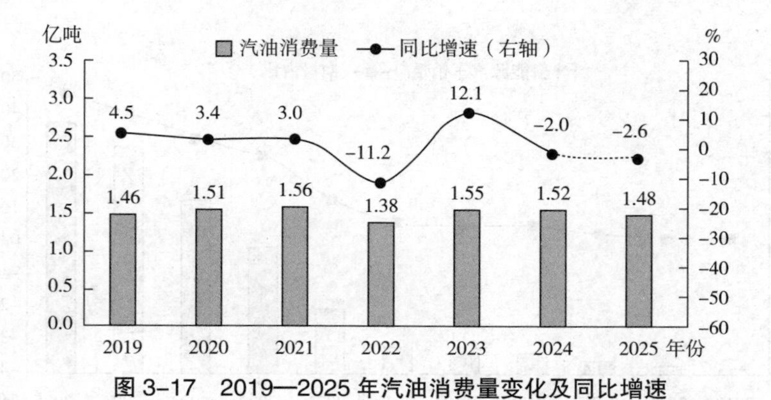

图 3-17　2019—2025 年汽油消费量变化及同比增速

3. 航空煤油需求保持增长，国际航班基本恢复至新冠疫情前水平

2025 年，随着人们对健康生活方式的追求，航空运输业迎来了新的发展机遇，航空客货运输量呈现稳步增长态势。预计全国人均乘机次数提升至 0.57 次。民航总周转量从 2024 年的预计值跃升至 2025 年的 1750 亿吨千米，同比增长 18%。

预计 2025 年，航空煤油消费量达到 4250 万吨，同比增长 8.2%。这一增速不仅高于全球能源消费的平均增长率，而且反映了航空业在能源消费结构中的独特地位。其中，出境游需求旺盛，免签过境旅游需求增加。虽然中美、中欧航线恢复不及预期，但我国到中东和东南亚的航线景气度不断提高。国际航线客运量基本恢复到新冠疫情前水平，保税航空煤油需求仍保持较高增速。2019—2025 年煤油消费量变化及同比增速见图 3–18。

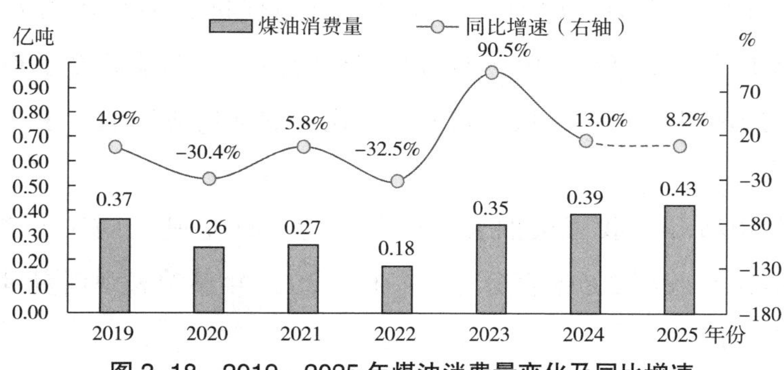

图 3–18　2019—2025 年煤油消费量变化及同比增速

4. 终端用能电动化叠加清洁能源替代，柴油消费继续下降

在全球气候变化和环境保护的迫切需求下，终端用能结构转型成为不可逆转的趋势。特别是在交通运输领域，随着技术进步和政策推动，电动化与清洁能源替代正以前所未有的速度改变着行业的面貌，直接导致柴油消费量持续下降。

近年来，国家高度重视交通运输装备的低碳转型，《加力支持大规模设备更新和消费品以旧换新的若干措施》增加对于国Ⅲ老旧营运货车的报废补贴，有望带动 30%~40% 报废购置新车的需求，对应柴油重卡换购 10 万辆，预计其中部分换购需求会转向 LNG 燃气重卡。轻型货车向电动力转变的趋势尤为明显。随着电池技术不断进步和充电设施日益完善，电动汽车在续航里程、性能表现和使用成本上的优势日益凸显，使得轻型货车电动化成为市场的主流趋势。此外，LNG、电、甲醇、氢能、生物柴油等多元化的低碳运输替代燃料快速发展，为交通运输行业提供了更加丰富的选择。这些替代燃料在性能、成本、环保等方面各有千秋，能够满足不同车型、不同使用场景的需求。它们的快速发展促进了公路运输领域柴油需求的持续下降。

2025年的柴油市场有值得关注的亮点，主要是随着固定资产投资增速加快，尤其是基建投资项目加快落地，建筑用油将在低基数上呈现止跌回稳态势，直接带动建筑施工领域工程机械用油增长，并向上游传导，拉动粗钢、水泥等建筑原料生产，进而促进相关行业用能需求增加。工程机械行业的电动化转型尚在起步阶段。大型采矿设备和挖掘设备等仍以柴油机为主。因此，固定资产投资的加速对柴油需求产生积极影响。

预计2025年，我国柴油表观消费量为1.61亿吨，同比下降3.7%，降幅较2024年收窄2.8个百分点。2019—2025年柴油表观消费量及同比增速见图3-19。

图3-19　2019—2025年柴油表观消费量及同比增速

5. 成品油需求继续下降，分品种保持“两降一升”趋势

2025年，随着国家继续推进节能降碳行动，以及经济结构不断优化和升级，成品油消费量继续呈现下降趋势。分品种看，汽油消费降幅扩大，柴油降幅收窄，航煤增速有所回落，保持“两降一升”态势。预计

2025年，我国成品油消费量为3.52亿吨，同比下降1.9%，降幅较上年收窄0.9个百分点。

6. 仍有新炼能投产，炼能过剩风险凸显

预计2025年，我国整体炼油能力保持基本稳定。镇海炼化二期项目将投产，大连石化1000万吨/年系列关停，舟山大榭项目扩能到1200万吨/年，我国规模以上一次原油加工能力小幅增加500万吨/年。2025年，我国炼油行业预计仍面临严重的产能过剩问题。据相关测算，2025年，我国潜在资源过剩量在5000万吨/年。考虑到实际的出口量将有所减少，为应对需求萎缩和出口薄利，我国炼厂将主动下调加工负荷，避免市场价格的恶性竞争，成品油实际产需差为3000万~3500万吨。

（五）对行业发展的建议

新能源汽车的超预期发展，导致我国的汽油消费峰值早于预期到来，也催促炼油行业和成品油销售企业加快转型升级节奏，适应市场变化。2024年，不仅是交通用油消费量下降通道的起点，而且是我国成品油消费量进入下降通道的起点。“十五五”期间，汽油、柴油消费的下降幅度将逐渐扩大，尤其是交通运输领域，无论是乘用车的电动化，还是LNG燃气重卡的快速发展，都将促进交通运输领域碳达峰目标提前完成。

建议我国炼化企业做好成品油消费持续下降的应对工作，加快产品转型及销售市场开发等工作，并根据炼厂的原油资源和市场特点选择转型发展方向，但必要的燃料生产功能要保留，仍有一定时间的规模需求窗口期，且减油增化、减油增特和减油增材及其他转型路径，都是炼油企业应及早确定的方向。只有选定方向，才能有序、有度、有效益地进行转型升级，从而保障整个行业的可持续发展。

（撰稿人：孔劲媛）

三、2024年国际天然气市场变化情况与未来预测

2024年，国际天然气需求进一步增长。据国际能源署数据，2024年，国际天然气市场实现了更明显的增长，全球天然气消费量4.21万亿立方米，同比增长2.8%，高于2010—2020年2%的年平均增长率。全球天然气产量4.19万亿立方米，供需基本面趋紧及地缘政治不确定性给现货价格带来上行压力。LNG供应减少加上亚洲需求增长强劲，导致全球天然气市场平衡趋紧。俄罗斯向欧洲的管道天然气供应再次出现不确定性导致世界天然气贸易格局持续演变。

2025年，国际政治的不确定性将进一步加剧。世界经济前景更趋黯淡。综合预测显示，2025年，全球GDP增速预计为2.6%，与2023年持平。在国际局势影响下，天然气市场走势或更复杂。

（一）全球天然气市场需求回升

1. 全球天然气消费量增速回升至2021年以来最高水平

经历2022—2023年的供应和价格冲击后，2024年，在天然气价格正常化的背景下，全球天然气需求同比增长2.8%。国际能源署在年度《全球天然气安全评论》中表示，天然气需求在2024年达到4.21万亿立方米的历史新高。

2. 亚太地区天然气需求增长量占全球增长量近一半

全球天然气的增长量主要归功于亚太地区天然气需求量的增长。亚太地区2024年增长量占全球天然气需求增量近45%，主要增长动力是工业和能源，对需求增长的贡献率超过一半。东亚地区除中国外天然气消费并没有太大亮点。2020—2021年冬季和2023—2024年冬季，日本的天然气消费量下降了18%；韩国的液化天然气进口量保持相对平稳。

3. 欧洲地区天然气需求复苏

随着价格正常化，欧洲的工业天然气需求虽然仍远低于危机前的水平，但正在复苏，促进了全球天然气需求的增长。

（二）全球 LNG 供应增加有限

根据 LSEG 的数据，2024 年全球 LNG 供应量增长 2.5%，增速创下 2015 年以来最低。美国大型 LNG 运输项目的延误及以英美为首的西方国家对俄罗斯最新 LNG 基础设施的制裁，抑制了市场的 LNG 新供应规模。

1. 美国持续增产填补市场空白

2023 年，美国成为世界上最大的 LNG 出口国。2024 年，美国 LNG 出口总量达到 8830 万吨，高于 2023 年的 8450 万吨，巩固了美国作为全球最大 LNG 出口国的地位。2024 年 12 月，美国 LNG 出口量飙升至 850 万吨的新高。据美国能源信息署的数据，2024—2025 年冬季，美国新增 LNG 产能有限，只有部分 LNG 出口项目新产能上线，如 Cheniere 能源公司 Corpus Christi LNG 三期扩建项目（年产能 1000 万吨）的 7 个中型生产线中的第一条，Venture Global 公司的 Plaquemines LNG 一期项目（年产能 1330 万吨，含 18 个中型生产线），Freeport LNG 开发公司通过设计运营优化增加产能的项目（年产能 1545 万吨）等。其他国家和地区也有部分新增出口产能项目，但存在项目受制裁等无法投产的情况。2024—2025 年冬季，美国 LNG 出口量平均为 3.88 亿立方米 / 日，比前一个冬季增加 8%。

2. 俄通过管道向欧洲供应天然气减少

2024 年底到期的俄罗斯—乌克兰天然气运输合同没有续签，通过管道向欧洲供应的俄罗斯天然气数量减少。2024 年以来，俄乌管道的天然气运输量维持在 4200 万立方米 / 日左右，折合年供应量为 150 亿立方米。2024 年，欧盟天然气进口量 2928 亿立方米，俄乌管道运输量贡献约5.12%，占比有限。俄乌冲突前高峰期，俄罗斯天然气约占欧洲管道天然气进口总量的40%。

3. 其他市场增加LNG出口能力

墨西哥东海岸阿尔塔米拉LNG项目已于2024年8月运出了第一批LNG，并在10月达到满负荷的生产。塞内加尔和毛里塔尼亚海上的一个新的LNG出口项目（年产能230万吨），2024年底开始生产LNG。俄罗斯的北极2号LNG出口设施运输几批LNG后因制裁于2024年10月关闭。

4. 中东地区天然气增量放缓

从中东地区来看，2024年，由于地缘政治冲突和产油国自愿性减产，天然气产量增长放缓。2024年，中东地区的天然气产量为7127亿立方米，占全球天然气产量的17%左右。

（三）天然气价格呈震荡趋势

2024年，国际天然气价格延续2023年的走势。Henry Hub天然气期货指数在2024年全年呈现震荡走势，并在11月22日创下年内高点3.565美元/百万英热，年度上涨34.7%。英国天然气期货指数呈现同样震荡回升。

1. 欧洲地区高位天然气储量

欧洲地区相对高位的库存水平是打压气价的关键因素。为了避免在2024年冬天重演“气荒”，欧洲多国早早启动采购计划。欧盟亦要求成员国2024年的天然气储存水平达到90%，严格保障冬季供应。2024年9月14日，欧盟天然气库存水平已达到94.3%。其中，意大利、西班牙的库存水平高于均值，分别达到94.5%和100%；德国、奥地利、法国、匈牙利等国的库存水平低于均值，基本保持在90%左右。

东亚地区，日本和韩国在2023—2024年供暖季结束时，LNG库存相对较低。中国的天然气储存能力在2024年8—10月创纪录的LNG进口量上体现，表明2024—2025年冬季的天然气库存得到了有力补充。

作为全球最大的LNG出口国，美国库存接近最大量，比上年库存超出3%。

2. 多重因素交织造成价格波动

2024年，国际天然气价格经过平静的上半年后，第三季度开始呈现波动态势。第三季度初，国际天然气价格持续下探，此后在全球电力需求爆发、澳大利亚天然气工人罢工威胁下，价格出现剧烈波动。进入第四季度，初冬寒流促使欧洲在2024年12月将LNG进口量提高到近一年来的最高水平，并且正在以7年来最快的速度耗尽其储存的天然气。美国LNG的出口量也达到了2024年1月以来的最高水平。俄罗斯通过乌克兰向欧洲输送管道天然气的结束引发了欧洲天然气市场的不安，买家一直在增加LNG的购买量。

（四）区域间贸易流向转变

LNG新项目启动延迟、出口天然气供应出现问题、LNG工厂出现意外停产，以及地缘政治事件等，都可能改变全球天然气的贸易流向，潜在减少可用供应量。

1. 中国与俄罗斯天然气贸易保持稳定

2024年，俄罗斯的天然气产量为6850亿立方米，同比增长7.6%。2024年，俄罗斯对中国天然气出口量占中国天然气进口量10.84%，位居第三。

2. 美国仍是最大LNG出口国

2017年起，美国从天然气净进口国变为净出口国，且净出口量逐年递增。2024年，美国天然气总出口量为1236.14亿立方米。其中，出口至欧洲的LNG占总出口量55%，出口至亚洲的LNG占比达到34%。

3. LNG需求增速回落

经历2022年欧洲地缘政治冲突引发的快速增长后，2024年，全球

LNG 需求增速明显回落。2024 年，全球 LNG 贸易量为 4.14 亿吨，增速为 0.27%，处于近十年低位。

分区域来看，新兴市场受需求增长和价格下行影响进口活跃，南亚地区引领全球 LNG 需求增长，印度 LNG 进口量达 2700 万吨。中国 LNG 进口量为 7665 万吨，超过日本成为全球最大的 LNG 进口国。欧洲供需格局改善，LNG 进口热情回落。在压减政策下，欧洲天然气需求持续低迷，地下储气库库存全年保持历史最高水平，2024 年 LNG 进口量下降了 2300 万吨，比 2023 年下滑 19%。东北亚传统市场受电力需求下降，以及核电、煤电出口增加影响，2024 年 LNG 进口量明显下降。

4. 全球 LNG 贸易流向重构

欧洲取代亚洲成为 LNG 资源净回值较高的市场。来自美国墨西哥湾的 LNG 资源大量从亚洲转售至欧洲，导致亚洲国家进口 LNG 规模缩减。

2022 年以来，美国 LNG 在满足欧洲部分天然气需求方面发挥了越来越大的作用。此前，俄乌冲突发生后，俄罗斯切断了对其大多数欧盟客户的供应。挪威已取代俄罗斯成为欧洲最大的管道天然气供应商，而美国交付了欧洲国家进口 LNG 至少一半的量。随着欧洲库存的快速消耗，冬季库存已低于 5 年平均水平。欧洲不仅需要增加冬季的海外供应，而且需要在春季和夏季增加海外供应，以便在 2025—2026 年冬季之前填满储存场地。

（五）2025 年全球天然气市场展望

1. 天然气需求稳定增长

展望 2025 年，全球天然气供应会保持相对稳定的增长，但消费存在较大的不确定性。预计到 2025 年，全球天然气消费量再增长 2.3%（近 1000 亿立方米）。全球天然气需求的增长反映了全球能源危机的逐步复苏，但供需趋势之间的平衡是脆弱的，未来存在明显的波动风险。

2. 区域间 LNG 资源竞争力度加大

欧洲 2024 年冬至 2025 年春气温不确定性大，加之俄欧管道气贸易量减少，叠加其他区域 LNG 进口需求增加，或导致区域间 LNG 资源竞争加剧。因为遭遇寒冬，供暖季结束时，欧洲储气库填充率将降至 20%~30%。2025 年春季，欧洲 LNG 补库需求将显著攀升。

2024 年，俄欧过境乌克兰管道向欧洲输气量约 150 亿立方米 / 日。特朗普再任美国总统后，俄乌冲突仍然存在很大的不确定性。2024 年底到期的俄罗斯—乌克兰天然气运输合同没有续签，进一步推升欧洲 LNG 进口需求。区域间 LNG 资源竞争力度加大。

2025 年，亚洲、北非和南美的 LNG 进口需求增加。因煤电、核电受限，韩国天然气发电和城市燃气需求增加，带动东北亚 LNG 进口需求同比上升 240 万吨，增幅为 2%。埃及本土产量下降，2024 年冬至 2025 年春 LNG 进口需求增加 200 万吨，从 LNG 出口国转为 LNG 进口国。南美正值旱季，经历创纪录干旱后水力发电出力不足，将大幅提升 LNG 进口需求，同比增加 198 万吨，增幅 89%。进口市场之间的 LNG 资源竞争力度或进一步增强。

3. 亚洲与欧洲推动 LNG 价格上行

亚洲与欧洲 LNG 需求有望推动 2025 年 LNG 价格继续上行。尤其在欧洲，受到地缘政治影响，对 LNG 的需求长期保持在历史高位附近，主要用于替代俄罗斯管道天然气，满足冬季供暖和工业需求。欧洲需要长期保持天然气库存满载以应对潜在的需求激增。

4. 需求继续增长，但供应有限

美国、俄罗斯等 LNG 项目投产带动全球 LNG 产能小幅增长，局部缓解 LNG 供应紧张态势。预计 2024 年冬至 2025 年春，全球 LNG 供应量为 2.37 亿吨，同比增加约 670 万吨。若新增产能及时上线，全球天然气或呈现略微宽松的态势。

美国供应持续增长。美国能源信息署（EIA）预计，2025 年美国

LNG 出口将增长 15%，达到近 140 亿立方英尺 / 日。

中东投资更加谨慎。2025 年，中东石油和天然气行业将面临谨慎的投资环境。尽管上游资本支出总体增长放缓，但将逐步转向清洁能源投资，并继续关注战略项目。中东上游石油和天然气资本支出增长预计大幅放缓，从 2023 年的 600 亿美元增加到 2030 年的 650 亿美元，仅增加 50 亿美元。

5. 地缘政治仍是最大风险

短期而言，地缘政治的不稳定已成为天然气市场发展面临的最大风险。天然气的供应安全仍是各国制定能源政策时需考虑的关键方面。天然气市场发展中所面临的各种风险也突出了加强国际合作的必要性，包括评估并实施在天然气和 LNG 价值链中的替代方案。

6. 价格存在上涨或飙升可能

2025 年，国际气价将较 2024 年走高，对供应端扰动和地缘政治局势需保持高度敏感。欧洲和亚洲的天然气消费增长存在不确定性。如亚洲买家冬季需求走高，仍可能导致气价产生波动。

2025 年，欧洲和中国需求复苏进度是影响全球供需形势的关键因素。因基本面较 2024 年收紧，预计 2025 年东北亚 JKM 现货全年平均价格为 10~13 美元 / 百万英热单位，欧洲 TTF 平均价格为 9.5~12.5 美元 / 百万英热单位，美国 HH 平均价格为 2.7~3.2 美元 / 百万英热单位。

（撰稿人：于　洋）

四、2024 年我国天然气市场变化情况与未来预测

2024 年，我国的经济发展展现出了强大的韧性，持续回升向好，天然气需求大幅回升。天然气生产，在主要大中型盆地、“四新”领域取得

多项重要发现。2024年，我国规模以上工业天然气产量为2464亿立方米，为我国能源供应安全和绿色低碳转型提供了基本保障。

（一）我国天然气产量和储量增长

1. 我国天然气产量实现7年持续增长

2024年，我国在勘探、开发、生产等环节的投资持续增加，技术革新稳步推进，新项目产能建设加速推进，常规天然气产量稳步增长。2024年，我国规模以上工业天然气产量为2464亿立方米，同比增长6.2%。

天然气产量连续7年保持百亿立方米增产势头。四川、鄂尔多斯、塔里木三大盆地是增产主阵地，2018年以来增产量占全国天然气总增产量的70%。非常规天然气产量接近1000亿立方米，成为天然气增储上产的重要增长极。页岩气新区新领域获得重要发现，中深层生产基地不断巩固，深层持续突破，全年产量超过250亿立方米；煤层气稳步推进中浅层滚动勘探开发，深层实现重大突破，全年生产煤层气超过167亿立方米。

2. LNG产量持续提升

近年来，我国LNG产业发展迅速，产量逐年增长。从区域分布看，华北地区和西北地区是我国LNG的主产地。2024年，全国LNG累计产量为1742.7万吨，同比增长10.6%。LNG属于清洁能源领域，是我国近年来重点支持发展的产业，未来几年仍处于高速发展期。预计2025年，我国LNG产量继续提升。

（二）我国天然气消费量保持增长态势

我国天然气消费保持增长态势。随着我国经济发展稳中有进和能源转型的持续推进，天然气消费市场活力充分释放。迎峰度夏期间，全国大部分地区气温较往年同期偏高，带动各板块用气需求上行。

1. 天然气表观消费量显著增加

我国天然气消费量逐步恢复，在亚洲天然气消费量中的占比提升，并成为世界天然气市场供需变化的指向标。据国家统计局数据，2024年，全国天然气表观消费量为4260.5亿立方米，同比增长8.0%。2024年1月，我国天然气消费量出现同比负增长。但进入2月，天然气市场运行相对稳定。除5月同比增速超过10%外，其他月份增速均在4%~8%。2024年，我国天然气市场处于恢复性增长期。

2. 天然气消费主要受城市燃气和发电用气拉动

2024年，我国天然气消费量出现恢复式增长，主要受城市燃气和发电用气拉动。城市燃气增量主要来自商业服务业、交通（LNG燃气重卡）和采暖用气。发电用气增量主要来自区域气电装机增长，以及迎峰度夏顶峰发电需求影响。工业用户对气价较为敏感，需求增量受到全年气价走势影响较大。发电用气实现较快增长，化工用气保持平稳。同时，市场消费需求低迷是导致2024年工业用户增量较为疲软的主要因素。工业、城燃、发电、化工用气同比分别增长38.7%、36.4%、15.7%、9.3%。

（三）我国天然气进口量保持增长

我国天然气进口量保持增长，天然气供应能力进一步增强。据国家统计局数据，2024年，我国天然气进口量为13169万吨，同比增长9.9%。

1. 管道气进口量增幅明显

管道气进口量增幅明显，主要由于中俄东线天然气管道全线贯通，其中俄罗斯“西伯利亚力量”对华输气量达380亿立方米。

2. LNG进口量同比增加

LNG进口量明显增加，现货调峰属性增强。2024年，LNG进口量为7665万吨，同比增长7.5%。

LNG长协进口量持续稳定增长。2024年，我国企业LNG采购合同总规模为425万吨。

3. LNG进口超过管道气进口

从我国天然气进口统计数据看，进口LNG占2024年我国天然气进口总量的59.448%，超过进口管道气，是我国天然气进口的主要方式。2024年，澳大利亚和卡塔尔分别是中国第一大和第二大LNG进口来源国，供应量分别为2648万吨和1833万吨。

（四）2024年我国天然气市场特点

经济增长、油价、新能源发展、煤炭供应等仍是影响2024年天然气供需形势的主要因素。

1. 我国天然气供需形势总体平稳

我国天然气供应能力持续提升，供应总体有保障。国产气稳步增产，中俄东线管道气供应量增加，LNG长协进口量持续稳定增长。2024年，我国建成储气库38座，形成调峰能力266.7亿立方米，为冬季供暖打下坚实基础。我国储气库、LNG接收及储存能力增加，资源供应及调峰能力提升。截至2024年，我国LNG接收能力达到1.5亿吨/年，接收站利用率仅达到53%左右。

在城燃用气方面，进入采暖季，随着全国天然气基础设施的进一步完善，北方集中供暖需求、长江中下游地区分户式天然气采暖需求，以及新铺设管道沿线区域新增采暖需求等因素带动供暖用气需求持续增长。在工业用气方面，呈现企稳趋势，预计工业用气需求整体保持增长。特朗普再次上台明确提出提高关税，预计对2025年出口产生抑制，但促进了2024年第四季度出口，导致工业用气增长出现季节性波动。在发电用气方面，全社会用电量增长、南方地区电采暖需求增长，推动发电用气稳定增长。

2. 保供存在一定压力，仍存在不确定性

我国天然气市场需求有所增长，天然气市场供应较为充足，保供压力总体可控，但仍需警惕极端天气和突发状况可能带来的局部供需紧张。我国能源企业在筹备资源时应坚持底线思维，层层压实责任，确保顶峰时段的应急供应能力，严防因责任缺失导致短供、断供问题。

我国气田在安全的基础上，要实现高负荷生产，储气设施应储尽储；

由政府能源部门牵头，做好极端天气的生产应急预案，保障各地区用气安全、稳定；利用进口 LNG 和国产气互保互供，保证资源稳定供应；推动不同主体、不同层级管网设施高标准联通，提高天然气总体供应能力。

（五）我国天然气市场未来发展趋势

绿色低碳转型已经成为全球发展的重要驱动引擎。在“双碳”背景下，推动绿色可持续发展面临着新机遇与新挑战。天然气低碳优势显著，是连接传统化石能源向新能源转型的“最佳伙伴”，与储能协同，“气电调峰”助力新能源发展，具有不可替代的作用。

1. 我国天然气市场体系向利于竞争推进

我国天然气行业将形成“全国一盘棋”。整个价值链将主动有效应对国际市场天然气价格波动。我国天然气市场正在按照“管住中间、放开两头”的方向推进，即推动上游油气资源多主体多渠道供应、中间统一管网高效集输、下游销售市场充分竞争。

管住中间的重要手段是天然气管输成本监审。目前，管输价格由国家发展改革委按照“准许成本 + 合理收益”的原则制定和管理，正逐步建立从跨省长输管道到管内短途管道再到城市配送管道全产业链价格监管体系。部分上游企业对合同外气量定价采用“进口资源综合成本”的定价方式，将采购成本向下游传导。

2. 将形成稳定的供需格局

面对异常复杂的国际形势，我国天然气行业主动应对，大力提升勘探开发力度、增储上产，坚持供需两侧发力、保供稳价，管道气进口量稳健增长，基础设施建设持续推进，“全国一张网”初步形成，储气能力实现翻番式增长，为稳定全球天然气产业链供应作出了积极贡献。

我国将继续加大勘探开发和增储上产的力度，确保天然气自给保障率长期不低于 50%；加强天然气基础设施建设，完善“全国一张网”；深化油气体制改革，完善天然气市场体系；推动天然气产业降碳提效，支持油气企业从传统油气供应向综合能源开发利用转型发展；加强天然气与多种能源协同发展，构建多能互补格局；持续深化国际交流与合作，构建开放条件下的天然气供应安全体系。

3. 我国天然气消费市场仍有较大增长潜力

（1）农村用气市场有待进一步开发

在我国农村生活的5亿居民中，有近1亿农户尚未使用天然气。因为空心村的不断出现，农村用气发展将经历一个较长过程。但随着农民收入的增加及乡村振兴战略的推进，预计农村居民每年生活和采暖用气量将新增300亿立方米。

（2）城镇居民采暖用气仍有增长空间

我国北方城市中约有一半的居民使用燃煤热电厂或燃煤供热站采暖。全国城市的集中供暖用煤约为1.5亿吨标准煤，折合天然气1200亿立方米。南方城市供热正在逐步展开，预计到2030年，将有近7000万户南方居民实现供暖，需要天然气350亿立方米。南方采暖将是一个巨大的市场。在此背景下，建议大力推动城镇天然气供热和调峰热电项目建设，解决燃煤供热引起的大气污染。在此过程中，应从气源供应价格或税收方面予以适当优惠，以照顾到收入较低者，特别是农村居民。

（3）工业燃料用气市场仍有开发潜力

综合有关资料分析，目前部分建材小窑炉、工业小锅炉等由于各种原因仍在使用煤炭作燃料。天然气将持续替代高污染燃料，支撑新能源规模发展。在工业领域，天然气作为工业领域高碳燃料的替代者，不仅被广泛应用于陶瓷、玻璃、钢铁等传统工业领域，而且正在成为光伏玻璃、新能源汽车等新兴产业的重要用能。

（4）交通能源领域天然气产业的巨大市场

得益于重型货运车船“油改气”，目前我国LNG车船有了一定的保有量。部分产煤重地，如山西、内蒙古、陕西、新疆的LNG燃气重卡占比在60%左右。但是，我国东南部地区的LNG燃气重卡数量极少。一个重要原因是 LNG 加注站偏少，尚未形成完整的供应网络。目前，我国重卡保有量约为 900 万辆。其中，LNG 燃气重卡仅有约 80 万辆。如果再发展 300 万辆 LNG 燃气重卡，每年用气量将新增 3200 亿立方米。此外，全国内河沿海内贸船舶每年消耗柴油约 1500 万吨。在治理船舶污染背景下，考虑到 LNG 的清洁性及较高的性价比，如果这些船舶中的一半改为使用 LNG，LNG 年用量将达到约 85 亿立方米。伴随着 LNG 燃气重卡、LNG 船舶的快速发展，天然气在构建绿色低碳交通体系中将发挥重要作用。

4. LNG 价格预计继续波动

在地缘政治紧张局势持续和需求不确定的背景下，LNG 价格将继续保持波动。预计中国将在全球 LNG 市场发挥越来越重要的作用。国际能源署（IEA）数据显示，在过去 5 年签署的所有 LNG 购销协议中，中国占据了 30%。按照目前的趋势，到 2030 年，中国在 LNG 有效合约中的份额将从 2021 年的 12% 翻番至 25%。

（撰稿人：于　洋）

Ⅳ 运营管理篇

一、2024年我国加油站成品油经营情况与未来趋势

2024年，我国成品油消费量3.58亿吨，同比下降2.8%，汽柴油消费量均同比下降。展望2025年，随着新能源汽车加快渗透，加油站汽柴油销量将持续回落，加油站经营的转型发展势在必行。

（一）我国加油站成品油经营发展现状分析

1. 汽柴油消费达峰，加油站经营面临需求萎缩

我国经济从要素驱动和投资驱动的高速增长阶段转入创新驱动的高质量发展阶段，用油行业在宏观经济中的比重不断下降。同时，受“双碳”目标驱动、新能源汽车发展、出行方式转变等影响，我国汽柴油消费均已达峰。成品油市场进入总需求开始萎缩、用油结构大幅调整的时期。

2. 零售终端持续多元化，能源替代进一步凸显

多种多样的能源作为终端选择，对当前的汽柴油需求产生替代。按照汽柴油折合量计算，2024年电动力替代已超过2000万吨，这将继续加剧汽柴油零售终端的竞争。一方面，民营资本不断涌入成品油销售行业，各民营主体通过低价销售逐渐抢夺市场份额。另一方面，产品和服务等趋于同质化，品牌溢价能力减弱。

3. 成品油零售业务精细化水平持续提升

随着消费者偏好的持续变化，加油站作为成品油零售业务的主要载体，服务的精细化水平进一步提升。

（1）服务模式多样化

为满足不同消费群体的需求，出现越来越多的“加油站＋便利店”“加油站＋便利店＋快餐”“加油站＋汽车维护”“加油站＋便利店＋汽车维护”等。

（2）产品差异化

持续突出高利润“旗舰”产品，以“全系列产品体系”对顾客群体进行区分。比如，壳牌的“V-Power”、BP的“优途高性能燃油”等。

（3）服务精细化

在具体的经营服务中，注重细节关怀，提高顾客体验。例如，每台加油机旁边设有清洗车辆的雨刷、一次性手套、清水壶、卫生纸，供客户自助擦车；凭借消费小票可以在站内进行卫生间差额消费等。

（二）我国加油站成品油经营策略分析

1. 国有石油公司加油站成品油经营策略分析

加油站运营的差异化管理，是加油站生存和盈利的关键管理要素。经营模式由企业资本结构、市场特征因素决定。一般而言，我国加油站经营主要有自有经营、承包经营、特许经营等模式。但无论哪一种经营模式，随着市场变化和竞争的激烈程度的变化，加油站的成品油经营策略以消费者为核心，更多地针对消费者的特征和需求来开展。

（1）私家车客户经营策略

私家车客户对油品的品质有较高要求，更倾向于选择高标号汽油，并关注油品的质量。这类群体选择加油站时更倾向于选择知名品牌下口碑良好的加油站。此外，私家车客户注重支付的便捷性和安全性，对加油站的设施和环境有较高要求，如期望有舒适的休息区和干净的洗手间等。

针对此类客户，加油站要积极部署高标号油品。建立会员体系，根据客户的加油量和频次设定不同的会员级别，并提供相应的优惠和服务。利用场地部署洗车业务，为客户提供专业的车辆养护建议和售后服务，包括定期更换机油、清洗车辆等。通过广告宣传和社交媒体等渠道，提高加油站的知名度和品牌形象。与其他相关企业合作，如汽车制造商、保险公司等，共同推出优惠活动和增值服务，提供一站式服务，建立战略联盟，共享客户资源，提高市场竞争力。

（2）营运车辆客户经营策略

营运车辆客户主要包括出租车、网约车、公交车以及短途货运车辆客户。这些客户展现出对价格敏感、时间紧迫、加油频次高、服务需求高、依赖度强以及有长期合作意愿等特点。

针对这类价格敏感的客户群体，加油站要合理制定定价策略，确保价格具有竞争力。可以建立会员体系，设定不同的会员级别，并提供相应的优惠和服务。借助第三方平台的资源投入，形成叠加效应，但要防止平台逆向导流。加油站需要提供高效的加油服务为营运车辆客户快速完成加油，可以设置专门的营运车辆加油通道，优化加油流程，减少等待时间。要与营运车辆客户建立长期合作关系，如与物流公司、出租车公司等签订合作协议，确保稳定的油品供应和优惠价格。

（3）政府机关及企事业单位客户经营策略

政府机关和企事业单位客户的车辆规模较大，加油需求呈现出稳定的态势。对油品的质量和加油站的合规性有较高的期望，通常会选择通过公开招标的方式进行集中采购，需要进行定期结算。

加油站要主动与政府机关及企事业单位建立合作关系，提供定制化的油品供应和服务方案。积极参与政府采购，根据政府机关及企事业单位的采购规模和频次，给予一定的价格优惠和折扣。提供灵活的结算方式和账期管理，满足客户财务管理需求并提供车辆管理服务。

（4）运输车辆客户经营策略

运输行业的三大主要客户是长途货运车辆、城市配送车辆和客运车辆的客户。这类客户群体在选择加油站时，主要考虑的因素包括货运线路、加油站的位置、油价和服务质量，旨在找到性价比最高的合作伙伴。

加油站面对这些客户要确保提供具有竞争力的油价和质量上乘的油品。采用积分累积、会员折扣等优惠措施，与客户签署长期合约以稳固合作关系。要建立客户档案并定期沟通了解客户需求，从而为他们提供个性化的服务。在高速公路沿线设置广告牌，并在社交媒体平台上发布相关信息，提高加油站的知名度。开展“司机之家”建设项目，以解决司机在停车、淋浴、洗衣、休息和餐饮等方面的难题。

（5）工矿企业用油经营策略

工矿企业，如钢铁冶金、发电、纺织、水泥生产、矿山、石油化工等，是典型的工业用油客户。工矿企业用油客户的需求特点包括用油量大、合作稳定、对价格敏感以及期望得到专业的服务。

加油站要提供有竞争力的价格和优惠措施，如长期合同折扣、大量购买折扣等，以吸引和稳定这些客户。提供油品质量检测报告，以增加客户对油品质量的信任。提供灵活的合同和支付方式，以适应企业的特定需求。开展定制化的营销活动，如企业专属的优惠活动、油品推介会等，以加深与企业的合作关系，并吸引更多潜在客户。定期举办与工矿企业相关的研讨会和培训活动，分享行业动态、油品知识和管理经验，加强与企业的互动和交流。建立完善的油品质量追溯系统，确保每一批次的油品质量可追溯，增加工矿企业对油品质量的信任度。

（6）农业用油客户经营策略

农业用油客户的需求在农忙和特定作业时段尤为集中，对油品的需求量大。因农业机械设备对油品的高要求，客户特别关注油品质量，以保障设备的良好运行和延长其使用寿命。与其他行业相比，农业用油客户在选择油品时并不十分看重品牌，而是更注重油品的质量和性价比。为了满足农业生产的需求，期望获得迅速且高效的加油服务。除基本的燃油需求外，还需要其他专用油品，如润滑油和液压油等。在使用过程中，需要了解与农业机械设备和油品使用相关的知识。若出现技术问题或设备故障，需要及时得到技术支持和售后服务，以确保设备能够正常运行。

加油站要有意识与农业相关的企业或组织建立合作关系，共同推广油品和服务。例如，与农机设备制造商、农业合作社、农业技术推广机构等建立战略联盟，共同为客户提供更全面的解决方案。利用多元化的经营渠道，如线上平台、社交媒体、农业展会等，提高品牌知名度和曝光率。

（7）大型基建用油经营策略

大型基建项目包括道路、桥梁、隧道等传统工程，还可能涉及新能源、水利、通信等多个领域。通常涉及大量的机械设备和运输工具，包括挖掘机、装载机、压路机等。它们的运行都需要大量的油品供应，因此用油量需求巨大。这类基建项目通常周期较长，有的甚至需要数年时间。因此，大型基建用油客户需要长期稳定的合作关系，确保在整个项目周期内能够获得持续的燃油供应。由于设备类型较多，这类客户对油品的需求也可能涵盖多种类型，如燃油、润滑油、液压油等。

加油站需主动与大型基建项目的施工方、设备供应商等建立联系，争取与它们建立合作关系。根据项目的具体需求提供定制化的油品供应方案，并提供一定的价格优惠。同时可以考虑在项目附近增设临时橇装加油设施、现场加油服务等灵活方式，以满足项目的实际需求。建立完善的客户服务体系，提供及时的技术支持和售后服务，包括设备维护、油品更换建议等，降低项目方在使用过程中遇到的风险。设立专属客户经理，提供一对一的服务和支持。定期对加油站的服务进行评估和改进，以确保满足大型基建项目的需求。

2. 民营加油站行业现状及转型策略分析

近年来，我国成品油市场格局发生显著变化，价格波动趋于平缓，利润空间收窄，终端消费需求减弱，中国石油、中国石化两大主营加油站区域及资源优势明显，民营加油站行业生存环境面临挑战。同时，新能源汽车市场快速发展，渗透率加速上扬；行业政策持续加强对市场的监管及规范，民营加油站转型迫在眉睫。

（1）民营加油站经营现状

①同行竞争加剧，利润空间收窄

近年来，随着我国交通运输业的蓬勃发展以及汽车保有量的持续攀升，国内加油站数量不断增加。目前，民营加油站数量在全国加油站总数中占比已超过5成。但在市场竞争中，民营加油站品牌影响力与中国石油、中国石化等大型国有企业加油站相比较弱；民营加油站地理位置多处于非城区或车流量较低且人口密度偏弱的地区。因此，从全国来看，加油站中近七成销量来自“两桶油”，民营加油站销量远远不及国有企业加油站。

民营加油站数量多，但大部分以单打独斗为主，难以形成一定的规模。在资源采购上，与国有企业加油站大规模集采相比，民营加油站对资源的议价能力明显偏弱，成本压力较大。同时，在零售端，民营加油站往往通过降低价格来吸引更多客户和稳定客源，导致利润空间受到一定挤压，行业竞争激烈。

②油品质量参差不齐，行业信任度低

部分民营加油站为了进一步降低成本，可能会在油品质量上打折扣，这不仅影响了自身的信誉和形象，也加剧了市场的不信任感。而一些大型民营连锁加油站则注重油品质量，通过与优质炼厂合作等方式，确保油品质量可靠，但仍需花费更多精力和成本来证明自身油品的品质，以赢得消费者信任。

③转型速度难以满足消费者需求变化

随着科技的进步，“人・车・生活”生态圈的深度融合对加油站行业发展产生了深远影响。传统单一的加油站点现已转型为集交通、社交与服务于一体的多元化连接点。当前，消费者的需求变化主要集中以下方面。

便捷高效：消费者期望在加油站能够迅速获得服务，看重加油站点的地理位置和效率，力图缩短等待时间。

多元化服务：消费者不再满足于单一的加油服务，而是追求一站式的加油体验，这包括但不限于便利店、餐饮和车辆维修等多元化服务。

价格与油品质量：价格是选择加油站的重要因素，但油品质量更为消费者所重视。加油站必须保证油品质量，并合理定价以吸引顾客。

个性化服务：个性化服务成为消费者的追求，比如会员权益、专属促销活动等，皆为满足顾客的个性化需求。

科技创新：先进技术，比如智能系统、线上支付、无感支付等服务已成为消费者期待的领域，科技的应用将进一步提升消费者的加油体验。

因此，民营加油站需要更快地适应消费者的需求变化。部分民营加油站因对行业变化敏感度较低，或转型成本较大，而无法更好地满足消费者需求，造成一定的客源流失。

④行业未来生存压力明显

当前，加油站行业的生存与发展面临多方面的挑战。

新能源汽车的快速增长：随着新能源汽车市场的扩张，燃油汽车需求逐渐萎缩，导致传统加油站的服务需求减少。

燃油经济性标准升级：自 2026 年起实施更高的燃油汽车油耗标准，对传统燃油汽车构成更大压力，限制其市场份额，进而影响加油站业务。

市场竞争加剧：尽管加油站数量动态调整，市场竞争依旧激烈。多元化的竞争主体，包括数量优势明显的民营加油站，皆需不断创新服务模式和提升服务质量，以应对竞争压力。

能源转型要求：在“双碳”政策的推动下，加油站需逐步向综合能源服务站转型，建设包括充电桩、加氢站等多元化的服务设施，以满足日益变化的能源需求。

技术进步的驱动：智能化、自动化的加油设备及环保节能技术的应用显著提升运营效率，要求加油站持续进行技术革新和升级以保持竞争优势。

（2）民营加油站转型策略

①多元化服务——非油业务开展

我国民营加油站相较于国有企业加油站而言，普遍规模偏小，试错成本偏高，开发新型业务模式的难度更大，故而应多参照国有企业或外资加油站的成功范例。其中，便利店业务以及汽车服务业务已成为民营加油站实现转型与升级的主要路径。

在便利店业务板块，国内车主前往加油站多以加油为首要目的，停留时间短暂，给非油业务推广带来挑战。便利店经营商品品类一般以食品饮料类、汽车用品类、日常用品类为主。食品饮料类，食品有各种包装零食如薯片、饼干，以及方便食品如泡面、自热米饭等；饮料有瓶装水、碳酸饮料、功能饮料等，这些商品主要是为了满足司机和乘客在路途上的即时消费需求。汽车用品类，如汽车玻璃水、润滑油、汽油添加剂、尿素、车载香水等，这些用品主要与汽车维护和保养相关，方便车主在加油的同时进行汽车用品的采购。日常用品类，如湿巾、雨伞、太阳镜、女性用品等，为消费者提供日常生活中的便利，特别是在紧急情况下，如突然下雨可以在加油站便利店购买雨伞。

在汽车服务板块，主要为洗车服务和汽车养护服务。随着生活节奏加快，以及洗车专门店费用上涨，加油站内洗车越来越受到车主青睐。加油站内通过设置专门的洗车工位，为车主提供洗车服务。同时，加油站可以提供汽车养护服务，如汽车换机油服务、轮胎服务等。通过精准对接车主需求，延长其站内停留时长，也可以为非油业务拓展争取到更有利契机，提高非油产品利润。

②智能化转型

目前，得益于政策利好、成品油市场的开放，以及互联网和大数据等新兴技术的支持，中国能源市场的智能化转型正在加快。然而，转型速度在不同企业之间存在显著差异。对于民营加油站而言，尽管管理链条较短，但高昂的转型成本可能进一步增加经营压力。许多民营加油站企业不愿投入大量成本进行试错，这导致了虽有转型意愿但难以实现的情况。

在智能化转型过程中，民营加油站首先应明确自身的定位，并利用团油、喂车车、找油网等油站相关平台，建立便捷的服务通道，实现初步的智能化转型。具备一定规模的民营加油站，可以与智能化方案设计企业合作，建立统一的数字服务平台，打通供应链链条，实现油品销售流程的智能化管控。最后，通过对大数据的采集和分析，加油站可以对车主行为进行精准画像，从而提供更具针对性的服务，更好地满足客户需求。

③抢占新能源布局

当前，我国南北方地区加油站的转型步伐出现明显差异。在南方，众多加油站已率先向新能源服务领域拓展，引入充电桩、换电站等新型设施；而在北方，大部分加油站仍以传统油品销售为主。在已经开始转型升级的加油站中，城市中心区域内的站点通常由于空间有限，难以同时容纳多种充电和换电设备，因此更倾向于优先发展电动汽车快速充电站。

高功率充电装置不仅大幅缩短了车辆补充能量所需的时间，提升了用户体验，还有效提高了顾客忠诚度与回头率。随着客户留存率的提高，车主在加油站停留的时间延长，这为其参与非能源相关的消费活动提供了更多机会，进而推动了加油站整体收益的增长。

尽管单个民营加油站规模较小，但可以通过联合新能源设备企业形成利益联盟，有效克服单独运营时遇到的诸多障碍。首先，这种合作能显著降低基础设施建设成本，使资金相对紧张的小型企业也能够负担得起先进的技术装备；其次，通过建立标准化的服务流程，简化用户操作步骤，使得充电体验与加油一样便捷，从而提升用户体验；最后，鉴于民营加油站广泛分布于乡村及国道省道沿线，这种布局有助于缓解偏远地区电动汽车用户寻找充电点的难题，实现资源的有效配置与利用。

④互联网 + 营销

在当前竞争激烈的市场环境下，民营加油站相较于国营加油站，在品牌影响力方面存在一定劣势。为了在激烈的市场竞争中站稳脚跟并持续提升盈利能力，采取多样化的营销策略显得尤为重要。

首先，通过灵活的价格优惠政策来吸引顾客是一种有效的方法。这些优惠措施包括利用微信、支付宝、云闪付及各大银行信用卡等便捷支付平台推出满额减免或充值返利计划，以降低消费者加油成本，激发其消费欲望，增加客流量。

其次，加油站可建立自己的线上会员平台，车主通过手机应用或微信公众号注册成为会员。会员每次加油消费可累积积分，积分可用于兑换加油券、便利店商品、汽车服务等。

此外，积极寻求与其他行业伙伴的合作，如联合周边知名购物中心、超市或旅游景点等商业实体共同举办促销活动，借助其品牌效应和客户基础为加油站拓展客户资源。

⑤品牌形象提升

中国石油、中国石化两大集团所属加油站，在品牌影响力上有先天优势。随着汽车消费群体年轻化、固有品牌意识弱化，当前是民营加油站在新品牌建设过程中弯道超车的重要节点。对于民营加油站而言，构建强有力的品牌形象不仅是其在行业浪潮中立足的关键，更是推动企业持续健康发展的核心动力。

首先，确保油品质量过硬是打造优质品牌的基石。企业需建立完善的质量管理体系，对从采购、储存、运输到销售的每一个环节严格把控，真正做到“品质至上”，向顾客公开油品质量检测报告，增强顾客对油品质量的信任，以此作为与其他竞争对手区分开来的核心优势。

其次，提升加油站服务质量。加油环节专业化，包括严格规范加油操作，让客户宾至如归。便利店服务人性化，提升员工服务意识，主动为客户提供必要帮助，并提供部分便民服务，如免费热水、手机充电等。增值服务特色化，洗车、充电会占用客户较长时间，做好服务配套，优化休息等待区，可提升客户体验，并有效延长客户在站内的停留时间，增加非油品销售额，实现利润最大化。

再次，充分利用互联网技术手段加强与客户之间的互动交流也是提升品牌知名度的有效途径。例如，通过创建微信群聊等方式搭建线上社交平台，定期发布最新优惠信息、分享用车小贴士等，能不断加深与客户联系，保持客户黏性。

最后，为确保客户反馈的有效性和即时响应，建立多元化的反馈渠道，包括但不限于加油站内设置的意见箱、小程序在线反馈平台，以及加油小票上直接印制客户服务热线等。客户反馈应及时回应与处理，以此强化客户的感知价值，体现对客户意见的高度重视。

⑥跨界合作与拓展

其一，围绕汽车生活全链条构建综合性服务平台。该模式旨在提供一个涵盖购车、用车、养车乃至换车各个环节的一站式解决方案。具体措施包括与4S店建立战略伙伴关系，为顾客提供新车试驾体验；与保险公司合作推出定制化保险产品，满足客户不同风险偏好的需求；与二手车交易平台合作，简化车辆买卖流程，提高交易效率；整合维修保养资源，确保车辆始终处于最佳状态。

其二，借助流行文化元素强化品牌识别度。与时下热门IP联名推广是一种高效吸引目标受众的策略。无论是二次元角色还是广受好评的影视作品中的经典形象，都拥有庞大的粉丝基础。通过官方授权使用这些标志性图案或名称，不仅可以迅速提升品牌知名度，还能激发情感共鸣，促使其转化为忠实用户。然而，由于涉及版权费用等问题，这种方式更适合资金充裕且具有一定规模的民营加油站实施。

其三，聚焦特定人群需求开展精准营销活动。随着女性驾驶者数量的逐年增加，针对这一细分市场开发专属服务项目尤为重要。例如，可以与知名美妆护肤品牌合作，在加油站内设立专门区域供顾客试用样品或购买相关产品；邀请专业讲师举办美容讲座，分享日常护理技巧。此外，还应引入更多女性友好设施，如母婴室、休息区等，营造温馨舒适的环境。这些举措不仅能吸引更多女性顾客，还有助于塑造积极向上的企业文化形象。

⑦加油站生态圈建设

加油站作为人类社会活动中，汽车与生活连接的重要节点，单一的加油功能已经不能满足现代人的生活需求。为了提高加油站的综合服务能力以及行业竞争力，通过前文中提到的资源进行进一步整合，建立加油站生态圈必将成为未来趋势。

加油站生态圈的建立，更多的是围绕社区生活服务打造一站式“人·车·生活”互联互通的生态环境。生态圈的核心，是以加油站为基础，提供多元化的服务模式，即除基本的加油站服务外，还可以提供汽车养护、餐饮、购物、休闲娱乐等服务。通过构建多元化服务体系，吸引更多消费者，从而提升加油站的盈利能力。

在构建生态圈过程中，首先做好合作产品的筛选。优先考虑服务商或供应商的服务质量、信誉口碑以及产品竞争力，能为油站提供长期可持续服务支持。

其次，打造智能化管理系统。以智慧油站为基础，提高加油站生态圈运营效率。包括会员管理、支付管理、货品管理、财务管理等智慧模块，实现高效的资源利用，在降低运营成本的同时，提升客户体验。

再次，提供个性化体验。在构建智能化生态圈的基础上，通过大数据分析客户消费习惯，打造个性化服务体验，增加客户消费频率。同时，可根据客户消费喜好，通过组织线上线下活动，增加互动，提高客户黏性。

最后，做好宣传推广，创建流量蓄水池。通过主流社交媒体、线上线下活动等，积攒私域客户流量池；通过持续点对点宣传推广，让更多客户了解并加入加油站生态圈中。

民营加油站转型过程中，生态圈的组建是一个需要长期投入且缓慢的过程，但生态圈一旦建立，能形成有效的客户资源护城河，并带来持久收益。

3. 外资加油站成品油经营策略分析

我国的外资加油站有四个主流品牌，分别为壳牌、道达尔能源、BP、埃克森美孚。其优势在于管理理念和管理体制较完善，品牌知名度较高；劣势在于本土化较为欠缺，且终端网络覆盖面偏小。目前，外资加油站正在逐步加大对我国成品油市场的开拓力度。

（1）重点打造高端加油站

外资加油站的网络布局，集中在经济发展状况较好、消费旺盛的我国东部和南部地区的一二线城市，在人口和车辆密集的区域，以高毛利的加油站为主，较少投资国道、乡镇的加油站。同时，在打造高品质燃油产品、推行会员忠诚度计划、“便利店 + 加油站”运营模式三方面着重发力，从而提升单站利润。

（2）向充电行业转型发展

外资加油站在经营策略上，有意识地向充电行业转型发展。例如，2023 年 9 月，壳牌全球最大的电动汽车充电站在深圳正式开业。该充电站共配置 258 台公共快速充电终端。在壳牌发布的《2024 能源转型战略》中指出，计划 2024—2025 年，将旗下至少 1000 座加油站改造成电动汽车充电站。这一战略调整是壳牌响应全球能源转型趋势、配合中国政府推动新能源汽车发展的重要举措。

（三）2025 年我国加油站经营趋势预测

随着“双碳”目标的推进和能源转型的逐步深入，我国加油站整体向着综合化、多元化、精细化方向发展。以消费者偏好和补能需求为重点，不断优化站点功能、管理、服务，提高价值创造能力。

1. 商圈商业功能打造

功能方面的打造，主要是分区分类扩大站点功能，全面适应能源市场变化和市场竞争需求。一是根据消费实际，不断拓展新能源功能。结合市场发展和业态特点，为综合能源站补充充电、换电、加气、加氢、光伏、储能等多种新能源功能，实现对消费者的全面服务，促进站点效益提升。二是根据加油站实际情况，不断扩大传统业务的范围，增加如自助洗车，加油送早餐、饮料、洗车服务等。三是有效引入异业合作，增强油站竞争力。加强与银行、通信等拥有丰富客源的企业合作，建立线上终端链接，将公司的优惠政策、促销信息、服务项目等通过线上渠道触达对方客户。

2. 全面提升人、货、场管理水平

以基础管理为抓手，安全、平稳、有序运行，实现客户体验持续提升。一是主动培训，实现人才的专业化。通过专业的技能培训、教练师带徒、交流参观等方式给员工赋能，提升加油站员工的专业化素质和服务技能，调动员工积极主动参与经营，如让员工了解基础的油品知识，车用润滑油、燃油清洁剂的作用，各种车辆的基本性能和工作原理，解答客户在车辅产品上的各种疑问；让员工了解各项优惠政策，学会算账营销，帮助客户算账消费。二是与员工建立利益共享机制，充分发挥员工在管理中的主观能动性。例如，鼓励员工积极参与手工礼品制作、车辆检查、综合服务等，并让其与公司共享经营成果。

3. 持续精细营销

营销方面的改进，主要解决营销痛点，全面提升营销能力。一是更加注重客户管理，分行业进行梳理、分级开发维护将成为企业营销的常态。二是加强与平台的合作，在靶向营销、非油业务和综合运营方面，实现相互赋能，共建平台，共同引流。三是转化私域流量，充分发挥一线员工积极性，利用社交媒体，打造集商品销售、客户服务、品牌推广于一体的线上综合性服务平台。四是数智化加强精细营销，通过技术价值实现对营销策划、实施、评价、监督的全过程管理，有效节约营销资源。

（撰稿人：张　蕾　高恒宇　冯　旭　杨　霞）

二、2024 年我国加油站非油业务经营情况与未来趋势

随着我国成品油市场需求增速放缓、新能源汽车快速发展，以中国石油、中国石化为代表的国有石油公司更加积极拓展以“加油站 + 便利店”为主要形式的非油业务，着手改善客户体验，努力为客户提供一站式服务。

2024年，成品油销售企业非油业务继续呈规模化发展，经营效益持续提升。锚定“打造非油业绩增长极”目标，进一步突出便利店核心地位，更加注重自有品牌、单店店销、营销精准化，通过线下便利店、线上直播带货和即时零售等新消费模式，进一步拓宽销售渠道。持续强化品牌建设，展示成品油销售企业良好形象。中国石油昆仑好客品牌价值突破200亿元，同比增长18%。中国石化易捷品牌价值达到217.45亿元，同比增长10.48亿元，连续7年保持高速增长，并继续领跑零售业品牌榜。

展望2025年，在“双碳”目标驱动下，综合一体化的服务型平台建设将提速。成品油销售企业将进一步从满足用户需求出发，深入践行品牌理念，聚焦大消费、大数据、大平台，不断探索“互联网+加油站+便利店+第三方”新商业模式，以加能服务为切入口，进一步打造集购物服务、养车服务、生活服务、增值服务于一体的“人·车·生活”综合服务平台，不断拓展新兴业态，持续丰富服务功能，为消费者创造价值，为合作伙伴赋能增值。

（一）做强做优以便利店为主的多元化业务

1. 呈规模化发展之势

2024年，各成品油销售企业加油站便利店数量增减不一，整体呈规模化发展态势。中国石化便利店数量达到28633家，较2023年增加202家；中国石油便利店数量达到19730家，较2023年增加147家。两大石油公司便利店数量仍居我国连锁行业便利店总数前列，占全国便利店总数比例超过20%。

2. 运营深入化，进一步强化吸客能力和单店创效能力

便利店是转化加油客户进行商品消费的直接体验场所，环境、布局、陈列等多重因素对客户消费心理产生直接影响。提升便利店氛围，就是提升客户购买力。中国石油昆仑好客、中国石化易捷便利店进一步坚定

做实门店、做强门店整体战略，通过把宣介和体验阵地从店内前移至加油现场、增加店内功能专区、优化便利店布局、实施专业化陈列等手段，进一步强化单店销售能力。

中国石油、中国石化将全国各省市便利店划分为主力市场、发展市场和潜力市场，分品类、分省市推进任务目标，以全国年销售收入超过百万元的便利店为重点，制订重点品类发展规划，对超过一定销售额的大单品实行“单品管理”。加强商品引入、陈列、库存管控等措施，深化店面升级。结合各便利店实际情况，进一步聚焦顾客需求，更加细化商品。例如，在车润车辅、包装饮料、食品、个护用品等顾客关注度高的品类中，制定了必有商品目录与推荐商品目录，引入高周转率、高毛利商品，确保便利店货架高效利用。重点品类、核心单品销售实现进一步突破。

3. 一体化营销，进一步深化油非互促模式

油非互促对于成品油销售企业来说，是未来发展意义深远的营销策略。2024 年，中国石油、中国石化进一步坚持市场导向，坚持非油毛利最大化原则，超前制订一体化营销计划，创新营销模式，以重点品类为抓手，以年货节为主线，抢抓元旦、春节、情人节等多个营销节点，采用“全国 + 省区”联合促销形式，各省区公司同步设计区域促销活动，推动营销方式常态化，组合推出“商品 + 服务 + 油卡 / 油品”大礼包，助力油卡非润一体化营销，推动农资、食品、酒类、包装饮料、奶类等收入同比大幅增长。

为进一步激发消费活力，从商品挑选到营销策划，从宣传造势到活动落地，成品油销售企业采取一盘棋谋划、一体化推进。2024 年，中国石油“年货节”“饮水节”“购物节”“爱车节”等一系列全国性的购物促销活动陆续展开。全国各省市实行统一设计宣传物料、统一培训营销话术、统一促销模式、统一商品调度，利用各省级公众号、抖音号、部分省市电台等媒体持续发布活动信息。中国石化在 2024 年“易享节”期间推出的商品数及品牌数创历史新高，涉及酒水、粮油、百货等 7 大品类2600余种商品，并通过一系列创新营销与服务举措，掀起全国购物热潮。当前，这些大型促销活动在全国的影响力显著提升。中国石化易享节自2018年设立至今，已成为我国零售行业最大的线下购物节。

4. 进一步构建线上线下全域营销体系，数字化管理水平不断提高

成品油销售企业进一步应用物联网、大数据、云计算等现代信息技术，及时反映消费市场的关注点和动向，为便利店赋能，实现引流、降本、增效。通过便利店的标准化和精细化的数字运营，在加油站形成了有效的运营体系。加油站进一步响应数字化转型趋势，通过线上线下融合、移动支付、智能物流等手段，提升了运营效益和顾客体验。

2024年4月28日，中国石油自主研发的加油站管理系统3.0上线。该系统采用"全新架构＋自主研发"模式，首次运用中台化架构、混合云等先进技术，实现了网点、设备、库存、订单、支付、会员、营销等业务场景全部在线运行。该系统围绕用户体验优先，采用新技术框架完成"中油好客e站"各端互联网应用重构，在行业内首创掌静脉生物识别和支付场景，全面提升客户消费体验。继密码支付、指纹支付、刷脸支付后，中国石油联合微信刷掌支付推出全新刷掌加油、购物服务，目前在重庆、天津、湖南三省市部分地区率先上线。2024年12月19日，中国石油宣布，在全国31个省市1万多座中国石油加油站铺设了刷掌设备。

数字经济时代，成品油销售企业进一步构建线上线下全域营销体系，丰富节日营销、直播营销、B端营销、社群营销、企微营销等营销手段，打造营销不间断消费体验，并通过直播电商销售转化等多种模式，向线下加油站便利店导流，有效提升销售规模和销售质量，实现线上线下协同发展。同时，加快构建以客户为中心的全域数字化会员体系。中国石化目前已建成了全国统一线上服务平台和会员服务体系。在线上，拥有易捷加油App、网上商城等平台型、功能型线上电商渠道，当前全国全渠道会员超3亿人，整合各营销渠道，实现线上线下产品、订单、商户、会员、营销、资产、人员等数据实时同步。通过客户与数据的全面匹配

和产运销区域化协同，建立批零一体、线上线下一体、“油气氢电非”一体的业务快速响应机制。

5. 紧跟即时零售风口，满足消费者的多元化需求

当前，成品油市场面临新能源汽车替代冲击和经济周期波动双重压力，竞争日趋激烈。充分利用企业数据资源和先进的数字化技术提高竞争力，成为行业内企业生存与发展的必由之路。

2022年开始，中国石油利用加油站便利店开设即时零售门店，目前开设门店已经突破1万家。2024年，作为非油领域一次重大的商业变革，中国石化紧跟即时零售风口，积极探索创新业务模式，数字赋能零售业态，快速布局“易捷速购”。作为即时零售升级版，2024年9月14日，中国石油全国首家“昆仑好客即时购”在广东佛山季华北加油站开业。

为发展即时零售业务，中国石油、中国石化以便利店为依托，采取前置仓模式、仓店一体化运营方式，将以往便利店数百种商品提升至5000种以上，实现了即时零售商品品类和数量的几何级增长，能够有效满足周边顾客对日常用品类的购买需求。在选品上，利用人工智能和大数据工具，结合加油站管理系统，精准分析周边客户需求的商品，快速反应锁定畅销商品，商品更多、更新更快。在分拣上，精确定位订单商品在货架上的具体位置，数千种商品均可快速储存、分拣和配送。

“易捷速购”“昆仑好客即时购”形成的即时零售模式填补了传统加油站便利店无法满足“最后一公里”即时配送的市场空白，更好满足消费者居家购物需求。平台下单，半小时送货到家，购物体验更加便捷、高效。当前，中国石化已在全国15个省市开设超17家“易捷速购”门店。中国石油称将在全国范围内迅速复制推广“昆仑好客即时购”，助力向世界一流现代化综合能源服务商转型升级。

6. 强化品牌建设，展示成品油销售企业良好形象

经过多年发展，我国成品油销售企业非油业务自有品牌建设逐渐步

入正轨，成为推动转型、提升核心竞争力的重要抓手。

例如，中国石化易捷公司根据多种消费场景的差异化需求，精心培育自有品牌，孵化出卓玛泉、长白山天泉、鸥露纸、赖茅酒、三人炫酒、劲淳能量饮、海龙燃油宝等一批品质优、反响好的品牌产品，并形成以食品、酒水为主的“易甄选”系列，以粮油为主的“易家香”系列，以日化、百货为主的“易享家”系列的自有品牌建设思路。中国石油以“昆仑好客”为主品牌，辅以“咔咔”“昆享”“昆悦”“昆觅”等多个子品牌，持续推出高品质的商品和服务，实施多个品牌协同发展的品牌体系建设策略。2024年，中国石化、中国石油已基本形成以自有品牌商品为核心、以特色商品为补充的商品架构，大力提升品牌管理水平，发挥品牌引领作用，品牌价值越发显现。

与此同时，以中国石化、中国石油为代表的国有石油公司充分发挥非油业务管理运营平台作用，履行央企责任。进一步围绕化肥、种子、饲料、农机服务、农业金融等，设立消费帮扶专区专柜，打造服务“三农”、助力乡村振兴的综合服务站。在进一步强化自有品牌影响力实现新提升的同时，创新消费帮扶模式，着力打造自有商品“从田间到餐桌”的消费帮扶产业链。通过线下便利店、线上直播带货和即时零售等新消费模式，进一步拓宽销售渠道，为当地优质产品提供品牌赋能和市场拓展支持，共同推进乡村振兴，让更多自有商品、特色产品走进千家万户。如今，中国石化、中国石油的非油业务已成为彰显央企担当、履行社会责任、展示石油企业良好形象的重要窗口，同时跻身我国品牌价值最高的连锁便利店之列。

（二）创新尝试多业态融合，打造“人·车·生活”生态繁荣

1. 建设车生态服务网络，汽车后服务市场步入快速发展阶段

面对我国汽车保有量的大幅增长，成品油销售企业将发展加油站汽服业务作为实现非油业务的新引擎。汽车后服务市场步入了快速发展的

阶段。综合分析各加油站场地条件、车流状况、消费结构等因素，因地制宜增设洗车、保养、维护、修理等车辅业务，全力建设车生态服务网络。

例如，借助第三方资源优势，中国石化与京东养车签署协议，中国石油与京东汽车签署协议，推动汽车后市场的多元化发展。截至2024年，中国石化易捷公司累计建成汽服业务网点9600余个，投用联网洗车机6000座，构建起全国最大的自营洗车体系，综合汽服包括维保等突破700家。与此同时，中国石化易捷公司持续推出“养车节”，依托9600余座汽服门店，携手途虎养车、高德地图等合作伙伴，共同推出6大权益活动，满足车主养车全生命周期需求。当前，易捷养车平台的线上用户达到了3000万，在行业内具有一定的话语权。

中国石油方面，2024年9月1日，覆盖全国为期2个月的中国石油“10惠·爱车节”一体化促销活动正式启动。以线下2万余座中国石油加油站为主场景，线上“中油好客e站”平台为主阵地，全面推动润滑油、汽车用品、汽车服务三大品类销售提升，为顾客提供优质便捷的汽车消费体验。

进一步围绕着汽车后市场服务，中国石化易捷公司汽车销售业务在全国26个省市启动，覆盖100个地市。中国石油已打通整车销售流程，在20多个省市实现销售零的突破。当前，中国石化、中国石油进军汽车销售业务的步伐不断加快，分别与多家汽车主机厂签订战略合作协议，进一步拓展全产业链，包括在上游与主机厂合作。通过新车销售进一步延伸，如汽车广告、汽车维修、汽车用品、汽车养护、汽车置换、二手车交易等汽车关联性业务。

2. 开展站外店，打造区域性服务市场

面对市场严峻形势和挑战，成品油销售企业开拓创新，将高质量拓展站外店视为提升非油业务的有效补充，加大力度开辟便利店站外店销售市场。采取门店进驻、联合开发、平台推广等方式，实现了便利店进酒店、进政府、进企业、进校园多点开花。例如，中国石化易捷公司和中国融通商服集团合作，在内蒙古某军演基地投营军营超市23家，为军营人员日常购物提供便利和保障。湖北易捷相继在中国地质大学武汉南望山校区建成投营全国首家易捷校园折扣店、在长江大学投营易捷首座校园综合服务体，供应广大师生日常所需。

面对站外店合作门槛高、经营限制多等现实问题，2024年，中国石化、中国石油进一步成立专门工作小组，成功以较低成本开设多家站外店。中国石化辽宁石油已有3家高校店开业，日均营业额均超万元。中国石化新疆石油已推进30个站外店建设，通过灵活的网点布局，深入社区、商务区等人流集中区域，实现销售网络密集化，打通服务客户“最后一公里”，提升客户购物体验。中国石油进一步以一二线城市社区站、景区站为突破口，通过不同场景的搭建，在提供全方位生活、出行服务体验的同时，将“人·车·生活”的理念进一步提升。

3. 探索向综合服务商转型发展，“加油站+餐饮”迎来快速发展

近几年来，以中国石化、中国石油为代表的成品油销售企业逐渐让“车加油、人吃饭”这种新型服务，成为加油站发展过程中极其重要的一环。当前，中国石化全国加油站餐饮门店数量已达1600余座。

随着加油站餐饮门店数量的增加，品类也在增多。除引进肯德基、麦当劳、好伦哥、汉堡王等西式餐厅，中式餐厅如广西螺蛳粉、陕西肉夹馍、上海小馄饨、九毛九、西贝、西少爷、小易灵兽等各地特色饮食，也进入加油站。结合美国麦当劳开在加油站数量占比高达50%~60%的现实情况，我国加油站餐饮业务还处在起步阶段。成品油销售企业还需进一步挖潜，优先选择在城市、城镇及乡镇中心站，对人流量大、学校密集的站点布局，吸引更多优质餐饮业合作伙伴加入。

为进一步满足消费者多元化需求，中国石油推出“好客·智咖啡”，中国石化推出“易捷咖啡”，进军加油站咖啡消费渠道。现阶段“易捷咖啡”已成为易捷全资子公司，以省市公司为主体打造加油站咖啡品牌。现磨咖啡的高频次消费，已经成为成品油销售企业拉动油品、商品与服务的消费人流新动力。

4. 共享资源、强强联合，加速发展异业合作

在异业合作中，如何探索提升持久创效的能力，为顾客创造价值，有效圈粉，实现合作效益最大化，成品油销售企业一直在思考与实践。2024年，成品油销售企业积极构建客户服务团队、客户经理队伍，坚持区域化、网格化、行业化、专业化，广泛结交异业伙伴，异业合作项目更多集中在银行、保险、通信、邮政、物流、金融、4S店、广告以及具有一定实力的零售生产商等。

例如，2024年5月，河北保定市政府组织投入680万元在市区开展政府消费券活动。中国石油河北保定销售分公司充分利用银行资源，直接将政府消费券和加油卡充值相结合，实现消费即锁客，助力加油站量效双增。同时，大力发展广告业务，打造“可见+可买”新型广告营销场景；推出全新保险服务“易起保”，探索实践多种保险模式等。通过持续布局新场景、延展新服务，创造顾客新体验。截至目前，中国石油已与包括中粮集团在内的30多家央企、知名企业签署战略合作协议，“朋友圈”数量和质量大幅提升。

为进一步推进从渠道触达更多的客户，成品油销售企业进一步与药店展开合作。中国石化广东石油分公司推出首家“易捷益民大药房”加油站药店。由加油站提供营业场所和客户资源，连锁药店提供执业医师服务及药品进销渠道，全天候24小时对外销售200多种常用OTC非处方药、滋补品、保健品、车主常用常备药品，以及销售广东人喜爱的各类煲汤类药材，受到当地市民欢迎。2024年9月28日，中国石油全国首家全资经营的药店在湖南张家界正式开业，标志着加油站与药店跨界合作的新模式形成。

5. 加快转型升级，多种服务需求一站式解决

成品油消费达峰作为一个重要的里程碑，意味着成品油消费达到峰值后将逐渐下降。成品油销售企业加大力度打造集加油、充电、购物于一体的消费场景，各省市多种业态的综合站越来越多。例如，中国石化武汉石油分公司当前融入了新业态的加油站已有70多座，最多具备加油、购物、快餐、咖啡、充电、洗车、汽车展厅7种业态，实现多种服务需求一站式解决。

（三）加油站非油业务未来趋势预测

1. 非油业务存在较大发展空间，进一步做实门店销量

参考国外加油站业务结构，我国加油站非油业务还有巨大增长空间。例如，美国加油站中非油业务利润平均占总利润的50%，有的甚至占75%以上。尤其是大型超市加油站的数量持续增长，市场份额不断扩大。我国非油业务利润在总利润中所占比例仍较小，非油业务毛利润较低，存在较大发展空间。

线下便利店始终是零售业态的核心资源，是商品流通领域中不可或缺的关键环节，更是连接商品和消费者的平台。特别是两大石油公司近4万家便利店，拥有覆盖全国的网络优势，做实门店始终是丰富加油站业态、提升服务、打造人民群众的“美好生活服务商”的关键举措。

未来，成品油销售企业将进一步统一筹划调度，从商品力、营销力、运营力、创新力四方面提升全国门店量效。包括聚焦头部品牌，做大统采规模，大力开发自有品牌，打造车用环保产业链；进一步构建线上线下全域营销体系，全力惠民生、促消费；积极探索“千店千面”，根据不同级别的门店，匹配不同运营策略，赋予用户最独特的消费体验，全面提升门店运营能力；不断完善扩大汽服网络，推出新型数字产品“养车卡”；拓展开发车源，探索汽车销售业务模式；进一步在线下门店的基础上，持续布局新场景、延展新服务，创造顾客新体验。

2. 进一步培养加油购物的消费习惯，更精准地深挖客户需求

加油站便利店市场成熟度不够，消费者对于在加油站购物这种消费模式的接受程度仍然较低，一直都是成品油销售企业急于解决的问题。如何将加油站众多业务组合，迎合顾客消费观念以吸引顾客，是加油站行业持续努力的方向。

2025 年，我国成品油销售企业将继续建立完善非油品管理体系，通过准确定位、合理定价等开展非油业务，进一步挖掘市场潜力，提高非油营业额。具体来讲，将通过调整经营方式，更深入、更精准地研究加油站商圈，深挖客户需求，创新营销方式。将不断优化新发展格局下的顶层设计，推进各项业务向产业链上游延伸，打造高端、高品质、高附加值的自有商品与专业服务体系，不断提高满足顾客需求的能力，为引领零售行业发展做出更大贡献。

3. 竞争加剧，数字化助力提升客户服务体验和满意度

以中国石化、中国石油为代表的成品油销售企业虽然拥有覆盖全国的网络优势，但从当前的市场环境和自身的发展情况来看，依然面临一定的挑战。例如，便利店分布在不同区域，既有南北差异，又有城乡差异，给各地门店的商品选品、物流配送、经营管理都带来挑战。在零售行业中，既有与世界零售业巨头、国内零售业龙头企业的竞争，又有与社会上千千万万个个体超市、小卖部的竞争，面临巨大的市场压力。据中国连锁经营协会发布的中国便利店发展报告，2023 年底，美宜佳门店数已超过 3 万家，超过中国石化易捷成为全国第一大便利店企业。

未来，随着物联网、大数据、云计算等现代信息技术的应用，及时反映消费市场的关注点和动向，通过便利店的标准化和精细化与数字化的深度融合，形成有效的运营方案；通过提高运营能力、效率来提高效益，成为便利店突围的关键。例如，通过数字化转型构建会员体系、搭建转型场景、创新异业合作等方式，进一步实现精细拓客、精准营销、精益服务。优化加油站商圈网络，创建智慧加油、机器人自动加油、数

字化非油等服务，全面提高加油站运营效率、降低运营成本、保障运行安全，提高客户服务体验和满意度。

4. 进一步以场景为驱动，打造高价值的“人·车·生活”综合服务平台

从便利店到多元化发展，为消费者提供优质产品、贴心服务，以中国石化、中国石油为代表的成品油销售企业持续做生态开拓者，创新尝试多业态融合，打造综合能源服务新场景。让加油站变成综合能源服务站，既是能源消费变革的实际需要，又是成品油销售企业适应市场变化的必然选择。

未来，成品油销售企业将进一步以客户需求为中心，以购物场景、车生活场景、出行场景、增值服务场景等四大场景为驱动，加快构建店销线上线下融合发展新布局，打造高价值的“人·车·生活”综合服务平台，推动非油业务服务新一轮高质量发展。

中国石化在购物场景方面，以会员为中心，进一步打造会员身边的仓储会员店，打造高效的仓配体系。优化易捷商城小程序，打造围绕“人·车·生活”的综合型电商及本地化服务平台，以及通过数字化运营强化门店督导经营管理能力。在车生活场景方面，以自营自建为主，进一步打造我国最大的自营洗车服务平台，携手行业头部品牌，共同开拓综合汽服业务，满足车主更多用车养车需求。在出行场景方面，以特许加盟和租赁等模式探索开发中、西式品牌餐饮外卖小店，打造油站渠道特色的餐饮服务体系。以即饮咖啡为重点，多条产品线齐头并进，做大咖啡零售品销售规模。在增值服务场景方面，打造更多的新型广告营销场景，继续优化保险服务等，进一步提升顾客增值消费体验。

未来，以为顾客提供更加舒适、便捷、愉悦的消费体验为目标，成品油销售企业将继续密切关注客群实际需求，立足于门店，嫁接社群营销，创造更加丰富的商品种类与服务场景，依托互联网平台的搭建，不断创新服务形式，进一步打造集加能服务、购物服务、养车服务、生活服务于一体“人·车·生活”服务平台，从而进一步在各省市形成便利店品牌效应。

（撰稿人：周志霞）

三、2024 年我国加油站新能源业务经营情况与未来趋势

2024 年，我国加油站新能源业务发展持续加快，未来新能源汽车普及将继续带动充电业务和加气快速增长。充电网络规模布局扩大，头部企业聚焦充电业务的无人化、智能化，探索新的盈利模式。光伏产业在政策推动下稳步增长，站内光伏业务稳步推进，加油站发展分布式光伏取得进展。加氢业务难度仍然较高，但在政策支持和技术革新下发展逐步提速。

（一）充换电业务发展现状与趋势

1. 充电网络加速布局，规模持续扩大

2024 年，我国充电网络加速布局，规模持续扩大，充电基础设施的建设继续保持强劲增长势头。根据中国充电联盟的最新数据，截至 2024 年 12 月，全国充电基础设施累计数量已达到 1281.8 万台，同比上升 49.1%；公共充电桩保有量已达到 346 万台，其中直流充电桩 157.5 万台，交流充电桩 188.5 万台，分别占比 45.5% 和 54.5%。我国充电网络正在加速布局，以满足日益增长的新能源汽车充电需求。

2. 站内充电业务规划基本完成，充电业务走向站外

从主营单位站内充电业务推广应用进程来看，站内充电业务规划基本完成，可以开展充电业务的加油站基本完成摸排，开发进度较快，基

本进入后期。例如，2024年1月，中国石油上海销售分公司首座站外充电站——观海路充电站正式投运，配备15台双枪直流充电桩、5台V2G充电桩，可同时为40辆车提供120千瓦快速充电服务。站外充电站的建设，扩大了充电服务的范围，有效缓解了城市充电难的问题。

3. 经济效益仍需提升，盈利模式待探索

尽管充电基础设施的建设在加速推进，充电业务的经济效益仍有待提升。目前，充电收益主要依赖于收取充电服务费。然而，由于多数充电桩的利用率较低，单纯依靠充电服务费在短期内难以收回投资。因此，多数充电站仍处于战略性或政策性亏损状态。

部分经营主体正在积极探索充电业务新的盈利模式，如通过数据分析和精准营销，提高充电桩的利用率和收益水平。例如，中国石油通过收集和分析用户的充电行为数据，优化充电桩的选址和配置，确保充电桩能够覆盖更多的用户需求区域。

4. 打造综合服务场景，拓宽生态链

部分经营主体针对具有非油需求的充电站，积极打造非油销售场景，通过自动售货机等设施满足客户需求。在充电站内增设休息区、车辆维护等附加服务，提高充电站的吸引力和市场竞争力，为用户提供一站式服务。例如，中国石油太原南站充电站不仅提供便捷、快速、安全的充电服务，而且增设了休息区、自动售货机、司机驿站等多元化设施为用户提供服务，满足用户的多种需求。根据该站的统计数据，自增设综合服务设施以来，客户满意度显著提高，充电量也相应增加。该站运营9个月以来，已累计实现充电近270万千瓦·时，服务车辆超10万次，实现减少碳排放6300余吨，提供日常餐饮、休憩、应急救援等增值服务超15万人次。通过这些举措，增强了用户黏性，吸引了更多的消费者。通过规模效应，降低了单位成本，提高了经济效益。

5. 聚焦充电业务无人化、智能化

各经营主体聚焦充电业务无人化、线上化的特征，进一步细化充电

业务。充分利用充电业务的无人化和线上化优势，结合智能化设备和技术手段，深入挖掘客户的衍生商业价值，不断提升线上服务能力。根据中国电动汽车充电基础设施促进联盟的数据，2024 年，约有 70% 的充电站运营商已经或计划采用智能化设备和技术手段来提升充电业务的无人化和智能化水平。其中，智能充电桩和支付系统的应用最为广泛。用户只需通过手机 App 即可完成充电预约、支付等操作，大大提高了充电的便捷性和效率。同时，充电站通过配备智能监控系统，实时监测充电桩的工作状态和电量情况，确保充电过程的安全和稳定。部分充电站尝试使用机器人进行巡检和维护，进一步提高了运营效率和安全性。

充电站积极与电商平台等线上平台进行合作，形成 O2O 模式，结合周边配送能力，打造自身独特的竞争优势，实现更大范围的获客和更高的客户满意度。通过网络平台引流，扩大获客范围，形成完整的线上接触页面和衍生的新商业场景，与电商等线上平台形成差异化竞争。通过线上平台引流和数据分析，充电站能够更精准地了解用户需求并提供个性化的服务方案。例如，根据用户的充电习惯和位置信息，为其推荐最近的充电站和优惠活动。通过数据分析，了解用户的消费偏好和需求变化，为充电站的运营和优化提供数据支持。

（二）光伏发电业务发展现状与趋势

1. 光伏产业持续增长，装机量再创新高

2024 年，在全球能源转型和“双碳”目标的大背景下，我国光伏产业继续保持强劲增长态势。在政策的有力推动下，光伏装机成本进一步降低，光伏发电已全面迈入平价甚至低价时代。从成本端看，我国光伏组件价格自 2010 年以来降幅显著，从约 20 元 / 瓦降至 1 元 / 瓦，系统成本从近 50 元 / 瓦大幅降至 2 元 / 瓦左右，降幅高达 96% 左右。

从技术端看，我国光伏产业的技术创新能力持续增强。2024 年，全国光伏新增装机并网容量预计达到 260 吉瓦，增速远超 2023 年同期水

平。其中，分布式光伏新增装机占比超过50%，成为光伏新增装机的主力军。分布式光伏的快速发展，得益于其灵活多样的应用场景和不断优化的政策环境。加油站罩棚、屋顶等位置，由于其面积较大且具备建设分布式光伏的有利条件，成为光伏建设的重要阵地。

随着光伏产业的持续性快速发展，产业链各组成部分的价格呈现出不同程度的波动性。然而，在行业整体呈现出积极向好的宏观背景下，这些价格波动并未对光伏产业的长期发展造成实质性的负面效应。相反，在一定程度上激发了行业对于技术创新更为深切的关注，促使企业更加注重成本控制的有效策略，并积极寻求市场拓展的新机遇。

2. 主营单位站内光伏业务稳步推进

从主营单位站内光伏业务的推广应用进程来看，目前站内光伏规划工作已基本告竣，具备开展光伏业务条件的加油站等场所已完成全面的摸排工作。整体而言，光伏业务的开发进度较充电业务更为迅速，已接近尾声阶段。

以中国石化为例，截至2024年上半年，中国石化累计建成分布式光伏电站4283座，预计“十四五”末将实现7000座分布式光伏发电站点。当前，中国石化已启动“万站沐光”计划，到2027年，在油气矿区、石油石化工业园区以及加油站等场所新建约10000座光伏站点。此举旨在推动新能源与传统产业的深度融合，通过集中式光伏发电等方式，培育光伏发电的新技术、新模式和新业态，从而助力实现“双碳”目标。

（三）加氢业务发展现状与趋势

1. 加氢车辆普及不及预期，加氢业务经济性差

我国作为世界上最大的能源消费国，对氢能的开发与应用尤为重视。近年来，随着一系列氢能产业利好政策的相继出台，我国加氢站建设迎来了前所未有的发展机遇。然而，加氢业务的发展现状与理想仍有一定

差距，主要表现在加氢车辆普及不及预期和加氢业务经济性差两方面。

尽管政策层面给予了大力支持，但氢能技术的突破性进展相对缓慢，成为制约加氢车辆普及的关键因素之一。制氢成本居高不下是当前面临的主要难题。具体而言，煤制氢、天然气制氢、工业副产气转化制氢以及电解水制氢等主流制氢方式的成本均维持在较高水平。例如，煤制氢成本为 9~11 元 / 千克，电解水制氢的成本在 30~40 元 / 千克，远高于传统燃油的成本，限制了氢能的广泛应用。

受成本、效率、规模难题限制，加氢业务经济性较差。一方面，加氢站的建设成本高昂，平均达到 1500 万元左右（不含土地成本），且由于氢燃料电池汽车保有量低，加氢站的利用率普遍偏低，导致投资回收周期长，经济效益不佳。例如，广东尽管已建成 70 座加氢站，但真正投入运营的不到 40%，且平均单站加氢负荷率不超过 40%，经济压力巨大，每月亏损额高达 10 万元，持续经营面临严峻挑战。

另一方面，氢气的运输成本是一大痛点。由于大规模、低成本的氢气运输技术尚未成熟，储运成本在氢气终端售价中占较大比例。随着运输距离的增加，运氢成本急剧上升。例如，从茂名石化到佛山的运输成本就使氢气价格从 22 元 / 千克攀升至 40 元 / 千克，严重削弱了氢能的经济竞争力。

市场规模的不足也是导致加氢业务经济性差的重要原因。氢燃料电池汽车保有量低，导致加氢站“供大于求”，加剧了经营困难。目前，氢燃料电池汽车的市场占有率仍然较低，年均销量不足万辆，与加油站遍布各地的景象形成鲜明对比。同时，由于缺乏足够的车辆数据支撑，加氢站的网络布局优化、运营效率提升等工作难以有效开展，仍有提升空间。

2. 实际投运站点滞后于规划目标

加氢站作为氢能产业链的关键环节，其建设进度与运营效率直接关系到氢能交通的推广与普及。然而，当前加氢站实际投运站点普遍滞后于规划目标。例如，根据早期规划，北京拟于 2023 年建成 37 座加氢站，至2025年达到74座。然而，截至目前，北京仍在运营的加氢站数量仅为7座，与规划目标相比存在显著差距。这种滞后反映了加氢站建设过程中的实际困难，凸显了市场培育不足、加氢需求低迷的现状。广东作为氢能产业发展的前沿阵地，虽然加氢站建设数量领跑全国，但实际情况同样不容乐观。数据显示，广东当前建成加氢站数量不足80座，与规划提出的到2025年建成超200座加氢站的目标相比，差距依然巨大。

3. 大部分加氢站实现盈利仍需补贴

当前，加氢站盈利难题是行业普遍面临的挑战。尽管部分加氢站在政府补贴的助力下得以勉强维持运营，甚至实现盈利，但这种情况并不普遍。以宁波市某加氢站为例，该站在2024年内凭借政府补贴政策的支持，实现了稳定运营。年度日均加氢量达数百千克，销售收入突破千万元大关。然而，在扣除运营成本并考虑政府补贴后，该加氢站的毛利仅为600万元左右，勉强实现盈利。这一案例虽具示范意义，却也揭示了加氢站行业对政策补贴的高度依赖，以及大部分加氢站在没有补贴或补贴减少后，仍面临严峻的盈利考验。

4. 未来我国加氢站发展将提速

加氢站作为氢能产业链的关键节点，随着政策引导、市场需求扩张、技术进步、产业链完善，未来的发展具备广阔前景。

（1）政策导向为加氢站发展提供了强有力的支持

国家层面，《氢能产业发展中长期规划（2021—2035年）》等政策文件出台，明确将氢能定位为战略性新兴产业，并强调加快加氢站等基础设施的建设与发展。地方政府积极响应，纷纷推出氢燃料电池汽车发展规划，为加氢站建设提供了明确的市场导向和政策激励。如建设补贴、税收减免等，有效降低了加氢站的投资成本，提高了企业的投资热情。

（2）市场需求的稳定增长提供坚实的基础

随着氢燃料电池汽车技术的不断成熟与成本的逐步降低，其市场接受度在不断提升。多地政府相继出台氢燃料电池汽车发展规划，明确了氢燃料电池汽车的发展目标与推广计划。预计随着氢燃料电池汽车产销规模的扩大和保有量的增加，加氢站作为氢燃料电池汽车充氢续航的必备设施，建设需求将增长，形成市场需求与供给的良性互动。

（3）核心设备的国产化进程加快，提供技术支撑

长期以来，我国氢产业核心设备的技术瓶颈一直是制约氢能产业发展的关键因素之一。近年来，随着科研投入的加大和技术创新的推进，我国氢产业核心设备的技术水平取得了显著进步，国产化进程不断加快。制氢、储氢、运氢技术的突破，不仅提高了氢气的供应稳定性和安全性，而且有效降低了氢气的生产成本和运输成本，为加氢站的快速发展提供了有力保障。

（4）产业链整合与商业模式的创新，为未来注入新的活力

面对加氢站建设成本高、运营效率低等挑战，部分主营单位开始探索新的商业模式，如推广油氢合建站、气氢合建站等新型加氢站形式。这种整合了传统能源与新能源的加油加氢站，不仅能够有效利用现有土地资源，提高设施利用率，而且通过资源共享、成本分摊等方式，降低了加氢站的建设和运营成本，提高了盈利能力和市场竞争力。

（撰稿人：魏　昭）

四、2024年我国加能站营销策略分析与未来趋势

受成品油消费增速放缓、市场竞争加剧及能源结构调整的影响，加能站的传统经营模式面临前所未有的挑战，营销策略日趋多元化。2024年，进一步向产品多样化、服务提升、渠道创新及促销优化等方面发力，加能站加速转型升级。未来，加能站将实现更全面的营销布局，形成多维度的客户接触点，从而精准识别客户需求，提升整体运营效率。

（一）我国加能站营销策略分析

1. 产品策略

（1）通过开发高端油品吸引高价值客户

随着我国汽车消费市场的升级换代和用户对高品质油品需求的不断增长，高端油品逐渐成为成品油市场的重要竞争领域。通过开发高端油品，体现高端品牌形象，从产品端吸引客户、留住客户。

例如，中国石化、中国石油通过自主研发推出高端汽油品牌“爱跑 98”和“CN98”，不仅展现出强大的技术实力，而且以精准的市场定位和卓越的产品性能赢得了高价值客户的青睐。二者以清洁环保、高效动力、高端定位的显著优势，精准切入高端汽油客户细分市场。在中国石化、中国石油所属旗舰站、城区站，不少站点通过采取“爱跑 98”“CN98”汽油与 95 号汽油同价销售的营销策略，降低用户试用门槛，吸引更多车主体验和认可高端油品的优越性能，实现从低价值客户向高价值客户的转化。这种策略既是市场推广的有效手段，又是品牌建立高端形象的重要步骤。从部分社会加能站特别是连锁站点来看，强化对油品质量的宣传重视，可以改善客户对油品质量差的固有认知，提升客户黏性。未来，随着居民消费需求升级，开发销售高端油品仍将是成品油销售企业重点竞争领域，通过高附加值产品满足高价值客户对动力、环保和车辆保护的多元需求。

（2）探索油气氢电非综合能源服务，一站式满足客户需求

在全球能源转型加速的背景下，清洁能源的发展势头强劲。从需求侧看，在政策及经济性驱动下，新能源汽车发展不断提速。2024 年，我国新能源汽车销量已达 1286.6 万辆，市场渗透率接近 40%。为满足需求侧日益多元化的补能诉求，以新能源为核心的综合能源服务正在逐步取代传统单一油品供应模式，成为未来加能站发展的重要方向。

例如，中国石油顺应趋势，通过多能互补的综合能源站建设，不断

丰富补能场景，为客户提供便捷、高效、环保的一站式能源解决方案。以中国石油重庆销售分公司新牌坊加能站为例。该站探索“加油 + 充电 + 换电”模式，结合上下立体布局，为客户提供了油品加注、电池换装、高功率充电等多种能源服务。站内充电设施能够快速满足新能源汽车的能量补给需求，每日换电能力可达 120~150 辆车。又如，中国石油陕西销售西安分公司昆明路综合能源站，集成了油气补给、高效直流充电桩及光伏发电装置。站顶罩棚与光伏板设计一体化，每年提供高达 21.5 万千瓦·时的绿色电力。站内还增设了光伏充电桌和座椅，为客户打造集补能、休闲、互动于一体的“人·车·生活”新体验。

以智慧能源为核心的多功能站点不仅增加了服务种类、满足了多样化的补能需求，而且显著提高了站点的空间利用率和能源效率，为客户提供更加智慧便捷的服务体验，提升了站点形象和客户满意度。

2. 价格策略

（1）直降优惠减少，组合优惠增多

随着市场竞争的日益加剧，加能站营销模式逐渐从简单的价格战转向更加多样化的优惠组合。传统单一的价格竞争，短期能够提高客户进站率，但利润不一定增长，同时客户沉淀不足，促销活动取消后客户流失严重。现阶段，通过引入优惠券、会员卡折扣以及“油非互促”等多种方式探索组合优惠，既能降低单纯价格促销的成本压力，又能有效提升客户黏性和企业盈利水平，已日渐成为油品营销的主要手段。

例如，中国石油重庆销售分公司微电子园加油加气站地处交通枢纽地段，周边 15 分钟车程范围内聚集了壳牌等众多竞争对手，部分站点长期通过低价优惠吸引客户，市场竞争异常激烈。微电子园加气站采取了“用活促销”的策略，精准捕捉客户需求，通过“油非互促”的联动模式，将优惠活动与非油品消费紧密结合。站点通过微信平台、员工朋友圈、站内宣传海报等多渠道宣传，推广“客户回馈润滑油礼包”“非常 10 惠”“油卡盛惠”“生日油你”等组合优惠活动，线上线下齐发力，吸引了大量客户进站消费，实现油品、非油销量双增。

总体看，多元化组合优惠是未来价格营销的主要策略。随着成品油销售行业竞争更加充分，未来可能像电商行业一样，浮现更多复杂类型的营销策略。

（2）根据不同市场、不同客户，灵活制定价格策略

在常规的价格营销策略之外，细分市场、细分客户并制定更加精准的营销策略，成为竞赢市场新风向。部分成品油销售企业通过“一时一议”“一群一议”“一站一议”“一客一议”的“四个一”议价机制，实现了价格策略的灵活落地。在竞争激烈的区域站点，采取价格倾斜策略吸引客户；在占据有利地理位置的站点，则通过适度收窄价格维持效益。这种针对市场位置与客户特点的分层定价模式，不仅有效避免了内耗，而且确保了整体市场的量效双保。同时，通过“两个提前”“三个部分”的工作模式，可以对市场走势进行提前预测。“两个提前”包括市场走势的提前预测和促销措施的提前预判；“三个部分”则指与主要竞争对手协商、精准开发主要竞争对手客户，以及提升存量站服务能力。例如，某成品油销售企业灵活运用灌桶折扣作为价格调节器，采用“上旬抢量争量、中旬推价稳量、下旬保价保量”的节奏化营销策略，根据竞争对手动态调整价格，推动量效目标的实现。

根据市场竞争格局明确加能站自身定位，根据客户质量规模明确价格优惠幅度，这些精准化、差异化的价格营销策略，既能提升客户对企业的认可度，又能增加长期购买客户的数量，最大限度地挖掘了市场潜力，有效提升了加能站的市场竞争力。

（3）价格竞争逐渐向新能源端蔓延

随着新能源汽车的高速增长，充电业务成为能源行业的重要竞争领域。传统能源企业正面临加速布局新能源补能业务的转型挑战，同时还要应对来自充电行业内部的价格竞争和服务优化压力的双重挑战。

中国石油近年来积极投身于新能源补能领域，推动充电、换电、加

氢、光伏“四大赛道”的布局。通过整合充换电业务，并借助已有的品牌影响力和客户消费惯性，企业能够在维持传统加油业务的同时，稳步推进新能源补能站的建设，最大限度地提升客户留存率。面对充电业务“慢充”特点带来的客户等待时间过长问题，中国石油提出了“规模化补能网点”战略，通过优化资源配置、提高设备利用率，来减少客户排队等候时间。此外，提出以“车生态”为纽带，采用“油非互促”的营销策略，在充电站点内同步提供洗车、汽车保养、车辆交易、餐饮、休闲等服务，使客户在等待充电的时间里获得更多样化的消费体验，从而进一步提升客户的整体消费黏性。

新能源汽车市场的持续扩张和客户需求的日益多元化，推动市场竞争越发激烈。加能站将不断创新服务模式，深化区域布局，通过规模化、差异化、综合化的补能服务，巩固其在新能源领域的核心竞争地位。

3. 渠道策略

（1）优化网络布局，增加客户触达

在能源行业转型和消费需求日益多元化的背景下，优化网络布局成为能源企业提升客户触达能力的关键策略。

针对新能源汽车的快速普及，各成品油销售企业深入洞察不同场景的补能需求，逐步形成了多场景、多样化的站点布局体系。例如，高速路站点重点布局快速充电和换电服务，以满足私家车长途出行的中继性补能需求；在景区和商超等热门区域，侧重提供应急性补能服务，贴合居民和游客的出行需求；针对运营型车辆（如出租车、网约车以及重型卡车等）的高频需求，企业布局于网约车高密度路线、港口、货场及工地的补能站点，为运营车辆提供快速、高效的充换电服务。此外，为深入了解客户需求，强化市场触达能力，不少企业通过走进机关、企业、社区、商圈、学校和乡镇，近距离了解客户的能源使用习惯和潜在需求，同时推广营销服务，以便为特定客户群体提供定制化的加能服务，优化站点布局和补能产品的设计，使得营销策略更具针对性和精准性。

优化网络布局不仅是提升企业市场竞争力的重要手段，更是营销核心策略。通过科学规划站点和差异化布局，加能站将不断增强客户触达能力，在激烈的市场竞争中获得领先优势。

（2）依托数字渠道，强化社群营销

在移动互联网高速发展的推动下，社群营销已成为企业获取客户流量、提升客户黏性的重要手段。不少加能站积极拥抱数字化转型，依托企业微信、App 等数字渠道，打造了线上与线下融合的完整服务链条。通过精准营销与高效互动，企业不仅实现了客户流量的高效转化，还推动了企业品牌价值的深度传播。

以企业微信为基础，加能站的传统角色正在发生转变。站长们通过企业微信与客户建立一对一联系，为客户提供个性化服务，如定期推送优惠信息、油卡促销活动等。通过点对点服务解决客户的个性化需求，强化了客户与企业之间的情感连接。企业微信还与线下便利店业务联动，通过向客户发送便利店的优惠券，不仅提升了非油品销售额，而且进一步增加了客户的到站频率，形成了“油品带非油、非油促油品”的良性循环。

以“中油好客 e 站”App 为代表的线上平台成为成品油销售企业数字化营销的重要抓手。通过推广企业微信，重庆某加能站仅用一年时间就将客户数从 4000 人提升至近万人。借助这一平台，站点将客户精准分类，根据客户的偏好与需求推送限时折扣、积分兑换等活动，吸引线上客户到站消费，将线上流量高效转化为线下业绩。

随着数字化技术的不断发展，社群营销将成为能源企业获取竞争优势的核心驱动力。加能站未来将继续优化数字渠道建设，推动全方位的营销创新，实现企业与客户的双赢局面。

4. 促销策略

（1）强化异业合作，资源共用共享

为适应消费者需求的不断升级，传统成品油销售行业逐渐从单一零售模式向多业态融合发展转型。异业合作旨在通过加能站与餐饮、银行、电商、汽车维修等行业的联合推广，降低营销成本，共享客户资源，实现 1+1>2 的效果。

中国石化积极推进“强化一体统筹、竞合共赢”的战略，异业合作成为实践营销无边界理念的典范。例如，中国石化杭州分公司与江苏银行的“给你加油”联合营销活动，银行承担顾客加油优惠的营销费用，帮助企业降低了引流成本。中国石化芜湖分公司通过与电商合作引入网红单品和定制礼盒，不仅刷新了单季度百万元的销售纪录，而且将“潮流”“时尚”的标签融入企业品牌形象。

通过智能化管理平台和线上服务渠道，加能站可以更加灵活地与异业企业共享资源、协同推广。中国石油借助全国 2 万余座加油站，深度整合“品牌、渠道、客户、伙伴”资源，以加油站为触点，与汽车维修、餐饮、零售等行业开展共享资源合作。

当前民营企业也深度参与异业合作。团油与民营加油站的合作便是典型的资源共享范例。通过与团油合作，民营加油站不仅能够借助团油的品牌影响力和公域流量池吸引更多消费者，而且能够通过团油提供的营销策略提升用户留存率、增强品牌竞争力。滴滴旗下的小桔加油服务也充分展现了异业合作的巨大潜力。通过与各油站合作，小桔加油不仅提高了滴滴司机和车主的加油体验，而且通过智能导航、油价信息以及无接触支付等创新服务提升了消费者的使用频率和黏性。

（2）凸显品牌价值，打造客户引力

以中国石油、中国石化为代表的国有石油公司，在能源供给中扮演着“顶梁柱”角色，通过加油站品牌推动了能源行业的高质量发展。

中国石油将品牌建设视为企业发展的重要战略，以“绿色发展、奉献能源”为核心价值观，锚定“品牌卓著”目标。加油站作为中国石油能源零售的核心环节，以“诚信经营、优质服务”为宗旨，在服务上塑造了坚实的品牌基础，提高了客户的信任和忠诚度。

中国石化的易捷便利店是非油品领域品牌建设的成功典范。超过90%的易捷便利店依托加油站而建立。易捷始终坚持“品牌＋资本＋商品＋服务”的发展模式，围绕汽车和车主需求不断拓展多元服务业态，通过商品多元化、服务多样化和场景优化，不断提升客户体验。这种围绕车主需求打造的品牌形象，使易捷不仅成为消费者的优选便利店，而且成为中国石化品牌延伸的重要载体。

民营加油站的连锁化发展呈现出双重推动力。一方面，民营加油站通过自主联合实现连锁，借助资源共享和统一管理，提高了品牌影响力和运营效率。另一方面，团油等平台的加入，进一步赋能民营油站。通过线上流量聚合和精准营销，提高了加油站的客户吸引力和品牌曝光度。

品牌价值的凸显需要从客户需求出发，以创新为驱动、以责任为核心，通过持续优化产品与服务，为客户带来更高品质的体验。在全球化的竞争格局中，中国能源品牌将以更加自信的姿态崛起，为推动中国经济高质量发展树立新的标杆。

（3）提升服务质量，增强客户黏性

在能源行业激烈的市场竞争中，服务质量已成为企业增强客户黏性、提高品牌忠诚度的关键抓手。许多加能站通过标准化服务流程的建设，形成了诸如“加油服务六步法”和“室内收银五步法”这样的规范化操作流程，显著提高了服务效率并缩短了客户排队时间。

定期员工培训和统一的服务口号，帮助强化了服务执行的标准化，营造出更加专业和热情的服务氛围。为进一步提升服务水平，一些加能站更新了员工工装设计，使其更加现代化和富有朝气，提升了员工形象。越来越多的加能站引入多种增值项目，配置了如擦拭车窗、车内吸尘、接热水、小药箱、简易维修工具等服务设施，为客户提供了更加贴心的服务。这种从细节处入手、想客户之所想的服务模式，使加能站不仅成为能源补给的场所，更成为客户的“贴心驿站”。

加能站围绕“车辆的需求、客户的需要、生活的便利”展开工作，打造全方位服务生态圈。在推动客户满意度提升的同时，加能站也为企业开辟了新的盈利增长点。

（二）加能站营销策略发展趋势

1. 缩量竞争时代下，营销策略成为提质增效的关键抓手

2024 年 8 月 21 日，工业和信息化部发布《乘用车燃料消耗量评价方法及指标》（征求意见稿），拟从 2026 年起实施新规，严格规定乘用车燃料消耗量标准。此前，海南省工业和信息化厅已发布消息，宣布海南将有序推进 2030 年停售燃油汽车。在多重政策引导下，燃油汽车保有量增速逐渐向“零”逼近，成品油消费量进入下降通道，传统加油站面临前所未有的挑战。为了应对这一局面，部分加能站实施“精心经营、精益管理”的营销策略，坚持“一站一策”，着重提升加能站“五率”，即进站率、加满率、通过率、回头率、满意率，使其成为加能站运营管理过程中的有力抓手，为成品油销售企业应对成品油市场变化、增强零售竞争力、打赢攻坚创效战提供了有力支撑。

随着成品油经营准入门槛的下放，成品油市场经营主体将进一步多元化，市场竞争愈加激烈，油品同质化日趋严重。电力作为完全同质化产品的特点也越发显著，竞争维度持续升级。品牌化、连锁化、差异化的营销手段将成为加能站竞争的核心，优化客户体验和提升运营效率将成为营销策略的重中之重。

2. 从传统单一价格策略，向全方位、全维度营销升级

随着成品油市场竞争的加剧和消费需求的变化，加能站的业务不仅限于传统的油品销售，更多的增值服务和跨界营销将成为吸引客户的重要手段。

在汽车后市场和绿色出行兴起的背景下，加能站将持续拓展服务内容，增加洗车、汽车美容、车载电器、餐饮、便利零售等非油服务，提

升客户的综合体验，并为加能站创造更为稳定和持续的收入来源。

阿米巴经营模式在加能站营销策略中持续深化应用。通过“全员参与、目标分解、精细化管理”，阿米巴经营模式激发站点全员的创造力与责任感，有助于实现“销售最大化、费用最小化”，提高服务质量，推动销售业务提质增效。

3. 数智化赋能营销策略升级，更加精准有效

数字化与智能化的结合会彻底改变加能站的营销模式。通过大数据技术，加能站能够收集来自客户的多维度数据，包括历史购买记录、消费偏好、地理位置等。经过智能分析后，可以精准地勾画出每位客户的详细画像。智能化的推荐系统借助客户画像，推送个性化的优惠信息和产品推荐。借助数智化技术，加能站可以动态预测油品需求变化、竞争对手价格、时段因素等，从而动态调整价格，从而实现最优定价。此外，数智化为加能站提供了更加精准的客户关系管理。通过集成线上和线下的客户互动，站点能够针对每个客户的需求进行个性化管理。未来加能站将实现更全面的营销布局，形成多维度的客户接触点，从而精准识别客户需求，提升整体运营效率。

（撰稿人：张庆辰）

五、2024 年我国加能站信息化建设分析与未来趋势

随着信息技术的飞速发展，加能站信息化建设已成为提高能源供应效率、优化顾客服务体验的关键基础设施。从早期的单一加油站管理系统，到现在基于云的加能站管理系统，信息化建设经历了深刻的演变。这一过程不仅涉及技术的更新换代，而且涉及通过技术创新实现能源供应的多样化、智能化和服务的个性化。

（一）加能站信息化建设与应用现状

1. 业务范围不断扩大，系统功能不断增加

传统的加油站管理系统主要关注基础的交易处理、库存管理和顾客服务等功能，实现加油站购、销、存、量、价、客户服务、支付等的全面管理。基本功能集中在以下几方面：交易处理包括成品油及非油品销售记录、顾客支付方式管理等；配送及库存管理包括监控油品及非油品配送与库存，确保油品供应与需求之间的平衡；顾客服务包括提供基本的顾客服务管理，如会员管理、促销活动等；财务管理包括销售价格、销售收入、成本和利润的记录与分析；生产管理包括设备运行监控、预警、设备维护等。

随着加能站服务业务的不断拓展，在继承传统加油站管理系统功能的基础上，加能站管理系统功能有了相应扩展，以便处理更加复杂的任务。包括：多能源供应管理，整合电能、氢能、天然气等多种能源的供应、智能调配与管理；充电桩和加氢站远程监控，利用物联网技术实时监控设备运行状态，实现远程故障诊断和维护；客户服务个性化，通过数据分析，提供个性化的服务推荐和优惠活动；与智能电网互动，通过储能、V2G 等技术，实现与智能电网的互动，优化能源供应与消费，提升能效和加能站效益。

2. 系统构成复杂多样，子系统间协同工作

加能站是集多种能源供应和转换于一体的复杂系统，需要各子系统间的协同工作。主要子系统包括能源供应系统、能源转换系统、能源管理系统、辅助设施系统等，以实现能源的高效利用和优化配置。能源供应系统包括各种能源的采集、储存和供应系统，如电力、天然气、热力等。这些系统提供加能站所需的各种能源。能源转换系统包括各种能源的转换和利用设备，如燃料电池、太阳能光伏发电系统等。这些设备能够将各种能源转换成所需的能源形式，并实现能源的高效利用。能源管

理系统包括各种能源的监测、控制和调度系统，如能源管理中心、智能控制系统等。这些系统可以对加能站的各种能源进行实时监测、控制和调度，以确保能源的高效利用和稳定供应。辅助设施系统包括各种安全、环保、消防等设施，如安全监控系统、环保设备、消防器材等。这些设施可以保障综合加能站的安全和环保。

3. 技术架构逐步演进，系统效率不断提升

（1）平台化架构

加能站管理系统采用“轻前台、厚中台、重后台”的平台化架构。前台专注与客户交互，快速响应客户操作。中台包括业务中台和数据中台，将业务逻辑抽象与封装，整合、存储和分析数据。后台关注复杂业务流程处理和系统安全。

（2）模块化设计

加能站的现代管理系统采用模块化设计，能够根据业务实际需要，灵活添加或修改功能模块，以适应不同能源供应和服务的需求。

（3）云平台基础设施

利用云计算技术实现数据的高效处理和存储、所需资源的灵活调度，保证系统的高可用性和扩展性。

（4）物联网集成

通过集成物联网技术，实现对加油加气机、储油罐、管线、充电桩、光伏系统、加氢站等设备的实时监控和管理，提高运维效率。

（5）数据分析与智能决策

利用大数据和AI技术，对生产经营、顾客行为、能源消费模式等进行分析，支持智能化的决策和个性化的服务。

4. 与IT技术发展高度契合，技术应用不断深入

区块链、大数据与AI、物联网等技术的应用，成为突破传统能源服务模式的关键。这些关键技术的选择和应用，直接影响着加能站的性能和运营效率。

（1）能源储存技术

加能站需要储存多种类型的能源，包括成品油、天然气、电力、LNG、氢能等。不同类型的能源，需要选择合适的储存技术和设备。例如，成品油和天然气常用的储存设备包括油罐和储气罐，电力常用的储存技术和设备包括电池储能和超级电容器。储存技术需要具备高效、安全、可靠的特点，以确保能源的供应和使用。

（2）能源转换技术

加能站需要将不同类型的能源进行转换，以适应不同的用途和需求。例如，将光伏转变为电能，将电力转化为驱动电动汽车所需的充电电流，将电能转化为电化学储能进行存储等。能源转换技术需要具备高效、环保的特点，减少能源的浪费和污染。

（3）能源传输技术

加能站需要将能源从储存设备传输到使用设备，需要选择合适的能源传输技术和设备。例如，利用管道将成品油、天然气等液体或气体传输到加能站，利用输电线路将电力传输到各个用电设备。能源传输技术需具备高效、稳定的特点，以确保能源的及时供应和稳定供电。

（4）能源监测与控制技术

加能站需要对能源的供应、传输和使用进行监测和控制，以实现能源的合理调度和节约利用。能源监测技术包括传感器、监测系统等，用于实时监测能源的使用情况和储存情况。能源控制技术包括自动化控制系统、调度系统等，用于对能源进行合理调度和管理。能源监测与控制技术需要具备高精度、高可靠性的特点，以确保能源的高效利用和安全运营。

（5）安全保护技术

加能站的建设需要考虑到能源在使用和传输过程中的安全问题。安全保护技术包括防火、防爆、泄漏检测等措施，用于保护能源设备和系统的安全稳定运行。需要考虑到环境保护，采取相应的措施减少对环境的污染。安全保护技术需要具备高效、可靠、环保的特点，以确保加能站的安全运营。同时，确保加能站管理系统网络安全、工控系统及数据安全同样重要。

5. 系统建设面临挑战，功能演进快速迭代

加能站信息化建设已取得了显著进展，但仍面临诸多挑战。例如，安全性问题，随着系统越来越依赖于网络和软件技术，数据安全和系统安全成了重要的考量因素。技术兼容性问题、不同能源设备与系统间的兼容性问题，可能影响整体系统的效率和稳定性。成本控制问题，先进的信息化设备和技术的引入带来了较高的初期投资和运营成本。客户接受度问题，顾客对于新技术和新服务的接受程度不一，需通过持续地宣传和优化服务来提升用户体验。

虽然面临挑战，但加能站的信息化建设仍然在持续迭代和快速发展过程中，通过不断的技术创新和应用实践，将能更好满足未来能源消费的多样化需求，为实现能源的可持续发展贡献力量。

（二）加能站数字化转型与智能化发展分析

1. 智能监控系统实现能源供应设备的远程监控

加能站的数字化转型是应对能源行业挑战、满足市场需求变化的关键。数字化技术如云计算、大数据、物联网、AI 等，为加能站的智能化管理和服务提供了坚实的技术支撑。加能站管理系统建设需考虑集成多能源管理、智能监控、数据分析等功能，支持不同能源类型，如电、气、油、氢的供应管理。引入智能设备和传感器，实现能源设施的实时监控和维护；通过智能数据分析不断优化能源分配和使用效率。目前，我国许多加能站已开始应用智能监控系统，实现能源供应设备的远程监控和管理，以及自动化能源资源调度。例如，智能充电桩可根据电网负载自动调整充电功率，优化能源利用率；基于大数据和 AI 的用户行为分析，可根据用户充电习惯和行驶路线，推荐最优充电站、预测充电需求等，

为客户提供更加个性化的服务。

2. 多方面措施应对，确保平稳运营和数据安全

加能站的数字化转型正在全球范围内逐步实现，虽然带来效率提升和用户体验优化，但在系统安全、数据安全、自动化安全、网络安全及客户服务等方面面临诸多挑战，应采取有效措施积极应对。

（1）系统安全

关注点包括确保能源管理系统免受外部攻击，保护系统不被未授权访问。这涉及采用加密技术、建立安全的网络通信协议、实施定期的系统安全审计等措施。

（2）数据安全

措施包括确保存储和传输的数据加密，保护用户的个人信息和支付信息不被泄露；建设统一身份认证系统，实施严格的数据访问控制，确保只有授权人员能够访问敏感信息；以及采用数据匿名化技术降低泄露风险。

（3）自动化安全

要着重于保护自动化过程中的系统和数据，包括将信息系统与自动化系统有效隔离，对自动化控制系统进行定期的安全评估，建立应对突发安全事件的快速响应机制，以防止自动化系统被恶意软件或攻击者利用。

（4）网络安全

网络安全涉及保护加能站内外部网络和云服务不受网络攻击的影响，包括使用防火墙、入侵检测系统以及对网络流量进行持续监控等策略。

（5）客户服务

数字化转型可通过建立在线服务平台、移动应用等方式，为客户提供 7×24 小时的自助服务、在线支持和个性化服务。同时，使用大数据和 AI 技术分析客户行为和偏好，为客户提供定制化的服务和产品推荐。

（三）加能站智慧化发展未来趋势

综合能源服务已被正式纳入国家“十四五”规划，表明了国家对于能源服务智慧化和综合化发展的高度重视。

1. 智慧化将发挥越来越重要的作用

随着全球能源转型的加速以及数字技术的快速发展，加能站的智慧化成为可持续能源系统不可或缺的一部分。加能站的智慧化应用将现代信息技术如物联网、大数据、AI 等贯穿于能源的生产、转换、运输、储存、消费和使用的全过程中。这些技术赋能能源系统，提升能源利用效率，促进实现低碳目标。智慧能源的发展促进了能源的生产和供应模式变革，推动了能源消费方式的革新。通过现代信息技术的应用，为能源行业的数字化、智能化转型提供了坚实支撑。随着技术的不断发展和应用场景的不断拓展，智慧能源将在促进能源供给革命、能源消费革命、能源技术革命以及能源体制革命中发挥越来越重要的作用。

2. 多能协同优化技术可实现不同能源类型之间的互补与协调

加能站多能协同优化技术能够实现不同能源类型之间的互补与协调，通过智能化调控和优化，不同能源相互配合，不仅提高了能源供应的稳定性和可靠性，而且降低了对单一能源的依赖和风险，有效减少了能源浪费，提高了整体的利用效率。例如，将太阳能、风能与传统的化石能源相结合。阳光充足时，太阳能得以充分利用；风量大时，风能积极发力；而在能源供应低谷时，传统能源则作为稳定的支撑。加能站多能协同优化技术为能源的可持续发展开辟了新的道路，是未来能源领域的重要发展方向。

3. 智慧化发展的核心在于技术创新

智慧化发展的核心在于技术创新，包括能源生产、输送、储存、消费等全方位的技术进步。综合智慧能源系统通过源、网、荷、储一体化的自治系统，推进零碳化建设，加速实现碳中和目标。能源智慧化技术的应用，如物联网、大数据、AI 等，提升了能源使用效率，保证了系统的安全稳定运行。

4. 智慧化发展的关键趋势

（1）集成多元能源供应

随着能源种类的多样化，未来的加能站将不限于提供电力、天然气或传统的石油产品，更会融入太阳能、风能等可再生能源，以及新兴的氢能等，形成一个多元化的能源供应体系，在满足不同用户的需求的同时，提高能源利用效率，减少环境污染。

（2）智能化服务与管理

借助物联网、大数据、AI 等技术，加能站将实现智能化的服务和管理。例如，通过智能传感器和监控系统实时监控能源设备的运行状态，预测维护需求，减少故障发生，提高设备利用效率。利用大数据分析技术开展业务风险防控，搭建业务风险预警模型，实现业务风险防控从事后处理向事前预测和事中自动阻断转变。应用 AI 技术优化能源分配，提高能源利用效率。

（3）用户交互体验的革新

通过移动互联网和虚拟现实技术，提高用户在加能站的互动体验。客户可以通过移动应用技术远程控制汽车充电、支付，并获取能源消费数据，享受更加便捷和个性化的服务。此外，通过虚拟现实技术，用户在充电等待期间可以体验虚拟便利店商品广告与销售、虚拟旅游、在线教育等服务，提升等待时间的价值。

（4）与智能电网的深度融合

加能站将成为智能电网不可分割的一部分，通过需求响应、储能系统等技术，实现与电网的双向互动。加能站内设置储能系统，在电网负荷高峰时，可以减少能源消耗或提供电力支持，帮助平衡电网负荷，提高电网的稳定性和可靠性。

未来，加能站的智慧化发展前景广阔，但面临技术集成和标准化、数据安全与隐私保护、资金投入与运营成本、用户接受度和教育等挑战。针对这些挑战，需要加强行业内外的合作，推动技术标准和协议的统一；加强数据加密技术的应用，建立严格的数据访问和处理机制；探索政府补贴、合作投资等多元化融资方式；加强用户教育和宣传，提高用户对新技术和服务模式的认知度。

（撰稿人：程晓春）

六、2024年加油（能）站安全管理形势及未来趋势

随着相关法规进一步完善，执行力度加大，政府部门对安全的监管越来越严，加油站行业面临更高的安全管理要求。加油站经营企业通过加强内部管理，提高员工安全意识，确保安全生产。随着物联网、大数据等智能化技术的广泛应用，加油站安全管理水平得到了显著提升。通过实时监测、预警和数据分析，企业可以及时发现和消除安全隐患，降低安全事故发生的概率。采用科技手段结合更加全面细致的风险防控机制，可为加油站整体安全形势及相关工作持续赋能。

（一）加油（能）站安全管理形势分析

1. 我国对于加油站安全管理有严格法规

国家法规和地方政策相结合，对加油站安全生产的各个方面进行了规范，确保了加油站的安全有序运营。加油站对安全管理的重视程度不断提高，员工的安全意识日益增强。加油站的安全事故得到了有效控制，保障了人民生命财产的安全。

国家层面，加油站安全管理严格依据《安全生产法》《消防法》《危险化学品安全管理条例》。《安全生产法》对生产经营单位的安全生产保

障、安全生产监督管理、安全生产事故应急救援与调查处理作出了明确规定。对加油站来说，要求其建立完善的安全生产责任制，加强员工培训，定期进行安全检查等。《消防法》主要目标是预防火灾和减少火灾危害，保护公民人身和财产安全。加油站作为消防安全重点单位，需要遵守严格的消防安全管理规定，如安装阻火装置、设置防火标志、进行每日防火巡查等。《危险化学品安全管理条例》针对加油站的危险化学品特性，规定了其生产、储存、经营、使用、运输和废弃等方面的安全管理要求。

地方政府层面，地方政府通常会根据国家法律法规，结合本地实际情况，制定更为具体的加油站安全管理规定。这些规定包括加油站的安全设施要求、日常运营规范、应急预案等。

2. 环保对加油站安全管理提出更高要求

全球对环保问题日益关注。加油站作为可能产生污染的场所，面临的环保要求也越来越严格。排放控制环境保护要求严格的排放标准，加油站排放的污染物种类和数量受严格限制。加油站必须采用更环保的设备和技术，减少挥发性有机化合物、颗粒物等污染物的排放，改善周围空气质量，减少可能引发的呼吸系统疾病。

燃料质量环保要求加油站销售更清洁、更环保的燃料。例如，一些地区通过推广使用低硫燃料，以减少硫氧化物的排放，降低酸雨等环境问题的发生。此外，生物柴油等可再生能源的使用持续得到鼓励，以减少对传统化石燃料的依赖。

油品储存和运输方面要求加油站采取措施，防止油品泄漏和挥发。例如，采用双层油罐或设置防渗池，防止油污水泄漏到地下水中，造成水体污染。废物处理方面，加油站产生的废油、废水等废物需得到妥善处理，防止对环境和公众健康造成影响。

设备更新和维护方面，加油站需要更新更高效的油气回收装置，以减少油气排放；定期维护和检查设备，确保正常运行，防止泄漏等问题的发生。

3. 加能站快速发展，对员工的安全培训提出新要求

加能站得到快速发展，可以实现加氢、充电等多种补能方式，对加能站员工也提出更高要求。例如，新能源汽车的充电设施需要专业的知识和技能进行操作和维护。加能站员工需要接受相关的安全培训，了解充电设施的工作原理、安全操作规程和应急处置方法，以此进一步提高自身的安全意识和技能水平，确保能够正确地操作和维护充电设施，避免安全事故的发生。

（二）加能站安全管理形势分析

1. 国家或地方性法规执行力度不够，安全管理仍存在不足

国家和地方虽然出台了相关的政策法规，但部分加能站安全意识薄弱，对安全管理的重视程度不够，实际执行过程中存在执行力度不够、监管不到位的情况，存在安全隐患。随着技术的不断发展，一些新的安全技术和设备出现，但法规政策未能及时跟上，导致技术更新与法规政策之间存在不匹配的情况。

2. 充电站、加氢站的安全性需引起重视

新能源汽车特别是电动汽车不使用燃油，在补能过程中不存在燃油泄漏、火灾和爆炸等风险，显著降低了加能站的安全隐患，减轻了加能站防火、防爆等方面的安全压力。但是，新能源汽车电池的安全性仍需警惕。大量电动汽车在加能站集中充电对电网造成冲击，尤其是在用电高峰期间。加能站需要考虑电网安全问题，采取相应的措施。同时，我国氢能行业正在高歌猛进，若发生爆炸事故，会立刻触动主管部门和百姓的敏感神经，将对行业造成巨大负面影响。就国外已发生的爆炸事故来看，氢能安全问题已渗透到氢气的制、储、运和加氢、用氢等各个环节，亟须引起更高度重视。其中，加氢站的安全性问题格外凸显。

3. 设备故障是安全事故常见原因之一

加能站安全事故的主要原因可以归结为设备故障和违规操作、安全

管理不到位、外部因素、人为因素四个方面。其中，设备故障是导致加能站发生安全事故的常见原因之一。例如，四川广元的过氧化氢罐车爆炸事故，是由于设备故障和违规操作导致罐体破裂和泄漏。一些加能站存在设备老化、维护不当等问题，增加了事故的风险。外部因素方面，天气条件、地质环境等自然因素可能影响加能站的安全运行。为了预防事故的发生，加能站应加强安全管理和提高应急处置能力，定期进行安全检查和设备维护，提高员工的安全意识和操作技能，同时相关部门应加强监管和执法力度，确保加能站的安全运行。

4. 智能化技术进步推进加能站安全提升

物联网、大数据和 AI 技术的结合在加能站安全管理中发挥着越来越重要的作用，进一步提高了加能站安全预警和应急响应能力。

（1）物联网技术实现设备互联与远程控制

物联网设备可以相互连接并与中央管理系统通信。在紧急情况下，管理人员可以远程控制加能站的设备，如关闭阀门、启动应急照明或报警系统，从而迅速响应潜在的安全威胁。

（2）大数据实现风险分析与模式识别

大数据分析工具通过处理和分析加能站的历史数据和实时数据，识别潜在的安全风险和异常模式。通过对比分析正常情况下的数据模式和异常情况下的数据模式，系统提前发出预警，帮助管理人员及时采取预防措施。同时，通过分析设备的运行数据和维护记录等大数据帮助预测设备的维护需求，避免设备故障导致的安全问题。这种预测性维护策略可以确保加能站的关键设备始终处于良好状态，降低故障发生的概率。

（3）AI 技术实现智能监控与异常检测

AI 驱动的监控系统通过实时分析摄像头图像，自动识别异常事件，如火灾、车辆事故或入侵行为。一旦检测到异常，系统可以立即触发警报并通知管理人员。

（三）加油（能）站安全趋势预测

未来，加油站安全形势将面临更多挑战和机遇。随着新能源汽车的普及和替代能源的发展，加油站的安全管理需灵活应对，以适应未来发展趋势。通过综合施策、多方协作和持续创新，不断提升加油站的安全管理水平，保障人民生命财产的安全。

1. 紧密关注并适应监管政策法规的变化

国家对安全生产的重视程度不断提高，对环保、消防、职业健康等方面的要求更加严格。政府对加油站安全管理的监管政策和法规可能会发生变化。加油站需要密切关注政策动态，及时调整安全管理措施，以适应新的监管要求。例如，设立专门负责政策跟踪的岗位或团队，确保及时了解并解读最新的监管政策和法规；对加油站内部的安全管理制度和流程进行定期审查和更新，确保符合最新的政策要求；加强与政府部门的沟通，参与政策讨论和制定，为行业健康发展提供建设性意见。

2. 充电站需合理规划布局，配备消防设施

各加能站在建设电动汽车充电站时，要合理规划布局。充电站应远离易燃易爆物品和建筑物，确保与周边建筑保持一定的安全距离。同时，合理规划充电设施的功率和电流、配备稳定的电源和备用电源等，确保充电设施的正常运行和电网的稳定。此外，电动汽车充电站应配备齐全的消防设施，包括灭火器、消防栓、水枪等常规灭火设备；还应设置火灾报警系统和监控系统，以便及时发现和处理火灾事故。

3. 注重加氢站整体设计和选址，同时重视系统及运行安全

在加氢站的设计规划阶段，应选择合适的建筑结构避免氢气聚集，同时设置机械与自然通风。除了着眼加氢站的整体设计和选址，还需重视加氢站设备、系统及运行制度的安全。在运行监管方面，由于涉及人工运维，则需更加严格的监督措施和科学管理方法。另外，为防止发生氢气泄漏，应及时排查、发现系统薄弱环节，改进设备；为避免泄漏的

氢气被点燃，还应制定严禁烟火等安全制度。

4. 社会与经济因素影响深远，加油站员工需不断加强安全管理

社会与经济因素对未来加油站安全趋势的影响是多方面的。随着经济的发展、城市规划的变化、人口密度的增加以及技术的进步、政策法规的调整，加油站的安全管理将面临更高的挑战和要求。加油站需要不断加强安全管理，提高风险防范能力，以应对未来可能出现的安全风险，包括提高员工安全意识、加强设备和设施维护、完善安全管理机制、优化油品储存和运输管理、加强外部因素防范，以及推广先进的安全技术和信息化手段。这些措施将有助于提高加油站的安全管理水平，确保加油站的安全运营。

5. 加强环境影响防范，提高抗灾能力和应急响应速度

社会环境的变化，如恐怖袭击、社会治安问题等，可能对加油站的安全运营造成威胁。自然灾害如洪水、地震、雷电等可能对加油站的设备和设施造成损坏，影响加油站的安全运营。

针对社会环境变化，加油站需要加强与当地公安、消防等部门的沟通协作，与其建立长期稳定的合作关系，共同维护加油站周边的安全环境。同时，开展公众安全教育活动，提高周边居民和司机的安全意识，减少外部威胁。建立紧急联络机制，以便在发生紧急情况时能够迅速获得外部支援。

针对自然灾害，加油站需提高抗灾能力和应急响应速度，对加油站进行定期的灾害风险评估，识别潜在的灾害风险点，并制定相应的防范措施。同时，加强与气象、地质等部门的合作，及时获取灾害预警信息，提前做好应急准备。定期组织应急演练，提高员工在自然灾害等紧急情况下的应对能力。

6. 智能化水平不断提升，提高加油站安全管理水平

随着智能化水平的不断提升，物联网、大数据分析等可进一步实现对加油站设备和运营数据的实时监控和分析。智能化技术的应用，能迅

速发现潜在的安全隐患，及时采取应对措施，从而提高安全管理的效率和准确性。例如，智能传感器、泄漏检测系统等能实时监测设备状态，可以预防泄漏、火灾等安全事故的发生。再如，加氢站层面，可设置一套快速发现泄漏的监测系统来保障其安全性。同时，科学布置氢气传感器，及时探测氢气，为隔离气源、降低氢气释放量赢得时间，并运用智能算法进行定位，便于事故后进行设备检修。未来，还可利用虚拟现实技术进行安全模拟演练，使员工能够在模拟的紧急情况下进行实际操作，提高应对突发事件的能力。

（撰稿人：杜　波）

V 建设合作篇

2024年，在我国成品油消费量同比下降、燃油汽车增长出现拐点以及新能源汽车、LNG燃气重卡加速替代的大背景下，我国加油站、加气站、加氢站、充换电站、光伏发电站、综合加能站投资建设合作情况呈现出新的特点。

一、2024年我国加油站发展建设情况与未来展望

（一）我国加油站投资建设现状

截至2024年底，我国境内加油站总数为11.06万座，同比减少1.92%。其中，中国石化、中国石油两大主营加油站数量占比48.35%，首次赶超民营加油站跃居首位；民营加油站占比47%左右，同比下降3.97个百分点；中国海油、中国中化及外资加油站占比不足5%。

从加油站分布看，我国加油站分布位置包括省道、国道、县乡道、城区、农村、高速公路、水域及其他位置。分布在县乡道的加油站数量占比最大，为24.86%；农村加油站数量占比排名第二，为24.19%；省道、国道加油站数量占比为22.59%；人口密集度较高的城区加油站数量占比排名第四，为21.29%。由于车流量及人口密集程度不同，加油站的盈利水平不尽相同，分布在省道、国道、城区及高速公路等位置的加油站更具优势。

1. 国有石油公司加油站投资及建设现状

（1）中国石化市场份额更多

截至2024年12月，国有石油公司加油站总数超过5.3万座，占据运营成本优势较高的城区、国道、省道和高速公路，区位优势明显。从分布区域来看，河北、山东、河南、江苏、安徽、四川等地的加油站数量位于前列。由于历史原因，中国石化加油站主要分布在我国中部和南部，截至2024年12月，加油站总数为30959座，市场份额更多；中国石油在北方和西部地区的炼厂居多，因此加油站主要布局在北部，截至2024年12月，加油站数量为22530座。

（2）不同国有石油公司加油站数量增减不一

2024年，由于个别省市城市建设、道路规划等，拆除了一些加油

站。由于新能源汽车替代加剧导致成品油消费下滑，更有甚者将低效站挂牌转让。去掉淘汰的加油站，加上新投资的加油站，2024 年，中国石油、中国石化加油站数量比 2023 年减少了 224 座。其中，中国石油加油站总数较 2023 年的 22755 座减少了 225 座；中国石化加油站总数基本保持不变，比 2023 年的 30958 座增加了 1 座。中国海油近几年通过多种模式继续扩大零售网络规模，加油站数量缓慢增长。2023 年，中国海油在营加油站 1125 座，2024 年加油站数量变化不大。

（3）国有石油公司快速推进向综合能源服务商转型升级

2024 年，国有石油公司更加快速地构建多能互补新格局。中国石化加快向“油气氢电服”综合能源服务商转型升级，中国石油加快向“油气氢电非”销售终端建设，在综合加能站等多条赛道上发力，全面推进综合加能站的建设。截至 2024 年 12 月，中国石化、中国石油通过在传统加油站基础上改建、扩建或者新建等方式，已实现加氢站、充换电站、分布式光伏发电站遍地开花，同时在加氢站、制氢技术、氢燃料电池、储氢材料等多个领域开展了诸多工作。反映了当前加油站行业在面临市场竞争和成本压力的同时，仍在寻求盈利增长。

2. 民营加油站整合速度加快，面临的挑战更大

成品油零售审批资质下放政策的逐渐落地，推动了民营加油站的连锁化、规模化发展。截至 2024 年底，我国民营加油站数量为 5.2 万余座，同比下降 4.21%。主要原因是随着越来越严格的合规化检查，民营加油站成本上涨，新投资建站难度加大。另外，新能源汽车的快速崛起，高油价、高成本之下加油站利润和销量的下滑，促使民营加油站加速整合。一些地理优势不明显、效益差的民营加油站被淘汰，民营加油站数量延续下滑趋势。

目前，民营加油站总量排名靠前的省市有河北、山东、河南、江苏、安徽、四川、湖南、山西、陕西、云南等（见图 5-1）。其中，河北、山东、河南的民营加油站数量位居全国前三，合计占比 36%。民营加油站初步形成规模的地炼企业有京博石化、东明石化、富海集团、联盟石化、汇丰石化、鲁清石化等。地炼企业加油站数量超过300座的有京博石化、富海集团。随着政策的不断放开，独立炼厂为扩大成油品销售途径，提高市场占有率，越来越重视投资建设加油站。但随着市场竞争的加剧，以及城区及主干道加油站基本饱和，新进入的加油站以布局城郊和乡镇为主。

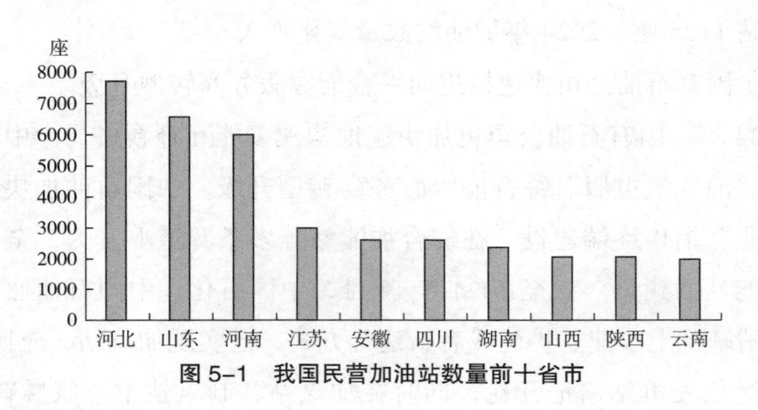

图5-1　我国民营加油站数量前十省市

由于高额投入导致资金紧张，部分民营企业以特许经营和短期租赁作为主要参与加油站市场的方式。随着竞争加剧，民营加油站通过特许经营进一步加强管理，同时，意识到品牌的重要性，更加注重提高服务水平，主动寻求与国有石油公司的加油站品牌进行合作。

与国有石油公司相比，民营加油站面临着更大的挑战。由于运营成本持续上涨及新能源汽车销量挤压，民营加油站利润下滑严重。不过，民营加油站也在积极寻求破局之道，通过连锁化、规模化发展及布局城市新区、环线周边及乡镇加油站等方式来应对挑战。

3. 外资加油站投资及建设现状

2024年，外资企业在中国成品油零售市场持续建设加油站。截至2024年底，外资企业在中国运营加油站5000余座。

（1）壳牌

壳牌是我国最大的中外合资加油站连锁品牌，以推广资产站、租赁站及轻资产的品牌特许加盟为主。目前在中国的独资与合资加油站总数近3000座，与2021年的1710座加油站相比有了明显的增加。主要分布在陕西、四川、河北、山东、重庆、山西、天津、广东、北京、江苏等省市。其中，陕西有400余座，四川有近300座，华北地区有300余座，江苏有200余座，广东有100余座，重庆及浙江亦有几十座。

（2）埃克森美孚

埃克森美孚是我国第二大中外合资加油站连锁品牌，在中国的加油站以合资方式设立，主要是与中国石化合作。目前在中国的加油站数量超过1000座。主要分布在福建和湖南，其中在福建与中国石化合作的加油站占大部分。

（3）BP

BP在中国同样采取合资的方式，主要与中国石油、中国石化合作。目前在中国的加油站数量近800座，主要集中在广东、浙江。在广东主要与中国石油合作，在浙江则主要与中国石化合作。另有少量与独立炼厂东明石化合资的加油站。

（4）道达尔能源

道达尔能源与中国中化共同出资成立了合资企业中化道达尔燃油有限公司。该公司是中国成品油零售市场开放后首个获商务部批准经营成品油零售的合资项目，使用联合品牌发展加油站网络。目前其在中国独资及合资加油站总数近600座。分布较为广泛，主要在辽宁、河北、北京、天津、江苏、浙江、上海7省市。其中，位于河北、辽宁的加油站数量较多。

（二）2025年我国加油站投资建设建议

短时间内我国成品油零售市场格局难有大的改变，国有石油公司将稳坐第一把交椅。但是，未来加油站竞争会越发激烈，特别是受新能源汽车的冲击，再加上外资品牌加油站持续加入，会进一步倒逼我国品牌加油站的提升，从而使我国整个成品油零售市场更加成熟。

未来几年，我国加油站的整体数量难有增加。即便增加，增量不会太大，更多的是大企业合作、兼并，特别是民营加油站将加速优胜劣汰。预计2025—2030年，我国加油站数量将持续下滑至10万座，至2035年可能降至7万~8万座。加油站投资建设的方向更加明确。

1. 严格控制总量，合理优化布局

目前，我国加油站布局存在两方面的问题。一是我国城市总体规划指标中，较少将加油站作为一种城市公共配套设施进行规划和配置。而且不同城市加油站的主管部门不同，管理的出发点和依据不同，缺乏组织协调性。二是布局结构不合理、不均现象严重。存在核心城区网点偏少，外围局部地区又过于集中的情况，造成资源的浪费。在农村的零售网点严重不足。

未来加油站布局应进一步以国家有关成品油市场整顿和规范的要求为指导，加强加油站行业发展的宏观调控和管理，严格控制总量，合理优化布局，逐步建立起与国民经济发展相适应、满足广大消费者需要、布局科学合理、竞争有序、功能完善的现代化加油站销售服务网络体系。各加油站主体或将进一步加大在重点路段建站投运，利用信息技术测算最优站点数量，发挥整体布局功能和整体优势，实现经营效益和社会效益的最大化。由于城区的大部分地区加油站已经饱和，新建加油站在部分县级以下较为偏远地区的可行性较大。偏远地区土地成本、人工成本相对较低，监管力度较小，可操作空间较大。

2. 竞争加大，轻资产开发模式将成为重要建设渠道

2024年，新能源汽车爆发式增长、油价维持震荡走势，持续压缩加油站盈利空间。同时，随着石化产业炼化一体化项目投入，成品油批发竞争加剧，零售终端采购呈现白热化、多样化趋势。此外，加油站逐渐由卖方市场进一步转变为买方市场，规模化品牌经营将进一步成为加油站发展新趋势。

目前，加油站行业同时存在重资产模式（自建、收购）和轻资产模式（租赁等）。特别是最近几年，部分加油站经营企业利用其体系化的管理能力和品牌连锁优势，在重资产模式无法施行的情况下，积极向轻资产模式转型。2025 年，轻资产开发模式将成为加油站建设的重要渠道，特别是民营加油站。这样既能通过轻资产模式拓展企业业务，又能打响加油站企业的知名度，提高企业的竞争实力。

民营加油站或将由分散运营的小规模加油站集中成为中大型品牌加油站，在国企和外资之外，逐渐形成全国和地区性的民营加油站品牌。

3. 投资加油站风险加大，需要制定全面的经营策略

虽然未来轻资产方式是加油站投资的主要方式，但加油站投资者在投资前仍需要充分了解市场情况，特别是民营加油站需要制定合理的经营策略，以应对潜在的风险。例如，在投资前，需要对当地的市场环境、消费者需求等因素进行深入调研，以确保投资决策的合理性。同时，建议选择知名品牌进行加盟，借助品牌的影响力和成熟的经营模式，降低投资风险。

运营风险是加油站在日常运营中可能遇到的风险。随着科技的发展，加油站需要不断引进新技术、新设备来提高运营效率和服务质量。然而，技术更新换代的速度可能超出预期，新技术的引入和应用可能存在不确定性，如技术成熟度不足、稳定性差等问题，可能导致加油站运营出现问题。

为此，要全面加强加油站的经营管理，提高服务质量，树立良好的企业形象，以吸引更多的消费者。2024 年，民营加油站同比减少了 2000 余座，未来还将加速整合，在民营加油站投资建站过程中，要加大力度全方位研判，只有这样，才有可能在加油站投资领域取得成功。

4. 绿色发展提速，传统加油站转型需因“站”制宜

2025 年，我国加油站将更加快速地向综合能源站方向发展。中国石化“十四五”期间设定了发展氢能产业的总体思路，在此过程中，该公司以在原有加油站的基础上改扩建为主，发展加气、加氢、充换电业务。传统加油站转型要因“站”制宜，最大限度地利用加油站的场地优势、品牌优势来带动其他业务发展，将加油站的建设、运营、管理进一步高效化，实现企业高效服务和效益增长。

城市站点可按照“一类一策”“一商圈一策”“一站一策”来开展业务转型，最大限度地发挥终端资产价值。现阶段可选择站内增设充电、换电和加氢等补能设施，并积极以补能为中心拓展业务和经营范围。城际站点未来主要向快充、快换和加氢方向发展，同时辅以移动充电车、充电桩，并进一步拓宽业务范围，加强盈利能力。乡村站点未来转型应朝着销售农用物资、机具设备、车辆及提供相关服务等方向发展。

未来，民营加油站在不断优化经营模式、加强营销和服务、提升核心竞争力的同时，同样需要重视电动汽车充电业务，开设充电桩，提供电动汽车充电服务，满足用户需求，增加收益来源。

5. 外资加大投入同时寻求转型，我国加油站品牌必须提高竞争力

面对庞大的中国市场，外资纷纷计划加大投资力度抢占市场份额。BP“十四五”期间拟在中国新投资 1000 座加油站，海湾石油计划未来 10 年内新建 1000~1200 座品牌加油站。沙特阿美收购了浙江石化 9% 的股权，拟在浙江及华东其他地区布局成品油零售网络。

外资加入我国加油站行业的同时，不断优化网络，寻求转型。例如，壳牌计划 2025 年关闭全球 1000 座加油站，用来广泛部署电动汽车充电网络，计划到 2030 年全面扩大公共电动汽车充电网络，并将充电点的数量从目前的 5.4 万个增加到 20 万个。目前，壳牌在中国深圳机场已推出全球最大的电动汽车充电站，不仅为顾客提供充电业务，而且推出 24 小时咖啡和餐厅业务。壳牌正在积极推动更多的加油站拥有快餐和咖啡业务。

外资的加入在加剧行业竞争的同时将促进国有石油公司、民营加油站提升服务质量，推动行业整体转型升级。国有石油公司、民营加油站必须采取有效的措施优化管理体制，提高员工素质和服务质量，加大创新力度，提供更好的服务和产品，汲取优秀的管理经验和技术，不断提高核心竞争力。

（撰稿人：周志霞）

二、2024 年我国加气站发展建设情况与未来展望

（一）2024 年我国 LNG 加气站发展概况

1. LNG 加气站发展面临有利环境

LNG 加气站作为推动交通领域绿色转型的重要基础设施，已成为支持 LNG 燃气重卡、公交车等天然气驱动车辆运行的关键设施。LNG 具有清洁、低碳的特性，特别是在货运和长途运输领域，LNG 凭借其较低的能源成本和环保优势，具备较强的市场竞争力。

LNG 作为燃料比传统的柴油有更为显著的成本优势。2024 年我国 LNG 价格相对平缓，LNG 均价为 4544 元 / 吨，较 2023 年下跌 295 元 / 吨，跌幅 6%。柴油主营零售价格 7435 元 / 吨，二者价差为 2891 元 / 吨，较 2023 年价差收窄，但 LNG 仍保持高经济性。这使得使用 LNG 的重卡在运营成本上具有明显的优势。对许多货车司机而言，降低燃料费用是提升利润空间的有效途径。因此，LNG 燃气重卡的经济性成为其受欢迎的重要原因。

2024 年，在环保政策引导和经济优势双重因素驱动下，LNG 对成品油的替代渐成规模，车用 LNG 的使用率显著提高。尤其在重卡领域，

LNG 替代势头强劲。经过 2023 年的经济调整和市场沉淀，重卡市场的成交氛围逐渐恢复，经济的回暖带动了运输需求的增长，促进了重卡销量的提升，也带动了整个重卡行业的活跃。在增长的大环境下，LNG 燃气重卡的表现尤为亮眼。2024 年，天然气重卡销量达 17.83 万辆，较 2023 年增长 17.53%，突显了 LNG 作为清洁燃料在重卡领域的竞争力。

市场占有率的提高进一步推动了与 LNG 燃气重卡相关的基础设施建设的投资和发展。随着更多 LNG 加气站的建设和技术的不断进步，LNG 燃气重卡的使用将变得更加便捷和高效。这将形成一个良性循环：市场需求的增加促进了基础设施的发展，而基础设施的完善又推动了市场需求的进一步增长。

2. LNG 加气站数量增加

2024 年，我国 LNG 加气站的数量达 5277 座，同比 2023 年增长了 13%（见图 5-2）。作为清洁能源，LNG 在交通运输领域的应用持续扩展，特别是在货运、长途运输等领域，随着环保政策日益严格，LNG 作为替代传统石油燃料的清洁能源，得到了广泛的推广和应用。

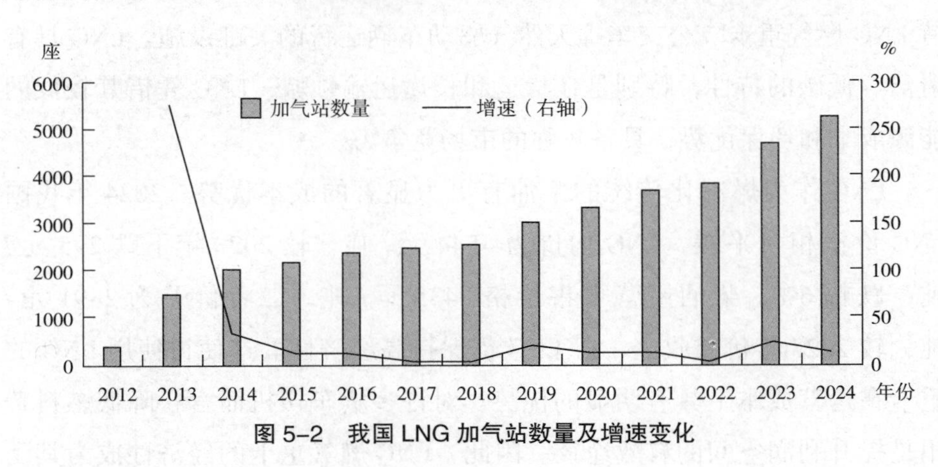

图 5-2 我国 LNG 加气站数量及增速变化

2024 年，LNG 燃气重卡对柴油重卡的替代加快了各地 LNG 加气站的建设。其中，最为亮眼的是中国石油、中国石化在其加油站的基础上增设加气服务，快速打开终端市场，使符合条件的加油站变为油气混合站。这不仅使LNG下游加气服务站点增多，还进一步提高了中国石油、中国石化的市场占有率。

3. LNG加气站企业份额不一

2024年，中国石油LNG加气站数量占比提升5个百分点至29%，中国石化LNG加气站数量占比提升2个百分点至13%，中国海油LNG加气站数量占比降低1个百分点至7%，其他企业LNG加气站数量占比下降至51%（见图5–3）。

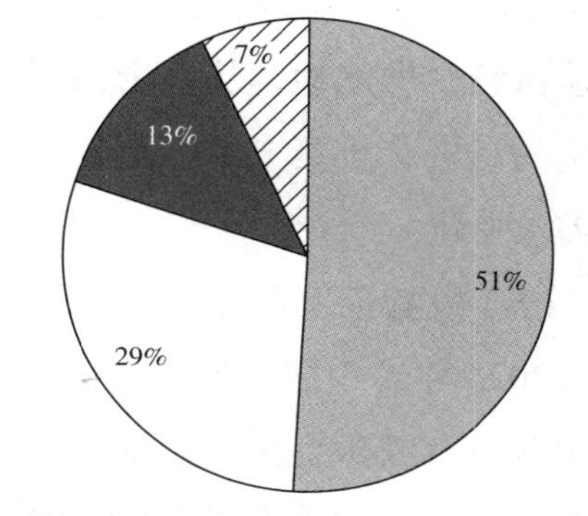

图5–3 我国LNG加气站企业数量占比

2024年，中国石油、中国石化的发展模式趋同，一是在终端加油站业务上增设加气服务；二是利用其上游勘探开发主体身份，结合终端加气站继续发展上下游一体化。

在LNG加气站布局中，中国石油、中国石化采用了在现有加油站基础上增设加气业务，减少重资产投入、转向轻资产运营的策略。这一策略使中国石油、中国石化迅速打开LNG终端市场，主要表现为以下几个特点。

（1）顺应绿色能源趋势

随着环保政策日益严格，传统的柴油燃料逐步被更清洁的LNG所替代。中国石油、中国石化通过在现有加油站增设加气业务，不仅顺应了绿色低碳发展趋势，而且满足了市场对环保交通解决方案的需求。

（2）降低投资成本、缩短建设周期

中国石油、中国石化通过在现有加油站基础上增设加气业务，大大减少新建LNG加气站所需的土地、设施和建设成本。同时，利用现有的基础设施和场地进行改造或增设，显著缩短了建设周期。

（3）提高终端市场占有率

中国石油、中国石化已经在全国范围内拥有大量的加油站网络，通过在这些加油站增设 LNG 加气设备，迅速扩大加气网络，提升终端市场的覆盖率和渗透率。由于加油站和加气站可以共享客户群体，运营效率和资源利用率也得以提高。

（4）提升竞争力

中国石油、中国石化通过这种轻资产模式，可以在 LNG 加气市场中迅速占领一席之地，从而增强其在能源领域的竞争力。这种模式相较于传统的重资产投资方式，更具灵活性和抗风险能力，能够更快地响应市场需求变化。

（5）发挥上下游发展一体化优势

2024 年，中国石油、中国石化延续了上下游发展一体化的优势。即上游有自有气田提供稳定的天然气资源。中游保持轻资产投资，与现有 LNG 工厂以代加工模式合作，非自行建设 LNG 液化厂。通过与多家工厂合作，能够更灵活地调整生产规模，迅速响应市场对 LNG 的需求变化。下游直接供应给自己的终端加气站，降低经营成本，并通过直接控制加气站，能够在终端市场上拥有更大的话语权和定价权。

总之，2024 年，中国石油、中国石化借助广泛的加气站网络和稳定的供应链体系，在竞争日益激烈的 LNG 市场中占据有利位置，进一步强化了在天然气产业链中的话语权和市场竞争力，降低了运营风险，提高了资源利用效率。

4. LNG 加气站利润分析

2020—2024 年，我国 LNG 行业经历了显著的价格波动和利润压缩趋势。尽管 LNG 价格和消费快速增长，但 LNG 产量增加更为明显，供需结构仍以供应宽松为主，供应市场竞争加剧。

2024 年相比 2020 年，在宏观层面市场经历了走出疫情的全球复苏，以及俄乌战争所引发的油价上涨。2020—2024 年，我国 LNG 零售年均价先涨后降，但加气站盈利水平整体呈现下降趋势，主要是受到原料天然气价格宽幅上移的影响。

产业链利润转移至上游气源企业，是成本、供应、需求多重因素共同作用的结果。2024 年，采样 LNG 加气站零售年均价为 5.11 元 / 千克，与 2020 年相比涨幅为 26%。2024 年，采样 LNG 加气站零售年均利润为 0.242 元 / 千克，与 2020 年相比跌幅为 53%。2024 年与 2020 年相比虽整体零售价格有所上涨，但 LNG 加气站利润有所减少。

2020—2024 年，工厂扩能速度以及进口 LNG 的增加速度高于下游消费增速，供应在该阶段内大部分时间保持相对宽松的局面。因该阶段内 LNG 加气站的不断新增，更加剧了加气站的竞争，压缩了加气站的利润。2023—2024 年，中国石油、中国石化等大型企业整合 LNG 产业链，拥有上游天然气资源的同时与 LNG 工厂合作，使其为自己代加工 LNG，同时提供给 LNG 自有终端加气站，使液化天然气产业链一体化，在终端加气站竞争中更具有优势。

5. LNG 加气站各省市分布情况

2024 年，我国加气站基础布局分布变化不大，主要分布在西北、华北、华东等地。排名前十的分别为陕西、河南、山东、山西、河北、内蒙古、新疆、广东、四川、浙江（见图 5–4）。

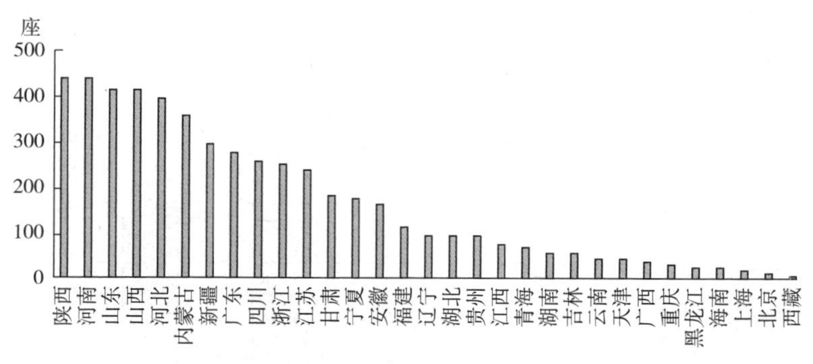

图 5–4　我国 LNG 加气站各省市分布情况

在经济优势吸引下，全国范围内 LNG 加气需求提升，推动了加气站设施的完善。山东、河北、浙江、广东等因处于经济发达地区，货运物流发达，LNG 物流运输需求增加，LNG 加气站数量也随之逐步增加。河南、山西作为交通要道，其LNG加气站数量也在继续增加。陕西、内蒙古、新疆、四川等地结合中国石油和中国石化上下游一体化发展策略，下游终端在加油站上布局，加气站迅速扩张。整体来看，前10名地区LNG加气站布局更加优化，而对于数量不足地区LNG加气站仍有较大发展空间。

与加气站分布情况相辅相成的是，2024年LNG燃气重卡上牌地区主要集中在山西、河北、河南、山东、新疆、宁夏、四川等地。2024年，国内LNG燃气重卡市场增量为2.66万辆，主要被山东、四川、河北、广东等“分食”。其中，山东增量超过7000辆，四川和河北增量分别超过4000辆。

6. LNG加气站销量继续高速增长

2024年，我国LNG加气站销量继续高速增长，LNG交通用气为2452万吨，同比上涨42%以上（见图5–5）。

近5年来，LNG交通用气量仅在2022年出现萎缩，同比下跌18%，其他时间均呈上涨趋势。随着“油改气”进程的持续推动，以及气头车相较油头车在经济性优势上的表现，2022年12月至2023年7月，LNG燃气重卡市场出现超长“20连增”纪录。气头车在车用市场渗透率与日俱增，带动了LNG车用市场刚需用量大幅走高。

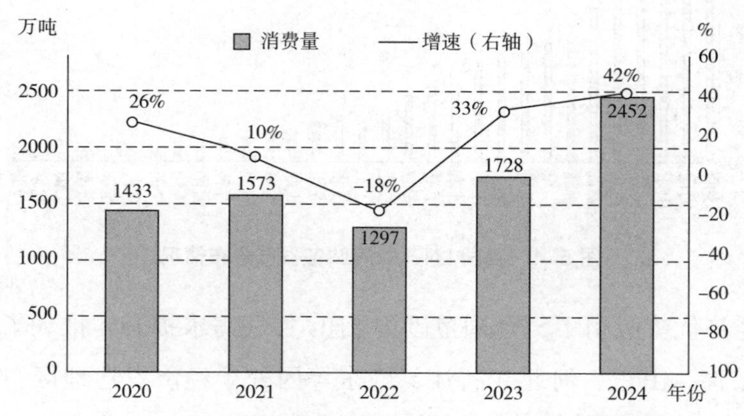

图5–5　2020—2024年我国LNG交通用气消费量及增速

（二）我国 LNG 加气站投资建设情况

1. 加气站类型

LNG 加气站按照是否可移动划分，分为橇装式 LNG 加气站、标准式 LNG 加气站、集装箱式 LNG 加气站。按照加气能力来划分，分为 LNG 加气站、LNG-CNG 合建站、油气混合站、气氢混合站、气电混合站及油气电氢综合能源站。

橇装式 LNG 加气站将 LNG 加气站的设备安装在集装箱或移动底盘上，可以快速组装、安装和拆卸，适用于灵活应用和临时项目。标准式 LNG 加气站通常包括立式 LNG 储罐等固定设施，适用于长期稳定运营，建设周期较长，投资较大，适合规模较大和长期运营的场所。集装箱式 LNG 加气站与橇装式加气站类似，但设备通常直接安装在标准集装箱内，便于运输和移动。

LNG 加气站仅有单一的 LNG 加气功能，适用于仅使用 LNG 作为能源的场景。LNG-CNG 合建站则同时支持 LNG 和 CNG 加气，适合于需要两种气体的加气需求场景。油气混合站支持油品和天然气（LNG 或 CNG）的双重补能功能，多为加油站扩建加气功能。气氢混合站除提供 LNG 外，还可以提供氢气的加气服务，适应未来氢能源的需求。气电混合站除提供天然气，还能为电动汽车等提供充电服务，支持电气化和燃气的混合使用。油气电氢综合能源站是结合油、气、电、氢多种能源形式的补能站，适应未来综合能源需求。

2. LNG 加气站投资情况

标准式 LNG 加气站相当于一般基建项目，需要进行设备采购、土建施工安装（或改造，如加油站合建或者改建），包括围堰、站房、罩棚、加气岛、工艺管沟新建或改造，工艺设备、站控系统安装，电气自控给排水消防等公用工程施工等，另有其他项目建设费。一般建设费用在 700 万元以上（见表 5-1）。受储罐大小、地理位置等因素影响，有些投资也会超过千万元。

橇装式 LNG 加气站是将工艺设备、站控设备放置于集装箱内，在工厂组装完毕，现场无须进行工艺设备安装，但需进行避雷、电气、自控、消防等公用工程施工。一般建设一座储量 60 立方米的三级站，箱式设备购置市面主流设备，投资 200 万 ~350 万元。

表 5-1　标准式 LNG 加气站固定资产投资表

项目类型	设计费	设备费	土建	其他	合计
投资额（万元）	10	400	300	10	720

3. LNG 加气站特点分析

表 5-2 针对不同类型的 LNG 加气站进行了相应的特点分析。另外，橇装式 LNG 加气站并没有严格定义，在取得主管部门的讨论同意后，可以参照港口设施进行建设。因不涉及房建，故不涉及办理规划事宜，但同样需要进行立项、消防审批、各类检测、专业验收、压力容器使用登记、充装许可证办理等。从审批手续来看，橇装式 LNG 加气站的审批流程较标准式 LNG 加气站有所简化，审批周期较短。

表 5-2　LNG 加气站特点分析

	标准式 LNG 加气站	橇装式 LNG 加气站
结构	固定的立式 LNG 储罐，固定布置	模块化、集装箱或移动底盘形式，易于拆装和搬迁
占地面积	较大，占用空间多	紧凑，占地面积小
建设周期	需要较长时间建设	建设周期短，现场安装快捷
应用场景	长期、稳定运营，适用于城市、大型物流中心、工厂等	临时、灵活应用，适合临时项目、移动加气需求等
可移动性	固定位置，不易搬迁	可移动，能够根据需求迅速调整位置
加气能力	较大，适合大规模运营	较小，适合小规模或低需求场景
建设周期	4~6 个月	1 个月

与标准式 LNG 加气站相比，橇装式 LNG 加气站具有投资小、可移动、审批快、建设周期短的特点。中国石油、中国石化、中国海油等能源企业，依托现有的加油站网络，逐步拓展 LNG 加气服务，以橇装式 LNG 加气站为主。

（三）2025—2029 年我国 LNG 加气站前景展望

1. 我国 LNG 加气站需求前景展望

2025—2029 年，我国天然气增储上产能力将不断增强。2025 年，中俄东线将达产 380 亿立方米，预计我国天然气供应将持续宽松。同时，我国多套 LNG 装置上马，国产产能基数增加。我国 LNG 接收站建设投产加快，进口量将逐年增加，LNG 进口成本也将逐步降低。

2025—2029 年，LNG 下游消费主要来自两个方面。一是 LNG 交通用气明显增加，LNG 燃气重卡的替代作用增强，技术完善后，LNG 燃气重卡市场除供应北方市场外逐步向南方市场扩大。同时，LNG 相较柴油经济优势较明显，LNG 船用市场在政策和技术的推动下有望突破，从而带动船用 LNG 市场消费量上涨。二是未来我国天然气、LNG 供应充足，双方的竞合关系将进一步加强，LNG 城燃调峰、工业用气需求有望回升。

综上所述，预计 2025—2029 年，我国 LNG 总供应量增幅为 86%，消费量增幅为 79%，消费增幅不及供应增幅，LNG 市场竞争将白热化。

预测显示，未来 5 年，我国 LNG 价格整体将维持下行趋势，年均价格区间在 3800~4500 元 / 吨。当价格降至合理区间，将利好下游用户用气。

由于油品价格随原油价格波动，受国际局势动荡影响，原油价格虽有回落空间，但柴油零售价格降幅有限，LNG 价格将在较长一段时间内保持经济性优势。

有预测认为，LNG 燃气重卡也将保持较好的经济驱动性。LNG 燃气重卡基数的增长将在2025—2029年长期支撑我国车用市场LNG消费量的增加（见图5-6）。

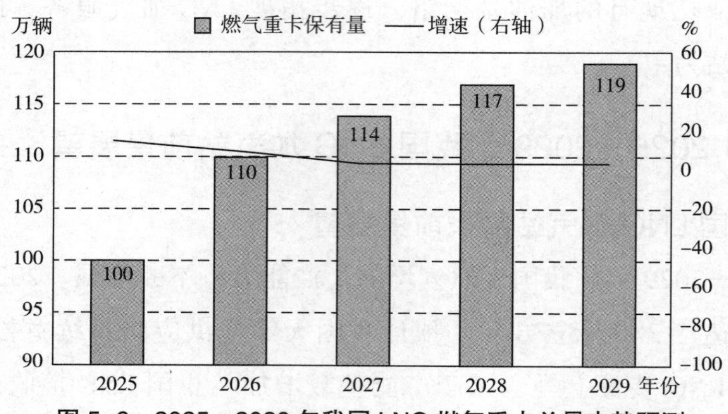

图5-6　2025—2029年我国LNG燃气重卡总量走势预测

由于全球LNG供需关系呈现持续宽松局面，LNG对柴油的经济性优势将长期存在。对于LNG燃气重卡市场的未来走势，各大主流重卡企业普遍持乐观预期。未来3~5年，LNG燃气重卡仍具备很大的发展空间，我国LNG燃气重卡保有量将持续稳步提高，同时也将带动LNG车用市场消费量稳步提升。预计未来5年，LNG交通用气消费量由2506万吨提升至4473万吨，消费占比提升至71%。

2024年，氢能重卡和新能源重卡在短途运输领域发展迅速，逐步替代了部分LNG燃气重卡，但在长途运输领域，LNG燃气重卡仍占主导地位。预计到2025年，LNG燃气重卡将继续保持经济优势，LNG燃气重卡相比燃油重卡具备更大的市场发展潜力。到2025年，我国LNG燃气重卡保有量预计将超过100万辆。随着市场逐渐饱和和报废量的增加，2026—2029年，LNG燃气重卡的增速将逐步放缓，市场发展进入稳定期。

2. LNG加气站主体发展趋势

LNG车辆加注市场竞争激烈，参与主体众多，主要由中国石油、中国石化、中国海油主导。“三桶油”凭借其强大的国资背景和资源优势，充分发挥各自的竞争力。

（1）中国石油

中国石油作为我国最大的天然气供应商之一，依托自有天然气资源及 LNG 设施，通过积极优化 LNG 生产组织，利用自有资源优势，拓展清洁能源领域，完善能源供应结构，提高能源保供能力。同时，依托庞大的加油站和加气站网络，构建了一个全面覆盖的 LNG 供应网络，增强了对 LNG 市场的渗透力。其加气站不仅支持传统燃料车辆，而且逐步扩展到 LNG 车用市场，确保了清洁能源的供应覆盖广泛，稳固了在 LNG 加注市场的地位，尤其在北方和西北地区具备明显的市场优势。

中国石油致力于发展“油气氢电非”综合能源站。目前在加油站基础上发展加气、加电或加氢服务，只是综合能源站的开始。随着新能源重卡的发展，中国石油在加油站、加气站或者油气站基础上，将继续增加充电桩或者卡车换电功能，为更多终端重卡客户提供服务。而未来随着氢能安全技术的突破，中国石油将继续增加加氢服务，为下游客户提供多样性服务。这将进一步提高中国石油综合能源站在终端市场的核心竞争力。

（2）中国石化

中国石化依托广泛的加油站网络，积极布局 LNG 加注业务，通过增加天然气基础设施，提高市场覆盖率。其在长途运输和公路运输领域的影响力较大。上游方面全力抓好管道气市场优化，创新推出固定价、挂钩长约合同，进一步提高销售结构与资源池的匹配度，资源创效、增效水平不断提升。未来，中国石化将大力发展 LNG 加气站直供业务，构建“石化气—石化运—石化用”一体化直供经营模式，以实现其整体效益最大化。

（3）中国海油

中国海油作为海上天然气的主要供应商，通过海上资源和陆上加注站的建设，不断扩大 LNG 市场份额，尤其在江河和沿海地区具备一定的竞争优势。中国海油的 LNG 市场主要在船舶加注上。通过不断完善 LNG

加注基础设施，中国海油将推动海洋能源供应链的升级，使其成为更加高效、环保的能源网络。

由于 LNG 市场需求增长迅速，且各大油气企业在加注站建设、供应链管理、价格等方面展开激烈竞争，LNG 加注市场的竞争格局相当复杂。“三桶油”的战略布局和资源整合能力将在未来的市场竞争中起到关键作用。

3. LNG 加气站未来发展的机遇和挑战

国家出台的相关政策（见表 5-3），给 LNG 加气站未来的发展带来了机遇和挑战。

（1）LNG 加气站未来发展的挑战

《关于实施老旧营运货车报废更新的通知》执行至 2024 年 12 月 31 日，我国小型汽车的置换补贴有望在 2025 年延续，货车补贴或将延续。而这个政策中并未对 LNG 燃气重卡给予补贴。因此，在替换老旧营运货车的时候，天然气重卡或将受到一定影响。

国家对新能源重卡和氢能重卡的扶持，使其发展迅速，在一定程度上抑制了 LNG 燃气重卡保持高速发展。未来，短途运输或被新能源重卡和氢能重卡替代。

（2）LNG 加气站未来发展的机遇

国务院在《2030 年前碳达峰行动方案》中明确提出，支持车船以 LNG 作为燃料。叠加 2024 年《天然气利用管理办法》中对车船用 LNG 优先等级的保持，受这一系列政策支持，LNG 是未来车用清洁燃料的优先选择，将主要用于长途跨省运输。在 LNG 发展中，北方 LNG 加气站布局更为完善。随着近两年 LNG 燃气重卡的发展，南方货运 LNG 燃气重卡存在补气需求，但 LNG 加气站缺乏，在一定程度上限制了车用 LNG 市场的进一步发展。因此，南方 LNG 加气站是推动南方发展 LNG 燃气重卡的必要条件。

目前，我国已投产 32 个 LNG 接收站，总接收能力已经达到 1.5 亿

吨 / 年。未来，随着我国东部沿海 LNG 接收站的逐步完善，LNG 接收站数量和接收能力将继续提高，为 LNG 加气站提供了发展资源。未来南方 LNG 加气站发展潜力巨大。

表 5–3　2024 年加气站相关政策

发布时间	发布部门	政策名称	主要内容	政策类型
2024 年 5 月	国务院	《2024—2025 年节能降碳行动方案》	加快页岩油（气）、煤层气、致密油（气）等非常规油气资源规模化开发。有序引导天然气消费	支持类
2024 年 6 月	国家发展和改革委员会	《天然气利用管理办法》	对天然气利用做了详细规定，其中 LNG 车船用气在优先发展类	支持类
2024 年 7 月	交通运输部财政部	《关于实施老旧营运货车报废更新的通知》	明确了提前报废和新购车辆的补贴标准，主要针对柴油和新能源汽车	抑制类

（撰稿人：孙　阳）

三、2024 年我国加氢站发展建设情况与未来展望

加氢站是指为氢燃料电池汽车、氢内燃机汽车等氢能交通工具充装氢气的燃气站，是一种氢能基础设施。加氢站的数量、布局和先进程度对氢能交通应用的便利性和经济性存在显著影响，是发展氢能产业的重要一环。

（一）2024 年我国加氢站建设情况

加氢站位于氢能产业链的中间和下游环节，连接着上游制氢端和氢能交通的终端用户。加氢站系统主要由六个子系统构成，分别为制氢系统（制加氢一体站）/ 运氢系统（氢气外采站）、压缩系统、储氢系统、

加氢系统、调压干燥系统和控制系统。其中压缩、储氢和加氢系统为加氢站系统的核心构成。

1. 我国加氢站保有量居全球之首

截至 2024 年 12 月，我国已建成加氢站 439 座，居全球之首。全球已建成加氢站数量接近 1200 座，我国加氢站保有量在全球总量中占比超过 35%。2020 年我国已建成加氢站数量只有不到 140 座，当年新增数量为 59 座；2021 年新建 108 座；2022 年新建 100 座；2023 年新建 62 座；2024 年新增 35 座。

从我国加氢站保有量的发展历史来看，2021 年新建成加氢站数量较多，主要是受氢燃料电池汽车示范城市群落地、北京冬奥会筹办以及各类氢能支持政策出台影响，中国石油、中国石化等参与企业加氢站投建较为积极。2021 年之后，我国加氢站建设速度有所放缓。2024 年，我国加氢站保有量增速更是跌至 10% 以下（见图 5–7），主要原因为氢能产业仍然处于发展初期，经济性制约较大，各环节待解决问题仍然较多，加氢站想要实现正常盈利比较困难。

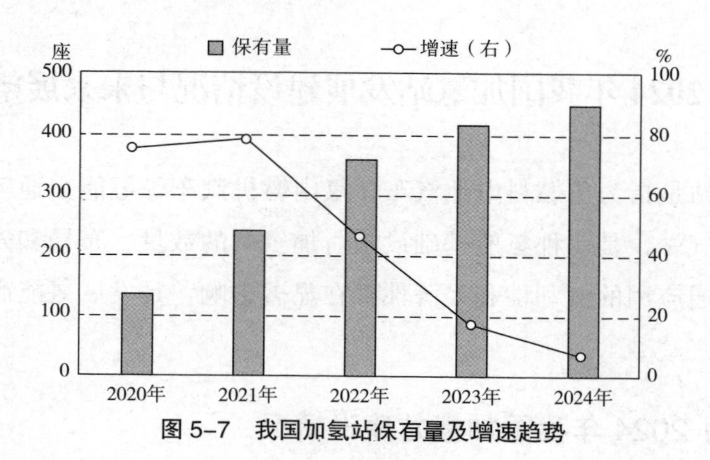

图 5–7 我国加氢站保有量及增速趋势

2. 我国加氢站广泛分布

目前，我国仅西藏和澳门尚无加氢站，其余 32 个省级行政区均有加氢站分布。其中，广东加氢站建设进度明显领先，已建成加氢站 70 座，其余为山东、河南、江苏等地。北京和上海地区加氢站建设状况同样较好，在分布密度上具备优势。

加氢站分布受到当地氢燃料电池汽车运营量、政策支持力度、氢气资源丰富程度、氢气价格高低等多方面因素影响。我国加氢站数量前十地区加氢站保有量占总量比例在七成左右，集中度较高（见图 5–8）。

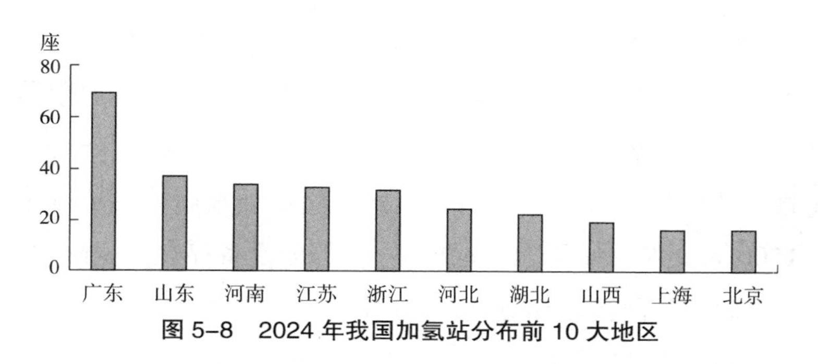

图 5–8　2024 年我国加氢站分布前 10 大地区

3. 我国加氢站以固定站点为主

从加氢站建站类型来看，目前我国加氢站中固定站点占比约 64.6%，仍为我国加氢站的主要建站方式，橇装站占比 35.4%。固定加氢站在稳定性、规模性等方面存在优势，且可以与加油站、加气站、充电站等结合，以综合能源站的形式经营。同时，固定加氢站可作为母站给周边加氢站供应氢气，形成加氢网络。橇装式加氢站作为可移动站点，其优势主要包括占地面积小、投资成本低、加氢和维护的便利性强。

从加氢站供能类型来看，制加氢一体站占比约 11%，其余为外购氢气站点。氢气是世界上已知密度最小的气体，受此影响储运难度较大，成本偏高。制加氢一体站在站内自产氢气，节省了运输费用，在运营成本方面具备一定优势。目前，制加氢一体站的制氢方式主要包括电解水制氢、氨裂解制氢和天然气制氢等，从减碳降排方面考虑，绿电电解水制氢或将成为未来制加氢一体站的主要制氢方式。对于外部供应氢气的加氢站来说，建站选址需要尽量靠近稳定、廉价的气源，否则氢气采购和运输的成本会带来较大的盈利压力。

（二）我国加氢站发展现状分析

1. 加氢站投资建设推广面临的主要阻碍

加氢站是重要的氢能基础设施，然而就其目前发展来看，加氢站的建设运营与氢能产业一样，仍处于初期阶段。目前行业发展仍面临诸多问题，主要集中在经济性、技术、运营管理、政策支持等方面。

经济性是目前加氢站和氢能交通大规模推广的一个主要阻碍。主要表现为：氢气获取成本高，由于氢气储运费用较高，叠加部分地区缺乏低价气源，导致氢气送到加氢站时价格较高；加氢站建站成本偏高，平均达到 1500 万元左右（不含土地成本），部分设备存在一定降本空间。

技术方面，目前我国加氢站以 35 兆帕加注压力为主，车载氢气气瓶的工作压力也多为 35 兆帕，而国外加氢站和氢气气瓶则多为 70 兆帕规格。我国相关设备的应用技术仍有进步空间。此外，加氢站设备的国产化率还可进一步提高。

2. 加氢站经济性分析

假设：气源点与加氢站的距离在 100 公里范围以内；加氢站设计规模为 1000 千克 /12 小时，设备投资 1200 万元，按 12 年折旧；压缩机、加氢机等总功率 150 千瓦，电价 0.7 元 /（千瓦·时）；人员配置按照三班两倒，站长 2 人，加氢工 6 人，工资总计 50.4 万元 / 年；设备保养维护成本 2 万元 / 年；氢气出厂价按 2.5 元 / 立方米，送到价取 33 元 / 千克。在上述条件下，不考虑土地土建费用，不同运营负荷情况下该加氢站的运营 / 最终加氢成本见表 5-4。

表 5-4　加氢站运营成本明细表　　单位：万元

加氢站运营成本	满负荷	80% 负荷	50% 负荷	20% 负荷
人工费用	0.76	0.94	1.51	3.78
电力成本	1.26	1.57	2.52	6.30

续表

加氢站运营成本	满负荷	80% 负荷	50% 负荷	20% 负荷
运维成本	0.15	0.19	0.30	0.75
设备折旧	1.50	1.87	3.00	7.50
运营成本合计	3.67	4.58	7.33	18.33
氢气送到价	33.00	33.00	33.00	33.00
最终加氢成本	36.67	37.58	40.33	51.33

由于相关设备国产化率不断提高，成本不断下降，加氢站的运营成本有望持续改善。仅就加氢站的运营成本来看，构成主要为设备折旧，包括加氢机、压缩机、储氢设备等等（见图 5-9）。从目前的发展趋势看，受益于国产化程度的不断提高，加氢机、压缩机等设备的价格有望稳中下行，带动加氢站运营成本不断降低。而其余加氢站的相关成本预计未来不会出现太大变动。

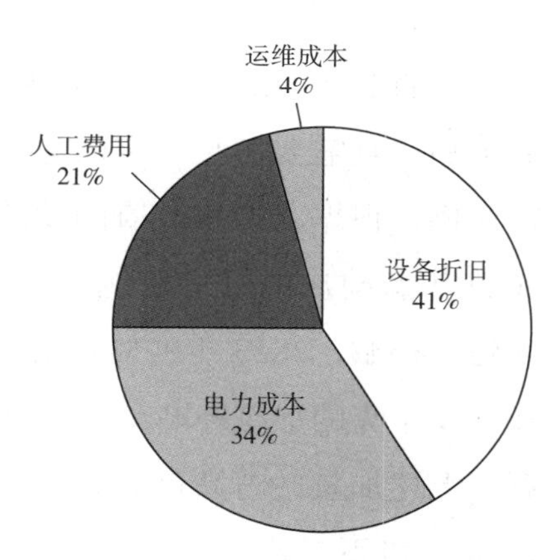

图 5-9　加氢站运营成本结构

最终加氢成本的下降主要有赖于获氢成本的降低。目前，加氢站的最终加氢成本中的主要构成是获氢成本，即从外部购买氢气的成本。即使负荷低至 20% 的情况下，加氢站运营成本占最终成本的比例仍然相对有限，不超过 40%；满负荷情况下，加氢站运营成本占比仅在 10% 左右（见图 5-10）。叠加获氢成本，确实存在一定的下降空间。所以，总加氢成本的下降最终还是需要依靠降低获氢成本来实现。考虑到氢气送到价格的主要构成为出厂价和运费，充分利用成本低廉的工业副产氢，将加氢站布局在离氢源点较近的区域或采取管道等更经济的运输方式，乃至直接采取站内自制氢气的模式，都有利于降低获氢成本。

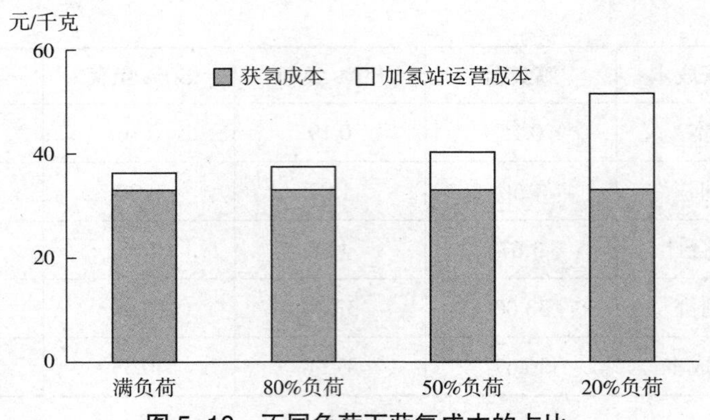

图 5-10　不同负荷下获氢成本的占比

仅就目前状况看，加氢站要想获取足够的利润，主要还是依靠政府补贴，且需要满足一定的运行负荷条件。以山东潍坊关于加氢站的补贴为例，根据潍坊市政府印发的《关于支持氢能产业发展的若干政策》，2023 年新建成的日加氢能力在 1000 千克及以上的加氢站可享受 300 万元建站补贴，2023 年度加氢站零售价格控制在 35 元 / 千克水平的可享受 10 元 / 千克的加氢补贴（每年每站不超过 200 万元）。在此补贴水平下测算，上述加氢站若满负荷运行，补贴后其毛利率在 25% 左右，当利用率在 50% 以下时或将由盈转亏（见图 5-11）。考虑到目前氢燃料电池汽车保有规模仍较为有限，综合来看加氢站仍面临较大的盈利压力。

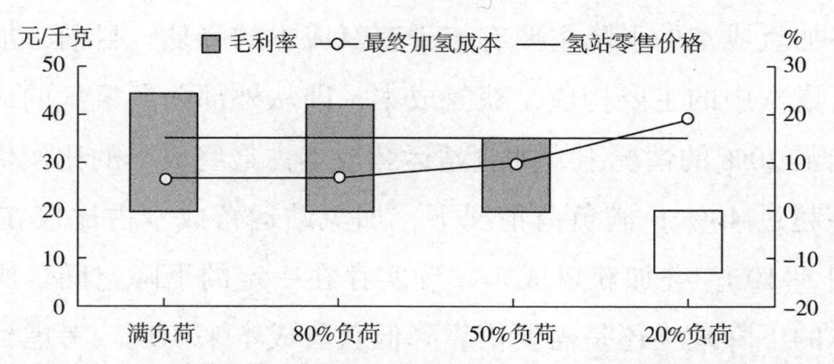

图 5-11　考虑补贴支持后不同运营状况下加氢站的盈利空间示意图

基于此，2024 年，我国加氢站投资建设合作速度明显放缓。新建成的加氢站投资建设主体仍以国企为主，建站数量占比一半以上，民企占比为三成左右。外资以壳牌为主，也在持续布局中国市场。

传统石油公司是目前加氢站部署的主要力量。这类企业在部署加氢站方面具有显著的资金和技术优势，可以利用雄厚的资本承担初期投资，并借助现有的加油站网络和运营经验，有效推动加氢站的建设和运营。传统石油公司建设加氢站以油氢合建站、综合加能站为主。

据统计，中国石化是目前拥有加氢站最多的企业。2024 年，中国石化在全国各地继续推进加氢站建设。截至 2024 年 12 月 31 日，中国石化已建成 140 余座加氢站，主要分布在京津冀、长三角、珠三角、山东、河南、川渝、华中等重点地区。

中国石油也在一些省市继续推进加氢站建设。2024 年初，中国石油在内蒙古的首座“油氢电”综合能源站在伊金霍洛旗桥头综合能源站投入运营。该站加氢区配备 1 台加氢机、9 个储氢瓶，单日加氢能力达 500 千克，可满足约 50 台氢燃料电池汽车用氢需求。

（三）我国加氢站的未来发展趋势

1. 我国加氢站未来保有量预测

氢气价格的下降是提高加氢站经济性的关键因素。我国有着非常丰富的工业副产氢资源可供利用。目前部分工业尾氢仍是通过简单燃烧甚至直接放空来处理。这部分尾氢可以通过提纯转换为燃料氢气。考虑到提纯设备在投资和技术上的门槛并不高，同时工业尾氢作为副产品成本也较低，加强对工业副产氢的规划利用可以有效提高加氢站的经济性。此外，已有多地出台允许在工业园区外通过电解水制取氢气的政策。未来制加氢一体化模式或将被越来越多地采用，有望推动加氢成本的降低。

由于氢气可获得性、政策支持力度及当地氢能产业的整体发达程度对加氢站建设的影响较大，未来，预计珠三角、长三角、京津冀以及山东、山西、河南等地的加氢站建设将持续领先。

加氢站是氢能交通的重要基础设施。随着氢燃料电池汽车保有量的增加，行业的发展必然会推动加氢站数量的增长。在政策支持和行业发展进步的推动下，根据中国汽车工程学会预测，2025 年和 2030 年中国加氢站数量有望分别增长至 1000 座和 5000 座。根据国家《氢能产业发展中长期规划（2021—2035 年）》，2025 年氢能车辆要达到 5 万辆。从各省市政府的氢能规划来看，2025 年规划加氢站数量在 1259 座以上；结合市场现状和行业预期来看，2030 年中国建成加氢站数量更是有望超过 5000 座（见表 5–5）。

表 5–5 各省市政策及加氢站与氢能车辆推广目标

省市	相关政策	氢能车辆推广目标	加氢站推广目标
江西	《江西省氢能产业发展中长期规划（2023—2035 年）》	2025 年 500 辆	2025 年 10 座
青海	《青海省氢能产业发展中长期规划（2022—2035 年）》	2025 年≥ 150 辆 2030 年> 1000 辆	2025 年 3~4 座 2030 年> 15 座
宁夏	《宁夏回族自治区氢能产业发展规划》	2025 年> 500 辆	2025 年> 10 座
新疆	《自治区氢能产业发展三年行动方案（2023—2025 年）》	2025 年> 1500 辆	—
安徽	《安徽省氢能产业发展中长期规划》 《安徽省氢能产业高质量发展三年行动计划》	2025 年> 2000 辆	2025 年 30 座 2030 年 120 座
湖南	《湖南省氢能产业发展规划》	2025 年 500 辆	2025 年 10 座
吉林	《“氢动吉林”中长期发展规划（2021—2035 年）》	2025 年 500 辆 2030 年 7000 辆 2035 年 70000 辆	2025 年 10 座 2030 年 70 座 2035 年 400 座
四川	《四川省氢能产业发展规划（2021—2025 年）》	2025 年 6000 辆	2025 年 60 座
北京	《北京市氢燃料电池汽车车用加氢站发展规划（2021—2025 年）》	2025 年 10000 辆	2025 年 74 座
广东	《广东省加快建设燃料电池汽车示范城市群行动计划（2022—2025 年）》	2025 年 10000 辆	2025 年 300 座
浙江	《浙江省加快培育氢燃料电池汽车产业发展实施方案》	2025 年 5000 辆	—
	《浙江省加氢站发展规划》	—	2025 年> 50 座

续表

省市	相关政策	氢能车辆推广目标	加氢站推广目标
江苏	《江苏省“十四五”新能源汽车产业发展规划》	2025年4000辆	2025年100座
	《江苏省氢能产业发展中长期规划（2024—2035年）》	2027年>4000辆	2027年100座
上海	《上海市氢能产业发展中长期规划（2022—2035年）》	2025年>10000辆	2025年≥70座
内蒙古	《内蒙古自治区人民政府办公厅关于促进氢能产业高质量发展的意见》	2025年10000辆	2025年>100座
山东	《山东省氢能产业中长期发展规划（2020—2030年）》	2025年10000辆	2025年100座
河南	《河南省氢能产业发展中长期规划（2022—2035年）》	2025年>5000辆	—
贵州	《贵州省碳达峰实施方案》	—	2025年15座
陕西	《陕西省“十四五”氢能产业发展规划》	2025年10000辆	2025年100座
山西	《山西省氢能产业发展中长期规划（2022—2035年）》	2025年10000辆 2030年50000辆	—
辽宁	《辽宁省氢能产业发展规划（2021—2025年）》	2025年>2000辆 2035年>150000辆	2025年>30座 2035年>500座
黑龙江	《黑龙江省新能源汽车产业发展规划（2022—2025年）》（征求意见稿）	—	2025年5座
福建	《福建省氢能产业发展行动计划（2022—2025年）》	2025年4000辆	2025年40座
天津	《天津市能源发展“十四五”规划》	2025年>900辆	2025年≥5座
重庆	《重庆市能源发展“十四五”规划（2021—2025年）》	2025年1000辆	2025年30座
海南	《海南省氢能产业发展中长期规划（2023—2035年）》	2025年200辆 2030年1000辆	2025年6座 2030年15座
河北	《河北省氢能产业发展“十四五”规划》	2025年10000辆	2025年100座
湖北	《湖北省加快发展氢能产业行动方案（2024—2027年）》	2027年>7000辆	2027年100座

2. 加氢站的未来发展前景

2024 年 11 月，我国首部《能源法》正式通过，氢能被纳入能源管理体系，意味着氢能将作为能源管理，而不仅仅是危化品。可预见的是，氢能管理部门长期缺位的问题将被解决，氢能产业的发展将更加有序，氢气价格或可实现政府定价、政府指导定价；将针对氢能建立能源储备和应急体系，保证氢能的长期稳定供应，长时间的区域性“缺氢”现象大概率将得以避免。氢能行业的未来发展预计将更加健康有序，产业投资建设有望提速，加氢站等氢能交通领域的市场空间仍较为广阔。

加氢站的主要业务是为氢燃料电池汽车加注氢气。氢燃料电池汽车等氢能车辆的推广应用是加氢站需求的重要支撑。未来随着氢燃料电池系统成本和加氢成本的下降，氢燃料电池汽车的保有量预计将持续增加，氢能交通市场逐步扩大，交通领域用氢需求也将增加。综合氢燃料电池汽车的历史销售状况、发展现状、行业机构预测以及政策规划目标，可对未来氢燃料电池汽车的保有量做出预测，预计 2025 年、2035 年及 2050 年，我国氢燃料电池汽车保有量将分别增长至 5 万辆、80 万辆及 500 万辆。随着氢能车辆市场占有率的不断提升，中国加氢站的建设进程将稳步推进。

（撰稿人：刘一君　张　浩）

四、2024 年我国充换电站发展建设情况与未来展望

2024 年，随着新能源汽车发展进入快车道，特别是 2024 年我国新能源汽车市场零售渗透率飙升至 50% 以上，我国充电基础设施产业发展明显提速。

在政策方面，我国已形成了“中央政策指导、地方配套实施细则”

的推进体系，为我国构建世界上覆盖面积最广、服务车辆最多、充电桩数量最大的充换电网络体系赋能。

我国充电桩建设正从“以数取胜的资源消耗模式”向“以质取胜的资源集约模式”转变。2024 年，公共充电桩领域大功率化趋势逐步显现，180 千瓦及以上超充桩增长迅速。而新能源汽车充满电时间从约 1 小时缩减至 10~15 分钟。服务换电型重卡的换电站也稳步增加，让“换电一次、续航一整天”成为现实。不仅如此，2024 年，我国充换电站建设多维度合作密集出现，显现出一种崭新的气象。

（一）2024 年我国充换电站发展建设状况

1. 我国新能源汽车市场继续呈高速增长态势

2024 年，我国新能源汽车市场继续保持快速增长的态势，年产销首次突破 1000 万辆，销量占比超过 40%。数据显示，2024 年，我国新能源汽车产销分别完成 1288.8 万辆和 1286.6 万辆，同比分别增长 34.40% 和 35.50%，新能源汽车新车销量达到汽车新车总销量的 40.9%，较 2023 年提高 9.3 个百分点。

2024 年 4 月前半个月，我国新能源汽车的零售渗透率达到 50.39%，新能源汽车的批发渗透率达到 50.19%，零售批发渗透率同时超过了 50%。11 月，我国新能源汽车乘用车国内零售渗透率再次超过 50%。

历史数据表明，2005—2015 年，新能源汽车渗透率才突破 1%。其后，随着政策的扶持和技术的不断进步，2016—2019 年，新能源汽车渗透率提升到 5%。但 2020—2024 年，新能源汽车渗透率飙升至 50%，打破了此前各方的预期。

业界普遍认为，我国新能源汽车渗透率提升速度之快，在全球范围内非常罕见。而这与新能源汽车所采用的插混技术、价格优势相关。同时，新能源汽车可以与 AI、互联网连接，以及与智能驾驶技术等契合，有利于后续的智能创新与改进，竞争优势渐显。

2. 国家发布多项政策，引导我国充换电站建设迈向高质量发展

2024 年，我国充换电站发展建设的政策环境极为友好。国家密集发布了多项政策文件，各地方也陆续出台实施细则，引导充换电基础设施产业高质量发展。

1 月，国家发展和改革委员会、国家能源局等四部委发布了《关于加强新能源汽车与电网融合互动的实施意见》。其中提到，新能源汽车通过充换电设施与供电网络相连，有效发挥动力电池作为可控负荷或移动储能的灵活性调节能力，为新型电力系统高效经济运行提供重要支撑。

4 月，财政部、工业和信息化部、交通运输部公布了《关于开展县域充换电设施补短板试点工作的通知》，要求 2024—2026 年按照“规划先行、场景牵引、科学有序、因地制宜”的原则，开展“百县千站万桩”试点工程，加强重点村镇新能源汽车充换电设施规划建设。中央财政将安排奖励资金支持试点县开展试点工作。

6 月 7 日，交通运输部等十三部门发布了关于印发《交通运输大规模设备更新行动方案》的通知。该通知要求适度超前建设公路沿线新能源汽车配套基础设施，探索超充站、换电站等建设。

6 月 21 日，财政部、国家税务总局、工业和信息化部联合发布了《关于延续和优化新能源汽车车辆购置税减免政策的公告》。该公告称，在 2024—2027 年，新能源汽车购置税政策是“两免两减半”，即 2024 年至 2025 年买新能源汽车，购置税全免，但每辆车免税额不超过 3 万元；如果 2026 年至 2027 年再买，享受购置税减半，且每辆车减税额不超过 1.5 万元。

7 月 16 日，国家能源局发布了《关于选取部分县乡地区开展充电基础设施建设应用推广活动的通知》，选取河北省邯郸市大名县等 33 个县（县级市、县、自治县、旗）、天津市宁河区大北涧沽镇等 74 个乡（镇）开展充电基础设施建设应用推广活动。

8 月 6 日，国家发展和改革委员会、国家能源局等发布了关于印发《加快构建新型电力系统行动方案（2024—2027 年）》的通知。其中明确提出，要完善充电基础设施网络布局，加强电动汽车与电网融合互动。充分利用电动汽车储能资源，全面推广智能有序充电。支持开展车、桩、站、网融合互动探索。

10 月 13 日，国家发展和改革委员会等部门又发布了《关于大力实施可再生能源替代行动的指导意见》。该意见明确，要加强充电基础设施建设，完善城乡充电网络体系。鼓励在具备条件的高速公路休息区、铁路车站、汽车客运站、机场和港口推进光储充放多功能综合一体站建设。

11 月 13 日，交通运输部、国家发展和改革委员会印发了《交通物流降本提质增效行动计划》，提出制定完善新能源汽车动力电池、储能电池、大容量光伏电池运输服务保障措施。因地制宜推广应用新能源中重型货车，布局建设专用换电站。推动建设一批公路服务区充电桩、换电站、充电停车位。

在这一背景下，多个地方政府陆续出台相应的实施细则，切实有效地推进各省充换电站建设迈向高质量发展。

3. 2024 年我国充电站发展建设状况

（1）我国充电站建设显著增长

2024 年，我国新能源汽车销量为 1286.6 万辆，我国充电基础设施增量为 422.2 万台，同比上升 24.7%。其中，公共充电桩增量为 85.3 万台，同比下降 8.1%；随车配建私人充电桩增量为 336.8 万台，同比上升 37.0%。截至 2024 年 12 月 31 日，全国充电基础设施累计数量为 1281.8 万台，同比上升 49.1%。2024 年公共充电桩整体情况见图 5-12。

充电基础设施与新能源汽车继续快速增长，桩车增量比为 1：2.7，充电基础设施建设能够基本满足新能源汽车的快速发展。显然，2024 年，我国充电站发展建设取得了显著进展。

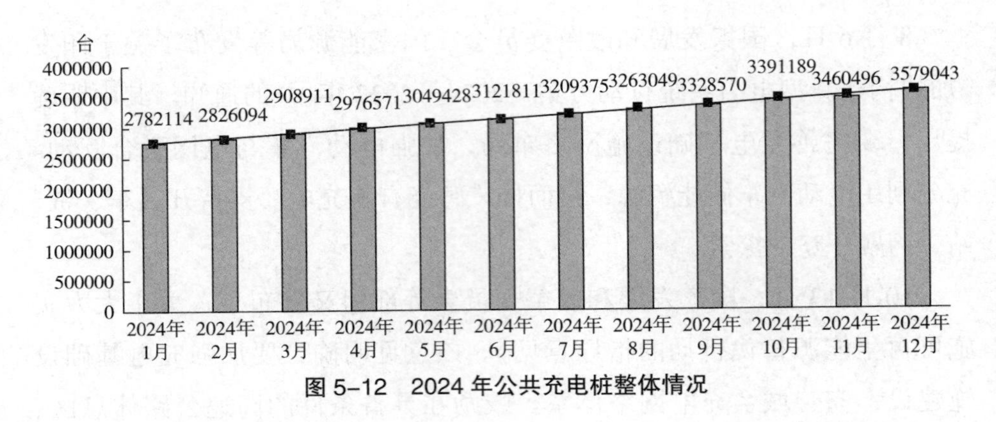

图 5-12　2024 年公共充电桩整体情况

广东、浙江、江苏、上海、山东、安徽、河南、湖北、四川、北京建设的公共充电桩占比近七成。全国充电电量主要集中在广东、江苏、河北、四川、浙江、上海、山东、福建、河南、陕西等省市，电量流向以公交车和乘用车为主，环卫物流车、出租车等其他类型车辆占比较小。

就运营企业而言，在全国范围内，截至 2024 年 12 月 31 日，全国充电运营企业所运营充电桩数量前 15 名分别为：特来电 70.9 万台、星星充电 62.5 万台、云快充 58.7 万台、小桔充电 21.4 万台、蔚景云 20.3 万台、国家电网 19.6 万台、南方电网 9.0 万台、深圳车电网 8.9 万台、汇充电 8.9 万台、依威能源 7.8 万台、万城万充 5.4 万台、蔚蓝快充 5.2 万台、昆仑网电 4.7 万台、均悦充 4.3 万台、万马爱充 3.9 万台。这 15 家运营企业运营充电桩数占总量的 87.1%，其余的运营企业占总量的 12.9%。

（2）2024 年我国充电站建设的特点

随着新能源汽车推广应用的主要矛盾从“里程焦虑”向“补能焦虑”转移，充电基础设施网络的服务能力成为整个行业关注的焦点。2024 年，我国充电桩建设也从“资源消耗模式”向“资源集约模式”转变，从单纯的“车桩比”向“车桩比 + 车功率比或车桩功率分级比”的目标导向转变。

2020—2024 年，乘用车充电电压已实现从 500 伏特到 800 伏特的升级，单枪充电功率更是实现了从 60 千瓦到 350 千瓦的飞跃。因此，2024 年，公共充电桩领域大功率化趋势逐步显现，从新建公共直流桩功率情况看，180 千瓦及以上超充桩增长迅速。而新能源汽车充满电时间从约 1 小时缩减至 10~15 分钟。

由于我国已经出现充电需求从 75% 以上的私人快充转向更多的公共快充的趋势，充电桩市场竞争激烈。从硬件、软件到集成解决方案、运营商等 7 个领域，都有参与者。

2024 年，我国充电场景化细分趋势开始凸显，新建充电站为适应充电场景高效服务的需求，呈现出综合化、立体化、多元化的充电设施趋势，以满足多样化的充电需求。

工业大模型技术的发展在 2024 年开始推动充电网的数字化转型。2024 年 1 月，国务院常务会议研究部署推动人工智能赋能新型工业化有关工作。2024 年 7 月，充电运营商特来电发布了充电网设备智能运维大模型、电池安全大模型及虚拟电厂能源调控大模型，通过人工智能算法为运维、充电安全以及能源调控进一步赋能。

我国充电站越来越多地与分布式储能和发电结合，并在更广泛的能源网络中进行优化。通过构建新能源汽车与供电网络之间的信息流和能量流双向互动体系，发挥动力电池作为可控负荷或移动储能的灵活性调节潜力，为新型电力系统的高效经济运行提供有力支撑。

2024 年，我国虚拟电厂的发展取得了显著进步，从概念普及到形成共识，从零星实践到遍地起势。虚拟电厂实际上就是将分布式发电、储能及其他可调节负荷资源聚合，“聚沙成塔”形成快速调节和响应能力。

2024 年 11 月 7 日，南方电网深圳供电局旗舰超充站——深圳莲花山超充站正式开放运营。这是全国首个“光储超充 + 车网互动 + 虚拟电厂 + 电力魔方 + 电鸿”多元综合示范站。“电力魔方”即“全预装近零碳配电站”。电鸿则是面向新型电力系统和新型能源体系构建的互联互通、开放共享的电力物联体系。莲花山超充站超前设置了单桩最大充放电功率达 600 千瓦的超充桩，放电速度较普通桩提升 10~20 倍，为全国最快。充电速度最快可达每分钟 10 千瓦·时，比普通超充站提升 25% 以上。

从盈利情况来看，2024 年，仍只有少数公司的充电站及充电网络运营业务实现了盈利，绝大部分的充电站处于亏损状态。实现盈利增长仍然是整个充电站生态系统的关键点。很明显，要实现充电站行业的良性发展，构建起清晰、健康、可持续的盈利模式十分重要。只有这样，才能保证行业内的投资主体获取正常的投资回报并持续投资。

4. 2024 年我国换电站发展建设状况

（1）我国换电站建设保持增长态势

随着换电技术、商业模式不断成熟，政策支持力度的加大及相关企业积极规划布局，2024 年，我国换电站建设保持增长态势。

截至 2024 年 12 月，我国换电站总数为 4443 座（见图 5-13）。我国换电站主要由蔚来、奥动等企业参与建设。其中，蔚来建成换电站 3024 座，奥动建成换电站 748 座。其次分别为易易互联、协鑫电港、杭州伯坦、安易行、泽清新能源，换电站数量分别为 382 座、108 座、108 座、45 座、28 座。

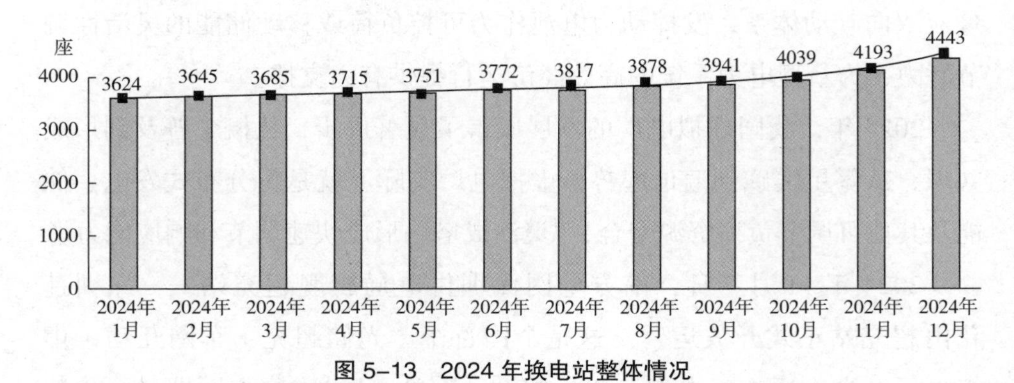

图 5-13　2024 年换电站整体情况

从整个换电产业生态上看，在换电车辆、换电站成功应用的基础上，2024 年，我国换电产业生态已初步形成。新能源汽车换电车辆规模化推广应用是换电产业生态的基础。换电运营商、技术服务商、能源企业、主机厂、电池厂、金融机构等共同组成了当前的换电产业生态，换电产业链已打通，完整产业生态形成。

（2）我国换电站建设的特点

由于换电型重卡有着高频、定点运输、单次运距较短等特点，在矿山、电厂、港口、城建以及其他一些特定区域，换电型重卡表现出其优秀的经济性。2024 年，重卡换电开始展现出更多应用于“高频”“重载”的场景，并不断扩展。服务换电型重卡的换电站稳步增加。

2024 年 11 月 26 日，宁德时代旗下子公司时代骐骥新能源科技有限公司与盐田国际集装箱码头有限公司联合宣布，全球首座港内底盘式重卡换电站正式启用。双方合作首批投放近百辆纯电重卡。在该换电站内，不仅可实现不同车型、不同品牌纯电重卡的一站通换，更将纯电重卡补能时间从 1 小时缩短至 5 分钟，大幅提升了港口运营效率。此外，时代骐骥通过创新性的底置电池设计，将单车带电量提升至 342 千瓦 · 时，不仅有效降低了车辆重心，让驾驶更安全平稳，更让“换电一次、续航一整天”成为现实。对比传统燃油拖车，底盘换电重卡能耗成本预计降低 20%。同日，我国首个抽水蓄能重卡换电站在南宁抽水蓄能电站工程投运。该重卡换电站设置 1 个车道和 5 个电池仓位，配置 4 台 300 千瓦充电机和 20 辆电动重卡，可实现 3~5 分钟快速换电。

业界认为，受续航、充电、电池寿命、成本等因素制约，纯电重卡市场整体渗透率仍有较大提升空间，重卡换电站建设形势较好。与重卡换电相比，目前，乘用车换电运营模式仍未实现盈利。当前换电站的投资建设和维护成本较高，尽管国家原有政策提倡充电和换电并重，但现实情况下，乘用车换电主要适用于出租车和网约车。随着快充技术的提升，大多数网约车司机选择在正常休息时段完成充电，导致换电站实际运用频率不高。

相比网约车，出租车全天候运作的需求表现明显，2024 年相应的换电型出租车换电站建设被提上日程。2024 年 12 月 6 日，中国中化旗下中化新能源自主建设的首座出租车换电站——中化蓝谷奥森北园换电站在北京市朝阳区正式投入运营。该换电站应用卡扣式车端换电技术，采用集装箱式换电设备并配套搭载 EU5 快换电池包，实现了全流程自动换电、无障碍服务，整个换电过程仅需耗时 88 秒。

5. 中国石化、中国石油充换电站发展动态

2024 年，中国石化、中国石油积极发展布局充换电站。

（1）中国石化

数据显示，截至 2024 年 12 月 31 日，中国石化已在全国累计建成充换电站 8400 余座，覆盖全国 370 多个城市，构建起“全国一张网”。截至 2024 年底，中国石化建成充电站 7000 座，建充电桩 8.3 万余台。不仅如此，光储充放综合能源服务站是 2024 年中国石化发展充换电站的新方向之一。

2024 年 10 月 20 日，中国石化湖南石油首座光储充综合能源服务站——和顺石油光储充综合能源示范站在永州七里店加能站投入运营，集光伏发电、储能、充放电于一体，可同时为 20 辆新能源汽车提供 24 小时充电服务，单日最高充电量超 0.9 万千瓦·时，单枪充电量 450 千瓦·时，站内配备饮水机、微波炉等便民设施，提供增值服务。

（2）中国石油

2024 年，中国石油也在光储充一体综合能源站领域发力。2024 年 8 月，中国石油在福建的首个光储充一体综合能源样板站福州福源站在福州市闽侯县揭牌。该站引入了华为新一代全液冷超充技术，是中国石油与华为在福建携手打造的首座超级充电站。该站通过“液冷系统 + 直流母线 + 超快一体”架构，能在短短数分钟内为电动车辆补充大量电量，极大缩短车主的等待时间，实现“一秒一公里”的极致充电体验，并可全天候为进站客户提供加油、充电、储能、购物、餐饮、休闲等综合服务。

（二）2024 年我国充换电站投资合作建设情况

2024 年，国家和地方政府提供了一系列政策支持，包括财政补贴、税收优惠等。例如，国家发展改革委等部门鼓励推广智能有序充电，加强充换电技术创新与标准支撑等。我国充换电站建设出现了多维度合作，如技术创新与研发合作、运营管理合作、电网企业合作、产业链合作等。

技术创新与研发合作，即与科研机构或技术公司合作，共同研发大功率充电、无线充电、自动无人充电等新技术，提升充电设施的安全性、可靠性与经济性。运营管理合作，即与专业的充换电运营企业合作，提升充换电设备的运维能力，提升用户体验。电网企业合作，能确保配套电网建设与供电服务，以满足充换电站的电力需求。产业链合作，即与充电桩设备供应商、换电设施制造商等产业链上下游企业合作，共同推动充换电基础设施的建设和发展。

在充换电站投资合作建设领域，相应的金融服务、增值服务也都出现了新的变化。在金融服务上，利用专项债券、基金等金融工具为充换电站建设提供资金支持。在增值服务开发上，探索“充电桩 + 增值服务”的新模式，如车辆维修、交通工具租赁、广告投放等，以增加盈利来源。

1. 蔚来充换电站投资合作建设情况

2024 年上半年，蔚来用了半年时间，就与一批包括央企国家队、民企巨头在内的企业在充换电领域展开了投资合作。不仅包括广汽、长安、吉利、江淮汽车、奇瑞、路特斯和一汽等整车企业，还包括皖能集团、壳牌、国家电网苏州供电公司、安徽交控集团、南方电网储能等产业链企业。

2024 年 1 月 3 日，蔚来与隆基绿能宣布签署战略合作协议。双方将打造行业领先的光储充换一体站。此前，蔚来与隆基绿能合作的首座光伏换电站在西安奥体中心投入运营。

1月11日，江淮汽车、奇瑞汽车分别与蔚来签署《换电战略合作框架协议》。同日，蔚来与安徽省能源集团、安徽省交控集团等各方合资成立的中安能源（安徽）有限公司在合肥正式揭牌；1月25日，蜀道新能源公司联手蔚来汽车推出首座高速公路服务区乘用车换电站；2月26日，南网储能宣布与蔚来合作，在虚拟电厂、换电站业务、电池梯次和回收利用等领域展开全面合作；4月25日，蔚来与路特斯达成充换电战略合作。

2024年下半年，蔚来更多地聚焦充电服务和光储充换一体站的合作。9月25日，蔚来与中国石化达成充电服务合作协议，双方携手为用户提供覆盖广泛、查询高效、使用便捷的充电服务。根据该协议，自即日起，用户在原有中国石化“易捷加油”App和小程序基础上，可以通过蔚来、乐道、加电App，实现中国石化充电桩的查询、导航、启动、支付等功能，充电体验和效率进一步升级。11月18日，蔚来杭州首座光储充换一体站启动仪式在滨江江南岸园区举行，这是蔚来与浙江正泰新能源开发有限公司的首个合作项目。

2. 宁德时代充换电站投资合作建设情况

宁德时代作为我国领先的动力电池制造商，电池技术和产能均位于行业前列。2024年，宁德时代先后与滴滴、江汽集团、广汽埃安、北汽集团合作，布局重卡换电、光储、超充等领域的合作项目。

2024年1月，宁德时代与滴滴在福建省宁德市宣布正式成立换电合资公司，双方在换电领域实现互补。5月9日，宁德时代官宣与江西省交通投资集团签订战略合作协议。双方将在新能源、智慧交通、数字化物流等产业方面进行合作，并以江西省交通投资集团的战略布局为导向，加快推进双方在重卡换电、光储、超充等领域的合作项目落地。与此同时，宁德时代开始推动换电生态建设，与厦门、深圳等地方政府在新能源换电领域展开合作；与车企、出行平台、能源国企等换电产业链上下游企业，围绕不同出行场景的换电网络建设等展开合作。5月，宁德时代换电服务已在厦门、泉州、合肥、贵阳、福州等城市落地。6月18日，北汽集团与宁德时代签署战略合作协议，围绕换电车型与换电块开发、换电块流通以及换电站区域合作等方面开展合作。11月22日，宁德时代与长安汽车、时代电服在重庆举行换电项目三方合作协议签约仪式，宣布新一代巧克力换电首款车型长安欧尚520和新一代巧克力换电站同时进入量产上市阶段。同日，宁德时代电服与中国石化重庆分公司签订战略合作框架协议，双方将在换电站建设运营、市场拓展、品牌推广方面深度合作。

2024年以来，宁德时代的换电设施涉及乘用车和商用车，但主要集中在运营领域，网约车和出租车是合作重点。

3. 其他充换电站投资合作建设情况

2024年4月10日，天津港集团下属散货物流公司与启源芯动力正式签订《战略合作框架协议》，就“重卡换电站建设组网与运营示范”达成深度共识，启动“天津市首座光储充一体化新能源重卡公共换电站”建设项目。2024年4月11日，海博思创与壳牌举行了战略合作签约仪式，双方在热管理液产品、浸没式冷却技术、电动汽车及重卡充换电站等分布式储能方面合作。2024年9月，北京车联网新能源与北京开迈斯新能源签署战略合作协议，双方针对北京充电市场开展战略合作，在北京范围内共建智能、安全、高效的充电运营服务体系。同样在2024年9月，北京车联网新能源和小鹏汽车签署了战略协议。双方围绕新能源汽车公共充电桩互联互通、客流引入、业态拓展等方面深入合作，提升充电场站运营和服务能力。同时，双方在北京区域新建11座超充站点，共建充电生态圈。其中北京最大充电站——首都机场能源中心充电站，为北京充电效率最高、业态最全的充电站，是集充电、换电、光伏、储能、检测、洗车、餐厅、彩票、超市于一体的能源补给中心。2024年9月11日，作为滴滴旗下的数智化充电运营商，小桔充电与中核集团旗下中核汇能签署战略合作框架协议，双方携手在更多区域加速充电基础设施生态建设。2024年10月，国家电网丹源电力与新工绿氢签署合作协议，在充换电站、超级加能站等领域展开深度合作，双方短期内将共同完成20座重卡换电站落地。2024年10月29日，吉利控股集团也与包钢（集团）公司签署战略合作框架协议，探索建设充换电站和甲醇加注站。2024年11月底，由小桔充电、盛弘股份和驰电新能源联合打造的四川首座公交兆瓦充电示范站——德阳中江公交集团充电站正式启用。整个2024年，我国充换电站投资建设多维度合作密集出现，显示出一种崭新的气象。

当然，还有一类关于充电站的投资建设出现在2024年，那就是能源企业的转型计划。2024年伊始，壳牌就启动了相关转型计划，在2025年前，壳牌要拆除1000座加油站，改建成充电站。

（三）我国充换电站未来发展趋势

1. 2025年我国电动汽车销量、保有量持续增加

据中国石油油气市场模拟与预测价格重点实验室的权威预测，2025年，我国新能源汽车保有量预计将激增至4000万辆；到2030年、2035年，中国新能源汽车保有量将分别达到1.03亿辆和超过2亿辆。2025年，我国新能源汽车渗透率将达到75%，到2027年将达到90%。中国汽车工业协会的预测显示，2025年，我国新能源汽车销量为1600万辆，同比增长24.4%。

未来，随着新能源汽车保有量、销量的持续增长，新能源汽车渗透率的不断提高，我国的充换电站建设和发展也将呈现出新的特点。

2. 我国充电站未来发展趋势

预计“十五五”期间，我国充电行业将进入一个行业洗牌期。行业头部企业为了维持和提升行业地位并追求资本市场价值实现，将会聚焦网络快速发展势头，努力拓展充电+业态，提升充电平台能力，并寻求与国内外能源巨头合资合作。其他综合实力不强的中小运营商由于亏损严重、经营压力激增等，会引发市场大量并购重组机会，为看好此行业

的外部投资者以及内部头部企业低成本进入、规模化扩张提供机会。此外，国际能源巨头和国家电网、中国石化、中国石油等国有石油公司将依托雄厚资金实力和资源优势，利用其现有油气终端销售网络的优势，继续积极拓展充电业务市场，快速扩大客户规模。

未来，充电网将摆脱传统增长路径，不再依靠大量资源投入、能源消耗，而是通过能源结构的优化，充分利用分布式光伏、微电网、虚拟电厂等路径，实现有序减少传统能源的使用，基于车网互动及能源交易系统，加大对可再生资源的开发利用。

未来，车网互动将带动众多新能源汽车用户共同参与到新型电力系统的构建中。通过智能有序充电、双向充放电，让大量新能源汽车形成一个巨大的“充电宝”，在电网负荷高峰时向电网反向供电。能够有效参与削峰填谷、虚拟电厂、聚合交易等应用场景，使电动汽车充电不仅不再是电网的负担，反而成为增强电网灵活性、降低煤电机组灵活性改造成本及独立储能投资的重要手段。

2025 年，我国将初步建成车网互动技术标准体系，全面实施和优化充电峰谷分时电价，市场机制建设和试点示范将取得重要进展。到 2030 年，我国车网互动实现规模化应用，智能有序充电全面推广，新能源汽车成为电化学储能体系的重要组成部分，为电力系统提供千万千瓦级的双向灵活性调节能力。

未来，人工智能技术将在充电网各细分场景得到应用，如智能客服、设备预测性运维和电池健康诊断。这将推动充电网向智能化发展，实现更高效的运营管理。

充电站是服务用户的核心“战场”，吸引新用户，提高老用户对场站的忠诚度，是充电运营商的终极目标。随着充电站数量的不断增加，充电站服务将越发精细化运营，优化车主充电体验成为新的竞争趋势。

3. 我国换电站未来发展趋势

有机构指出，2025 年，我国换电站的用电市场、运营市场规模，预计分别为355亿元和616亿元。为满足新能源汽车市场发展的需求，在国家鼓励和技术迭代的推动下，换电站数量将不断增加。

在中国，换电作为一种替代充电的方式，已在乘用运营车辆中得到较为广泛的应用，并在重型车领域具有极大潜力。预计到2035年，轻型汽车的换电车型渗透率将逐步上升至30%，轻型汽车的换电站需求量将有望增加到33100座。预计到2035年，中重型汽车的换电车型渗透率将逐步上升至56%，重型汽车的换电站数量将有望增加到1.4万座。

未来，商用重卡领域将率先规模化应用换电模式，相应的换电站数量将增长较快。以此为基点形成的产业链上下游将持续发力，相应的生态圈会逐渐形成。

4. 充换电技术未来呈现三种趋势

未来，充换电技术将整合自动充换电、高压快充等前沿技术，呈现三种趋势。

（1）自动充电技术规模化应用

无人驾驶出租车、网约车会越来越多，通过视觉识别、人工智能等技术，配合激光雷达、超声波传感器等环境感知设备，有望实现充电口的精确识别与定位、机械臂插拔过程中的柔顺控制。

（2）换电技术前景广阔

电池材料和技术不断改进，结合换电模式下电池集中管理、均衡充电、统一维护等措施，换电电池的寿命、补能效率等优势会明显，同时将实现多种乘用车型电池互换、不同车型电池共享电池架，使换电更加便捷。

（3）充电产品继续衍变

在充电产品方面，大功率、低噪声、强兼容、智能高效的充电设备将成为趋势，用以满足充电客户“好、多、快、省”的充电需求，同时也能兼顾成本均衡。

目前，对于新型的充换电技术，一些企业已经开始对无线充电、自动充电以及移动充电等领域进行研究和布局，并且部分已开始投入试点应用。如黑马原力推出了储充一体式的移动超充机器人，可在多个场景下，为新能源汽车进行快速充电，打破了以往依靠固定充电桩补能的方式，实现从“车找桩”到“桩找车”的转变。

（撰稿人：王海坤）

五、2024 年我国光伏发电站发展建设情况与未来展望

随着能源转型的不断深入，光伏和储能行业的技术和规模不断发展。在光伏发电项目单瓦投资成本持续下降的背景下，尤其是光伏发电项目系统成本已从 2011 年 17.56 元 / 瓦降至 2024 年的 2.87 元 / 瓦，2024 年，加油站作为传统油气产业链的终端窗口，延续过去几年的趋势，加快引入光伏、储能等新能源项目。

2024 年，中国石化正式启动“万站沐光”行动，规划到 2027 年，在油气矿区、石油石化工业园区及加油站等新建设光伏站点约 10000 座。中国石油在港实施的首个加油站光伏发电项目——中国石油国际事业香港公司锦田加油站光伏发电项目正式投运。中国海油华南销售的开春高速 3 座服务区分布式光伏发电项目并网发电一年后，有效降低了服务区的外购电量，实现了“减污降碳、协同增效”的目标。

（一）“光伏 + 加油站”成为加油站转型发展趋势

过去数十年来，全球温室气体排放问题日益严重。随之而来的是气温逐年升高、极端天气频发、自然灾害加剧。在此背景下，1992 年 5 月 9 日，联合国第一个应对气候变暖问题的纲领性框架《联合国气候变化框架公约》出台，并得到各国积极响应。此后各相关法规问世，至 2021

年 11 月 13 日的《格拉斯哥气候公约》对碳交易、透明度及共同时间框架做出规定，光伏进入快速发展阶段。

1. 加油站建设分布式光伏电站符合国家能源转型和可持续发展要求

全球气候变暖的应对措施包括减少温室气体排放、减少化石燃料使用、推广清洁能源，如推广太阳能发电和风力发电。

在“双碳”目标下，国家大力推动清洁能源发展，鼓励各行业节能减排。加油站作为能源消耗和供应的场所，推广分布式光伏电站符合国家能源转型和可持续发展要求。加油站自身运营需要消耗电能，建设光伏电站可以利用太阳能发电，满足加油站自身的用电需求，从而降低用电成本。此外，余电上网也可为加油站创造额外的附加经济效益。

2. 社会用电量逐年增加

近年来，随着工业化推进，我国全社会用电量呈现连续增加趋势。国家能源局数据显示，2019—2023 年中国全社会用电量平均增速为 6.18%。2024 年，全社会用电量累计 98521 亿千瓦·时，同比增长 6.80%。从区域来看，全国所有省市用电量均为正增长，中部和西部地区用电量增速超过全国平均增长水平。从分产业用电看，第一产业用电量 1357 亿千瓦·时，同比增长 6.3%；第二产业用电量 63874 亿千瓦·时，同比增长 5.1%；第三产业用电量 18348 亿千瓦·时，同比增长 9.9%；城乡居民生活用电量 14942 亿千瓦·时，同比增长 10.6%。

加油站的主要电力消耗包括加油机、灯光、空调及监控设备等。加油机是耗电量最大的设备，功率一般为 1~2 千瓦。小型加油站耗电量在 70~100（千瓦·时）/ 日，大型加油站耗电量在 200~400（千瓦·时）/ 日。加油站采用光伏电站发电可减少电力费用支出，增加收益。如中国石化在海南、内蒙古、广东、广西及云南等地陆续建设光伏发电站，不仅可满足自身需求，同时余电还可上网。

3. 中国能源结构逐步优化，光伏发电具有显著优势

就能源结构来看，2024 年全国全口径发电装机容量合计 33.5 亿千

瓦，同比增长 14.6%。其中，新能源发电装机（包括风电、太阳能发电和生物质发电）约 14.5 亿千瓦，首次超过火电装机规模。其中，非化石能源发电装机容量 19.5 亿千瓦，同比增长 23.8%，占总装机容量的 58.2%，比上年底提高 4.3 个百分点。在发电结构方面，2024 年，全国非化石能源发电量同比增长 15.4%。煤电发电量占比下降至 54.8%，比上年降低 3.0 个百分点。

光伏发电在清洁能源领域具有较为显著的优势。首先，中国地域辽阔，太阳能资源丰富。如新疆地区光照条件良好，年日照时长可达 2707 个小时。其次，光伏发电不消耗燃料，不排放或少排放温室气体及其他废气，不产生噪声。最后，光伏发电设备使用寿命在 20~25 年，若维护得当，部分可延长至 40 年左右，经济性良好。在加油站的屋顶等空间安装光伏发电设备，将太阳能转化为电力，供应加油站应用，余电上网，此模式具有灵活性高、投资成本低、建设周期短等特点。未来随着非矿石能源发展，预计后期光伏发电站有较大增量。

（二）“加油站 + 光伏”组合模式

1. 加油站分布式光伏项目首选模式

鉴于并网额度、消纳比例与储电成本等原因，大部分加油站光伏项目采用并网模式运营，其中“自发自用 + 余电上网”应用场景最多。目前，该模式所依赖的技术已相对成熟，设备配置简单，耗费较少，且应用场景灵活。该模式能够充分利用加油站内多种空间，例如便利店、宿舍楼、综合楼以及罩棚等，投资规模较小，以 50 千瓦 · 时（满足日发电量 200 千瓦 · 时左右）光伏组件为例，其投资为 18 万 ~23 万元。

目前各地政府对“自发自用”模式的支持力度较大，一般在当地电网配电额度范围内所发电量，相比于储能、售电等其他模式，更易实现并网。此模式的优势为，光伏电站发电量超过加油站使用量时，多余电量输送至电网，避免或减少弃电。当太阳能发电量不能满足加油站使用时，则采购电网电量进行补充。

2. 加油站分布式储能项目应用规模选择

加油站储能应用场景的主要目的：一是电力自发自用，通过自发建储配套分布式光伏发电设备，减少电网负荷，提升经济效益；二是峰谷差价套利，谷价时为储能设备充电，峰价时减少电网端购电，通过差价节省成本；三是提高供电可靠性，加强应对突发状况的能力，特别是"光储充"一体化综合能源站点涉及充电的稳定性问题。

具体到加油站的储能应用，在需求、安全性满足条件时，判断是否能够部署的重要指标仍然是经济性的测算。这就要根据加油站的实际情况对储能的合理规模、相关调控策略等进行预先评估测算，以保证其应用满足加油站的使用场景。当前加油站的储能应用场景，属于用户侧的分布式储能，其主要目的是面向工商业或社区，提供应急 / 不间断电源，或提高光伏自发用电量，改善供电质量，实现经济效益。按照加油站的实际用电情况和当前技术发展情况，结合削峰填谷、需量调节，推荐采用磷酸铁锂电池储能系统，根据项目有效充放电功率及能量需求，按照放电深度为 90%，系统充放电效率为 90% 计算。

如果没有光伏、充电等场景，单纯应用储能在加油站投资实现峰谷套利，则需要结合加油站的实际用电规律进行策略设计和优化。例如，按照当地工商业电价情况，加油站建设分布式储能的充放电策略应为低谷期储能，尖峰及高峰段放电，以实现经济效益的最大化。一般来说，加油站的用电需求较为分散，无法全部集中在尖峰时段，应尽量保证在尖峰和高峰时段用电。

（三）加油站主体下光伏投资方式

在并网运营模式下，对于加油站主体单位而言，光伏项目投资方式主要有两种：一种是自主投资，即以加油站为主体单位进行投资安装光伏设施并进行运营管理；另一种是第三方投资，加油站提供屋顶资源，第三方企业负责项目建设、维护等投资与费用。光伏项目发电量由加油站按照一定折扣优惠付费使用，余电上网及其他收益归第三方。目前第三方投资占比最大。

从煤电方面来看，生产 1 千瓦·时电需消耗 280 克左右煤炭，煤电综合成本在 0.38~0.43 元 /（千瓦·时）。光伏发电参与全国电力市场交易，与核电、风电、水电等竞价销售。目前，光伏发电并网难度大、消纳等存在问题的有广东、河北、河南、湖北、山东、黑龙江等地。加油站作为分布式光伏用户侧项目，发电量“自发自用”比例普遍超过 60%，工商用电价格越高，节省电费效果越好。

储能能够解决风能、太阳能等可再生能源的间歇性和不稳定性问题，通过在能源产量过剩时储存能量，在需求高峰时释放能量，从而提高新能源的利用率和消纳能力。但储能也增加了光伏发电的度电成本，降低了市场竞争力。因此，加油站光伏项目采用“自发自用 + 余电上网”模式，投建优势增加（见表 5–6）。

表 5–6　我国储能电站成本构成　　单位：元 / 瓦

电池组	储能变流器	能量管理系统	电池管理系统	温控系统	其他	总计
0.33~0.35	0.18~0.21	0.05~0.10	0.05~0.07	0.02~0.05	0.05~0.07	0.68~0.85

（四）加油站光伏发电经济性分析

在“双碳”目标下，“零碳”加油站新模式成为加油站转型升级的必由之路。利用加油站屋顶铺设光伏发电系统，可以开发利用闲置的屋顶资源，并可实现隔热保温、防水防漏、环保节能等目标，间接降低加油站运营成本。

光伏组件在实际使用过程中，会发生一定程度的老化，影响其效率和输出。但若维护得当，实际使用年限可延长，一定程度上增加了电站收益。在加油站投建光伏发电站，由于其生产经营的特殊性，对光伏发电项目的安全性、稳定性、可靠性要求较高。从设备选型、电站设计到施工管理、后期运营等均需要进行针对性、全方位升级，形成“加油站 + 光伏”细分解决方案，实现安全性及效益最大化。

1. 光伏电站组件功率提升

近年来，为追求更高的效率和功率，光伏电池技术更新迭代、组件尺寸逐渐增大。主流光伏组件从 2 平方米增加到 2.5 平方米甚至 3 平方米以上，有的组件功率超过 600 瓦。随着电池技术继续更新，功率持续向上突破（见表 5–7）。例如，某头部企业在先进的 210 产品技术平台和双面结构 N 型 TOPCon 技术的支撑下，2024 年，N 型组件效率将接近 23%，并实现 N 型 620 瓦和 710 瓦组件的突破，后期有望逐渐量产。

高功率组件的发展，一方面提高了设备性能，高功率组件可以提供更大的电流和电压，从而提高电力传输效率；另一方面提供了更高的功率密度，在加油站相同面积的光伏电站下，即在相同体积内提供更大的功率输出。此外，高功率组件可提供更高的转换率，减少能源浪费，提高能源利用率，降低成本及对环境的影响，增加项目收益，有利于装机量的快速释放。

表 5–7　头部组件企业主流组件型号及功率

企业	技术	功率 /（瓦）	尺寸 /（毫米）	重量 /（千克）
企业 A	PERC	540~560	2278 × 1134	27.5/32.6
	HPBC	560~600	2278 × 1134	27.5/32.6
企业 B	PERC	540~560	2278 × 1134	28/32
	TOPCon	565~585	2278 × 1134	28/32
企业 C	PERC	540~565	2278 × 1134	28.1/31.8
	TOPCon	555~590	2278 × 1134	28.1/31.8
企业 D	PERC	585~605	2172 × 1303	30.9/34.9
	PERC	645~670	2384 × 1303	33.6/38.3

2. 光伏电站投资成本下降

近年来，我国光伏发电项目投资成本持续下降，仅 2021 年由于整个产业链价格上涨，系统成本阶段性增加。从长远看，光伏发电项目成本仍将保持下降趋势。其中系统成本已从 2011 年 17.56 元 / 瓦降至 2024 年的 2.87 元 / 瓦（见表 5–8）。现阶段，我国加油站数量众多，但屋顶面积有限，规模效应一般。随着电站单瓦投资成本持续下降，终端推进积极性增加。

表 5–8　光伏电站投资成本　　单位：元 / 瓦

项目	2022 年	2023 年	2024 年
管理费用	0.17	0.17	0.17
电网接入成本	0.2	0.2	0.2
一次性土地成本	0.18	0.18	0.19
电缆价格	0.19	0.18	0.17
一次设备成本	0.36	0.35	0.34
二次设备成本	0.07	0.07	0.07
建安成本	0.56	0.56	0.55
固定支架费用	0.31	0.3	0.29
逆变器费用	0.12	0.11	0.11
组件价格	1.95	1.6	0.78
合计	4.11	3.72	2.87

3. 峰谷电价情况

峰谷电价也称为“分时电价”。分时电价按高峰用电和低谷用电分别计算电费，具有刺激和鼓励电力用户移峰填谷、优化用电方式的作用，是保障电力系统安全、稳定、经济运行的一项重要机制。

（1）峰谷电价增加时空价值

高峰用电一般指用电单位较集中、供电紧张时间段的用电，如在白天，收费标准较高。低谷用电一般指用电单位较少、供电较充足时间段的用电，如在夜间，收费标准较低。实行峰谷电价有利于促使用电单位错开用电时间，充分利用设备和能源。

在交易机制方面，电力市场化交易能够充分反映电量的时空价值。在发电特性方面，光伏电站项目发电集中，叠加区域用电负荷特性，光伏发电对现货市场的电价敏感性更高。

（2）光电并入市场化电价范围

例如，《甘肃省2024年省内电力中长期年度交易组织方案》明确，2024年新能源企业峰、谷、平各段交易基准价格为燃煤基准价格［0.3078元/（千瓦·时）］乘以峰谷分时系数（2023年为：峰段系数=1.2，平段系数=1，谷段系数=0.8；2024年调整为：峰段系数=1.5，平段系数=1，谷段系数=0.5），各段交易价格不超过交易基准价，电力用户与新能源企业交易时均执行国家明确的新能源发电价格形成机制。除电采暖用户外，其他工商业用户峰谷时段：峰段为7：00—9：00、17：00—23：00，平段为23：00—24：00、0：00—7：00，谷段为9：00—17：00（见表5-9）。

表5-9　工商业用户峰谷时段划分及交易基准价（除电采暖用户外）

时段	时间	燃煤基准价/（元/千瓦·时）	分时系数	交易基准价/（元/千瓦·时）
峰段	7：00—9：00；17：00—23：00	0.3078	1.5	0.4617
平段	23：00—24：00；0：00—7：00	0.3078	1	0.3078
谷段	9：00—17：00	0.3078	0.5	0.1539

（五）加油站光伏建设未来发展相关注意事项及发展探索

1. 建设规模取决于投资经济性

未来，加油站的光伏电站建设规模取决于投资的经济性。据测算，自用比例越高经济性越好，并非装机规模越大收益越高。自用比例80%

以上时，“自发自用 + 余电上网”项目的经济性较好。

加油站用电属于一般工商业用电（电压不满 1 千伏），电力价格按照高峰、平段和低谷的时间分布来计取。加油站白天（光照较为充足）时段内的用电量占全天用电量的 2/3 以上。此部分用电的价格大多为高峰价格和平段价格。因此，在光伏作用时间内节省的电量，其收益以较高价格测算。自发自用以外的余电，主要通过上网的方式销售给电网。这部分电量的售卖价格按当地燃煤发电基准价执行。

从 2022 年电价数据看，各省市燃煤发电基准价大部分低于平段电价、高于低谷电价。光伏发电的上网收益以相对偏低的价格测算，平均功率占总装机规模的 70% 左右，可满足大部分站点用电需求。加油站用电规律分布一般符合“双峰”特点，即早晚高峰功率高、用电量大，中午功率低、用电量小。在设计光伏装机规模时，应考虑平均用电功率而非峰值功率，以免装机规模过大导致经济效益不足。从多个站点测算的经验来看，日间站内平均功率占总装机规模的 70% 是较为合理的水平。

2. 注意积累管理经验，培养团队

国家能源局数据显示，2024 年，全国新增光伏装机量合计 277.57 吉瓦。未来，要实现碳达峰、碳中和目标，需要在保障能源安全的基础上，不断推动能源结构的优化和升级。

由于光伏电站发电应用不会对建筑物原有屋面造成影响，改造及投资回报周期适中，具备较为良好的经济效益，对加油站的节能减排起到良好助力，未来可以进行规模化推进。但宜采取自主投资模式，可更为主动地发展新能源业务，积攒运行管理经验，培养自己的专业团队。

随着新能源汽车的快速发展，传统加油站向综合能源供应站转型趋势明显。未来，传统加油站根据场地情况增加充换电业务，可选择光伏 + 充电换电互补，能更好地利用光伏电站的发电量。同时，增加充换电服

务费等收入，充分利用谷段电力，提高光伏电站收益。并搭建综合能源消费场景，探索加油站、光伏电站、电力科技公司、新能源车企等新型合作模式。

（撰稿人：王 帅 于 洋）

六、2024 年我国综合加能站发展建设情况与未来展望

综合加能站是一种集多种能源补给与非能源服务于一体的新型服务站，包括加油、加气、加氢、充电 / 换电及光伏发电等综合能源供应及汽服、金融、餐饮等综合能源服务。预计到“十四五”规划末期，我国综合加能站的数量将达到全部加油站总数的 10% 以上；到 2030 年，我国将有超过 30% 的加油站转型为综合能源服务站。随着我国能源需求多元化趋势的逐渐体现，以可再生能源、新能源为主的多能源需求不断增加，加之“双碳”目标的提出对于能源体系深度改革转型的要求，传统能源站向综合加能站发展成为当下的一大趋势。

2024 年，我国综合加能站建设取得显著进展，多地密集落地，政策扶持力度加大，市场需求持续增长。投资合作方面，国企占据主导地位，但民营企业参与度也在逐步提升。未来，随着技术进步和国际合作的深入，综合加能站将迎来更广阔的发展空间，成为推动能源转型和绿色低碳发展的重要力量。

（一）2024 年我国综合加能站发展建设情况

1. 建设规模与布局

自 2020 年 10 月国务院发布《新能源汽车产业发展规划（2021—2035 年）》以来，从中央到地方政策频出，以服务交通能源融合为使命

的综合加能站逐渐走上能源转型的舞台。

在当前全球能源转型的大环境下，众多油企加速从传统油品销售向“油气氢电非”综合能源服务商转型，通过建设综合加能站参与到新的机遇中。截至 2024 年底，部分中央企业综合加能站已经初具规模。例如，中国石油已累计建成充电站 1000 余座、换电站 70 余座、加氢站 50 余座、综合能源服务站 70 余座；中国石化已累计建成充换电站 8400 余座、加氢站 140 余座、充电终端 6.4 万余个；中国海油在加油的基础上增加充换电、光伏发电、加气、加氢等多种能源服务的综合能源服务站数量已增加至 100 余座。

从地域分布特点看，综合加能站的建设呈多点发力、遍地开花的态势。在浙江、河北等经济发达、能源需求旺盛的地区，综合加能站的建设尤为密集。例如，国家电网浙江综合能源公司与相关单位签署了多项合作协议，全面开展一站式综合能源服务合作。雄安新区建设了容东能源综合供应站，填补了该地区 391 公顷范围内能源输送的空白。安徽将新能源汽车确立为“首位产业”之后，皖能联手能链、永联科技等打造了安徽省首座“油气电氢服”一体化综合能源港。

从建设企业类型看，综合加能站的建设呈现多元并进、国企民资共舞的局面。传统能源企业与配售电企业、能源服务公司共同进军综合能源服务领域，能源公司、售电公司、技术公司和服务公司为主要的四类参与者。其中，能源公司以整合资源和加速转型建设为主；售电公司呈现市场主体多元化的特点，民企参与较为积极；技术公司融合信息技术与能源，开展新型增值服务；服务公司则提供能效管理、设备维护等增值服务。能源公司和售电公司凭借各自优势，成为综合能源服务商的主力军，有大型国企背景的能源公司与有实力的民营企业竞相发展。售电公司只要具备好的商业模式，就有望在这一新兴市场中迅速崛起。

2. 技术进展与创新

在技术进展方面，2024 年综合加能站在快充、氢能加注、智能化管理和新型储能技术等技术领域取得了显著的进步，能源供应效率和服务质量不断提升，相比传统能源，呈现出更加低碳环保、用能高效、管理智慧、降本增效的特点。

（1）快充效率大幅提升，充电体验接近燃油汽车加油的便捷性

随着新能源汽车续航能力的提升及快速充电需求的增长，大功率直流充电桩成为刚性需求。统计资料显示，2020年至2024年间，乘用车充电电压已实现从500伏特到800伏特的升级，单枪充电功率更是实现了从60千瓦到350千瓦的飞跃。这一显著变化使得电动汽车的平均充电时间大幅缩短，缩短幅度高达80%，充电体验已非常接近燃油汽车加油的便捷性。

（2）氢能产业加速发展，加氢站数量居全球之首

截至2024年底，我国已有65个可再生能源制氢项目成功运营，氢燃料电池汽车产销量不断增长，年均增速超30%。随着氢能产业链的不断完善，加氢站作为关键一环，数量持续稳步增长，为氢燃料电池汽车的普及奠定了坚实基础。截至2024年底，全球共有加氢站约1200座，其中中国占比超35%，稳居世界第一。具体来看，我国已建成439座加氢站，总量领先，2024年新增35座，另有117座在建或规划中。

（3）智能化管理赋能，加能站能效显著提升

综合加能站通过引入物联网、大数据与人工智能等技术，实现能源供应、设备状态及用户需求的全面实时监测与智能调度。以江苏常州石油为例，其加能站综合预警平台上线首月即采集数据3万条，效率较人工提升90%，且凭借智能算法快速分析异常，平均预警响应缩短至1分钟内，有效保障了能源供应稳定可靠，推动运营管理全面升级。

（4）新型储能技术快速发展，提升系统稳定性

截至2024年12月底，我国已建成投运新型储能项目累计装机规模达7376万千瓦/1.68亿千瓦·时，约为“十三五”末的20倍，较2023年底增长超过130%。平均储能时长2.3小时，较2023年底增加约0.2

小时，新型储能调度运用水平持续提升。这些储能设施为综合加能站提供了更加灵活、稳定的能源支持。新型储能技术在平滑电力输出、削峰填谷、调峰调频等方面的应用，使综合加能站能够更好地适应新能源发电的波动性和不确定性，提高能源系统的灵活性和可靠性。

3. 运营模式与服务创新

2024 年，我国综合加能站在能源转型浪潮中蓬勃发展，其运营模式与服务创新正深刻重塑着能源服务格局。

综合加能站的业务核心虽围绕电、气、氢、冷、热等能源领域展开，但已从单纯的能源耦合迈向深度功能与模式优化。其商业模式的转变尤为关键，彻底摒弃了传统单一产品主导的格局，转而以市场为导向、用户为中心构建多元化体系。在确保基础能源稳定供应的同时，积极拓展增值服务。车辆维修保养及清洗服务的融入，让车主在加能间隙能便捷地处理车辆维护事宜，节省了时间与精力。而能源管理与大数据分析业务的兴起，则如同为加能站装上了智慧中枢。通过对能源数据的深度挖掘与分析，精准预测能源需求、优化能源调配，进而提升整体盈利能力与市场竞争力，使综合加能站在市场浪潮中稳扎稳打、不断前行。

从商业模式的具体类型来看，财务投资型颇具亮点。效益分享型：采取合同能源管理的模式，如分布式光伏售电项目及工业、建筑合同能源管理项目，能源服务公司前期投入建设能源设施，后期与用户共享节能效益，在推动能源项目落地的同时实现盈利。设备租赁型：通过出租能源设备收取租金，满足了不同用户对设备的弹性需求。能源零售型：构建起类似能源商品零售的网络，根据园区冷热站与管网，按用户实际用量计费。线下服务型：专注于专业领域服务。设备代维涵盖多种形式，无论是劳务派遣还是外包运维，都以保障设备可靠运行为宗旨，如配电房代维有效解决了企业设备维护的难题。电费优化服务针对企业电费管理痛点，如“容改需”服务助力企业降低用电成本，提升能源利用效益。

在线数字化型：借助信息技术搭建综合能源服务平台，虽当下盈利有限，但随着数字化进程推进，其实现能源管理便捷化、智能化的潜力巨大，用户可实时掌控能源信息、远程监控设施。

多能源耦合服务型则是创新先锋。以四川南充的中国石油顺庆滨江综合能源站为例。它集多种能源与休闲购物于一体。利用分布式能源和微电网技术、光伏发电为充电桩供电，余电储能或上网售卖，站内休闲设施还丰富了客户体验。加氢站运营模式在提供加氢服务基础上积极探索多元发展，推动燃料电池汽车应用与冷链运输业务，促进氢气就地消纳，构建氢气产业生态。光储充放一体化模式整合光伏发电、储能与充电桩，实现能源高效循环利用，光伏发电自发自用、余电上网，储能调峰调频并峰谷套利，充电桩服务电动汽车。综合能源解决方案提供模式则全面展示综合实力，如中国石油北京销售北投冬奥村超级充电港，集多种功能于一体，拥有前沿技术与安全保障，还与“京东养车”合作拓展业务，为综合加能站多元化发展提供范例。

（二）2024 年我国综合加能站投资合作情况

1. 投资规模与结构

2024 年，我国综合加能站领域投资合作呈现出多元化的发展态势，投资规模持续扩大，投资结构也不断优化。投资结构方面，以社会资本投资为主，政府投资为辅。政府投资主要集中在一些基础设施建设以及引导性项目上，发挥着政策引导和基础保障的重要作用。社会资本则凭借其灵活性和市场敏锐性，积极参与到综合加能站的各类项目中，成为推动行业发展的主力军。

以中能建松原氢能产业园项目为例，该项目总投资 296 亿元，其中一期工程投资 105 亿元，投资额以社会资本为主，也有部分国家财政政策支持。项目建设新能源发电制氢和绿氢合成氨一体化项目，配套建设年产 50 台套 1000 立方米（标准）/ 时碱性电解水装备生产线和 4 座综合加能站，资金主要流向新能源发电、电解水制氢装置、合成氨装置以及综合加能站的建设等，项目重点投资氢能产业链的打造和综合加能站的布局。

又如大江镇恒建综合能源站项目这一社会投资的重大项目。该项目总投资额为 9.6 亿元，占地面积约 6.8 万平方米。项目资金主要用于两套 70 兆瓦级燃气—蒸汽联合循环机组的建设，以实现为大江镇及周边地区提供电力和供应蒸汽，投资重点为能源生产设备的购置与安装。

此外，有一些非政府性投资的新建项目。例如，西北油电氢综合加能站项目。该项目于 2024 年 5 月开工，预计 2025 年第二季度完工，投资重点在于油电氢综合供应设施的建设以及相关设备的采购。

中国石油、中国石化主要通过在传统加油站基础上改建、扩建或者新建等方式，将麾下的加油站转型为综合加能站。在传统加油站基础上通过投资自建以及与其他方合作等方式增加加氢站、充换电站、分布式光伏发电站等板块。也有部分新建综合加能站，通过投资自建以及与其他方合作这两种方式建成。

2. 投资合作模式

目前，综合加能站合作建设的主要模式包括公私合营、特许经营、战略联盟及其他多元化合作形式。在公私合营模式下，政府与私人企业携手，通过签订长期合作协议，共同承担出资、风险，并分享收益。政府以其政策与土地资源为支持，而企业则提供资金与运营经验。例如，在加氢站的建设初期，政府负责土地和基础建设资金的投入，企业则负责设备购置、运营管理和技术升级，最终双方按照协议比例分享加氢服务的收益。特许经营模式则是政府将综合加能站的独家经营权授予特定企业，企业支付特许经营费用，以提高运营效率，同时接受政府的监管，确保市场供应与服务质量。战略联盟模式常见于能源企业与其他行业企业（如科技企业、汽车制造企业）之间。基于共同目标合作，科技企业为加能站提供智能运营系统和高效能源技术，而汽车制造企业则助力加能站与车型的适配优化，共同推动新能源汽车及能源服务的发展。

以中国石油金龙综合能源服务站为例，该站是中国石油北京销售公司与冬奥延庆赛区相关部门合作的成果。中国石油北京销售公司作为重要的能源销售企业，拥有丰富的油品销售经验、广泛的销售网络及资金实力，而冬奥延庆赛区相关部门则负责推动赛区基础设施建设和能源保障工作，具有政策引导、资源协调及项目监管等优势。双方合作中，中国石油北京销售公司负责金龙综合能源服务站的具体建设与运营管理，包括加油、加气、加氢、充电等设备的购置与安装，以及日常能源供应和服务保障。冬奥延庆赛区相关部门则在项目规划、审批、土地使用等方面提供政策支持和协调服务，确保项目顺利推进，并对服务站的建设和运营进行监督指导。金龙综合能源服务站日加氢能力达到1500千克，每天可为80辆公交巴士提供加氢服务，支持了冬奥会期间的绿色交通运行。该站集加油、加气、加氢、充电和便利店等多种功能于一体，实现了多能互补。

3. 投资风险与挑战

投资综合加能站面临多重风险，主要包括市场风险、技术风险及政策风险。市场风险源于能源价格波动、需求变化及市场竞争，需通过多元化投资组合与密切关注市场动态和政策变化，及时调整投资策略和资产配置来降低风险。技术风险涉及技术故障、创新不确定性等，投资者应关注行业技术发展趋势，选择具有强大技术壁垒和竞争优势的企业，并定期进行技术风险评估和审查。政策风险则受政府政策导向影响，投资者需积极跟踪政策变化，制定应对预案。

为应对这些风险，建议投资综合加能站时，要建立全面的风险管理体系，包括风险评估、监控和防范机制；进行全面的尽职调查，深入了解投资目标；寻求专业支持和帮助，提升投资决策水平；与其他机构建立合作和信息共享机制，提高风险应对能力。通过这些策略，投资者可有效降低风险，提高投资成功率和回报率。

（三）我国综合加能站的未来展望

1. 发展趋势预测

据中国石油油气市场模拟与预测价格重点实验室的权威预测，2025年，中国新能源汽车保有量将激增至4000万辆左右。这一数字背后，是对汽柴油更为明显的替代效应，有数据显示，2024年，新能源汽车与LNG重卡共替代汽、柴油超5000万吨。在中国成品油消费拐点已然提前到来的现实下，2025年，国内汽柴油消费则随着新能源汽车对存量燃油汽车的加速替代而更快地步入下行通道。

面对新能源汽车对传统燃油汽车市场造成的冲击，加油站作为燃油销售、交通补能、零售消费的传统中心，其生存空间正被不断挤压。为了顺应市场趋势，满足新能源用户的多样化需求，加油站必须积极寻求转型，向综合加能站的方向迈进。

（1）建设规模：城市与乡村均衡布局，规模持续扩大

基于当前的发展态势，未来几年我国综合加能站的建设规模将显著扩大。在城市地区，综合加能站的布局将更加紧密地结合城市规划和交通需求，商业区、居民区、工业园区等区域将成为重点建设区域，以满足城市居民和企业的多元化能源需求。同时，随着乡村振兴战略的深入实施，乡村地区的能源需求也将不断增加，综合加能站将逐步向乡村地区延伸，为这一地区的交通、生产和生活提供清洁、便捷的能源服务。

此外，为了满足日益增长的能源需求和提高能源供应的稳定性，综合加能站的规模将不断扩大。大型的综合能源枢纽将逐渐涌现，集多种能源生产、储存、配送设施于一体，具备更强的能源供应能力和应急保障能力。这些枢纽将成为城市能源系统的重要组成部分，为城市的可持续发展提供有力支撑。

（2）技术趋势：多种能源融合，智能化与技术创新并进

在能源供应方面，综合加能站将呈现出多种能源融合的趋势。除传

统的油、气能源供应外，电能、氢能等清洁能源的占比将不断增加，形成油、气、电、氢等多能互补的供应格局。加油站将增加充电桩、加氢站等设施，满足不同类型新能源汽车的补能需求。同时，天然气加气站也会与电能、氢能等结合，为车辆提供多样化的能源选择。

在技术创新方面，综合加能站将配备更加先进的智能监控与管理系统，实现对能源生产、储存、配送和消费等环节的实时监测和精准控制。传感器、物联网技术等将被广泛应用于收集和分析各种能源数据，优化能源的调度与分配，提高能源利用效率和运营管理水平。此外，快速充电、超快速充电、无线充电、智能充电等新型充电技术也将逐步得到应用，为电动汽车的充电提供更加便捷、高效的方式。

储能技术作为一体化综合能源站的重要组成部分，未来也将不断升级。高性能、长寿命、低成本的储能电池将得到广泛应用，提高储能系统的能量密度和循环寿命，降低储能成本。同时，新型储能技术如液流电池、固态电池等也将不断涌现，为综合加能站的储能提供更多的选择。

（3）市场格局：商业模式创新，产业融合与能源交易共享

随着综合加能站建设规模的扩大和技术水平的提升，其市场格局也将发生深刻变化。未来，将出现更多的综合能源服务提供商，它们将整合能源生产、供应、销售等多个环节，为用户提供一站式的综合能源解决方案。这些服务提供商不仅具备能源供应的能力，还将提供能源管理、节能咨询、设备维护等增值服务，满足用户多样化的能源需求。

同时，综合加能站将与交通、物流、商业等其他产业进行深度融合。在交通枢纽、物流园区等地建设综合加能站，为交通运输和物流配送提供能源保障；与商业中心、停车场等结合的综合加能站，提供集停车、充电、购物、餐饮等于一体的服务，打造多元化的商业生态。这种深度融合将促进产业间的协同发展，提高资源的利用效率。

随着能源市场的逐步开放和电力体制改革的推进，综合加能站还可

能参与到能源交易中。通过与电网、分布式能源项目等进行能源的买卖和交易，实现能源的优化配置和价值最大化。同时，能源共享模式也将得到探索和实践，多个综合加能站之间可以共享储能设施、充电设施等，提高资源的利用效率并降低成本。

2. 投资策略与建议

针对综合加能站领域的投资，投资者应紧跟能源转型趋势，把握市场需求变化。

（1）注重投资方向

重点关注综合加能站的建设与运营，特别是在城市商业区、居民区、工业园区以及交通枢纽等区域。这些区域能源需求旺盛，且具备较高的市场潜力。同时，综合能源服务项目要取得良好发展，必须系统谋划，重点布局。这意味着投资者需要精心规划业务布局，确保发展方向清晰、重点突出，提供多元化集成服务以满足客户多样化需求，进而提升竞争力。例如，在提供传统加油、加气服务的基础上，积极拓展充电、换电、加氢以及光伏发电等新型能源服务，打造“油气氢电”多位一体的综合能源站。

（2）注重线上线下融合

利用物联网、大数据等技术手段提升服务效率，为客户提供便捷的服务体验。此外，创新商业模式也是关键，投资者应积极探索适应市场变化的商业模式，如光储充放一体化模式、多能源耦合服务型模式等，为项目注入持续发展的动力。通过这些努力，综合能源服务项目将实现高质量发展，不仅为企业创造更多价值，也为推动能源转型和绿色低碳发展贡献力量。

（3）注重合作机制

建议投资者积极寻求与政府、传统能源企业、技术公司等多方的合作，共同推动综合加能站的建设与运营，实现资源共享、优势互补，共同应对市场风险、技术风险及政策风险，推动行业持续健康发展。

总之，未来几年，我国综合加能站的建设和发展将更加紧迫和重要，规模也将扩大。随着技术进步和政策支持的持续加强，将迎来更加广阔的发展前景。因此，鼓励社会各界积极参与，共同推动综合加能站行业的持续健康发展。

（撰稿人：魏　昭）

Ⅵ 典型实例篇

一、点亮可持续发展与绿色未来的璀璨星光

——记中国石油内蒙古销售公司办公场所光伏项目

近年来，随着国家大力倡导使用清洁能源，我国光伏装机规模持续扩大。2024 年 10 月 9 日，国家能源局发布《分布式光伏发电开发建设管理办法（征求意见稿）》，明确项目分类与上网模式，鼓励多元主体参与，推动市场化交易。国家对光伏产业实行优化布局、调整结构、控制总量、鼓励创新、支持应用的发展战略，以推动光伏行业转型升级和健康发展。

中国石油作为国有重要骨干企业，积极响应国家能源供给转型升级的号召，创新性提出“清洁替代、战略接替、绿色转型”三步走能源发展战略。中国石油内蒙古销售公司（以下简称内蒙古销售公司）按照中国石油三步走总体部署，依托内蒙古自治区政府新能源“六大基地”和“五大工程”发展愿景，统筹油气与新能源业务协调发展，科学谋划新能源发展战略，为新能源业务绘制了发展蓝图。

通过对内蒙古地区光伏发电自然条件的认真分析，结合对内蒙古新能源发展政策的深入研究，内蒙古销售公司精准布局、因地制宜，大力发展光伏发电项目，充分利用所属加油站、办公楼等光照条件好、承载力强的适应性区域，率先布设光伏设备，实现有效节能减排。截至 2024 年 11 月底，内蒙古销售公司共建成 245 座光伏电站，装机容量 9.14 兆瓦，广泛分布在所属的办公场所、油库、加油（气）站，实现了分布式光伏项目应上尽上，年发电能力超过 1280 万千瓦·时。建成的光伏项目相继并网运行，2024 年以来共计发电 360 万千瓦·时，减少二氧化碳排放 3590 吨，其中上网电量 92 万千瓦·时，收入 27.6 万元；自用电量

268 万千瓦·时，自用比例 74.5%，节约电费 134 万元。

本部办公场所、锡林油库、呼和浩特销售分公司 3 座加油站、包头销售分公司 1 座加油站，共 6 个经营场所取得了天津排放权交易所授予的碳中和认证。光伏发电累计取得绿色电力证书 1455 个，呼和浩特销售分公司完成 10 个绿证的碳排放交易。内蒙古销售公司成为中国石油系统内首个取得绿色电力证书并实现交易的销售企业。

在内蒙古销售公司所有光伏项目中，本部办公场所增设光伏项目以创新的建设方式为企业可持续发展注入了新的活力，也为新能源光伏发电在特殊场景下的应用提供了成功范例。项目 2023 年 12 月建成投运，总装机容量 347.32 千瓦，2024 年 3 月正式并网运行。截至 2024 年 11 月末，共计发电 31 万千瓦·时，其中自用 21 万千瓦·时，节约电费 10.5 万元；上网 10 万千瓦·时，上网收入 2.83 万元。2024 年 8 月，内蒙古销售公司本部办公场所取得碳中和认证，获绿色电力证书 267 个。

（一）双玻焕新，车棚升级

内蒙古销售公司本部办公场所内原有的车棚为 2005 年建设的阳光板车棚。经多年使用，风蚀严重，不仅车棚形象较差，而且存在板材老化掉落砸到车辆及行人的安全隐患。内蒙古销售公司光伏项目管理团队会同设计单位、设备厂家实地踏勘调查后，提出将旧车棚改造为 BIPV 光伏双玻车棚的设计方案。BIPV 全称为 Building Integrated PV，是指将太阳能发电（光伏）产品集成到建筑上的一体化技术，广泛应用于企事业单位、商户私宅等光伏项目建设。

内蒙古销售公司所采用的车棚 BIPV 光伏双玻组件是光面超白钢化玻璃制作的双面玻璃组件，能够通过调整电池片的排布或采用穿孔硅电池片来达到特定的透光率，在满足光线通透要求的同时提高发电效率。能够吸收部分地面反射光进行发电，较单玻组件可提升约 5% 的发电量，从而最大限度提高光能利用效率。双玻光伏组件不仅发电能力更强，而且从外观形象上更加透亮、更为美观，更适合办公场所，更有利于提升企业的整体形象。

（二）轻质突破，扩容增效

在内蒙古销售公司本部办公楼光伏发电建设的创新探索中，面临着诸多特殊情况带来的挑战。其中，办公楼东面辅楼的活动中心是网架屋顶，承载力相对较小，使常规光伏组件的加装成为难题。常规的光伏组件通常较重，若强行安装于辅楼网架屋顶上，不仅会对屋顶结构带来安全隐患，而且会影响整体建筑的安全性及稳定性，缩短整体建筑的使用寿命。

为了有效利用辅楼楼顶闲置空间资源，内蒙古销售公司光伏项目管理团队协同设计单位、设备厂家经过深入研究和多方考量，最终选择了每平方米仅 2.8 千克重的轻质光伏组件。在该项目中，轻质组件的运用优势显著。一方面，完美适应了辅楼网架屋顶的承载力限制，在确保屋顶安全的前提下，实现了辅楼楼顶空间的有效利用，使光伏发电设备妥善安装。另一方面，在同等面积的屋顶上增加铺装装机量 87.72 千瓦，相较使用常规组件能够产生更多的电能，显著提高了发电效益。经测算，使用轻质组件发电能力增加了 11 万千瓦 · 时 / 年。这一数字不仅仅是发电量的增长，更是对能源高效利用的有力证明。

（三）微逆助力，效率飞升

在内蒙古销售公司本部办公场所增设光伏项目的初期，辅楼两侧楼房遮挡问题一度成为困扰项目推进的难题。首先，由于辅楼所处位置特殊，两侧高楼随着时间的变化，会对其光伏发电造成局部遮挡，严重影响了整个辅楼光伏发电的效率和稳定性。在传统的光伏板铺设过程中，会将一整个区域的光伏板连接在一个较大的逆变器上。这样虽然安装简单，但会有部分光伏板被遮挡，不能正常发电，进而导致整个区域内的光伏板都不能正常发电，严重影响整个区域的光伏发电效率。其次，辅楼共计安装光伏装机量 127.32 千瓦，若选用常规组串式逆变器，不仅会面临遮挡等诸多问题，而且发电效果不尽如人意。在安装常规组串式逆变器的情况下，日均发电量仅为 172 千瓦·时。由于局部遮挡导致光伏板受热不均，还会极大影响光伏板的使用寿命，增加后期维护成本，造成资源浪费。

为了有效破解这一系列难题，内蒙古销售公司在本项目中采用每 2 块光伏板使用一个微型逆变器的创新配置。当左右两侧高楼局部遮挡光伏板时，被遮挡部分可以根据实际情况不发电或少发电，而未被遮挡的部分可保证正常发电，有效解决了高楼遮挡带来的不良影响，使整个光伏发电系统的发电效率大大提高，辅楼日均发电量大幅提升至 395 千瓦·时，发电效率提升了 130%。这一创新性做法为企业带来了更多的清洁能源，为复杂环境下的光伏发电树立了典范，为推动光伏发电建设迈向更高水平提供了宝贵的经验和借鉴。

（四）光伏路灯，节能新举

尽管内蒙古销售公司已在本部办公楼楼顶、辅楼楼顶及车棚都铺设了光伏组件，但光伏发电量还不能完全满足企业的用电需求。为了进一步提高能源利用效率，减少对传统能源的依赖，内蒙古销售公司从细微之处着手，全面更新升级了本部办公场所内原有的 18 个照明路灯，将其更换为自带储能的光伏感光路灯。自带储能的设计，让这些光伏路灯在白天光照充足时充分吸收太阳能，将其转化为电能并储存起来，以供夜晚照明使用。

这种创新型的光伏感光路灯给内蒙古销售公司带来了多方面的效益。首先，从能源节约角度来看，日可节约用电 45 千瓦·时。看似一个小小的数字，日积月累，将节省大量的电力资源和成本支出，为缓解企业用电压力作出了积极贡献。其次，减少了传统路灯对电网的依赖，提高了供电的稳定性和可靠性。即使在电网出现故障或停电的情况下，光伏感光路灯依然能正常工作，在夜间为办公场所提供必要的照明，保障了办公场所的安全。最后，具有环保优势，不产生任何污染物和温室气体，对环境友好。光伏感光路灯的安装不仅为办公区域增添了一道亮丽的风景线，而且体现了公司积极践行绿色发展理念的决心和行动。

（五）高效投资，绿色回报

内蒙古销售公司本部办公场所增设光伏项目是一项旨在利用可再生能源发电的创新性工程，经多次压控投资成本，最终工程投资额为180万元。通过高效能的技术设备和优化的运营管理模式，该项目预计每年可产生约45万千瓦·时的电力输出，不仅有助于减少对传统能源的依赖，而且为环境保护作出了积极贡献。

根据初步估算，通过电费节省及上网销售，该项目每年可获得19.37万元的经济回报。这一数字充分表明，该项目不仅在节能减排方面具有重大意义，而且具有商业可行性。经测算，仅需9.3年时间，该项目即可完全收回初始投资成本。较短的投资回收期，表明该项目拥有良好的资金流动性以及较低的风险，对于投资者而言具有很大的吸引力。考虑到设施预期使用寿命长达25年，该项目在整个生命周期内预计将累计实现净利润285万元。这意味着剔除所有直接相关成本，项目仍能保持持续稳定的盈利能力，为企业带来较丰厚的长期回报。这项清洁能源发电项目符合当前社会对绿色发展的追求，既能有效降低运营成本，又能快速实现资本增值，并在未来几十年间持续创造价值。

内蒙古销售公司增设光伏项目建设初期，面对有限的空间和复杂的安装环境，项目团队没有退缩，而是迎难而上。深入研究现场条件，无论是楼顶还是停车场遮阳棚，都成为光伏板的理想栖息地。巧妙结合不同类型的光伏组件和逆变器的特点，为每一寸可用的空间量身定制了最优化的解决方案。采用的高效光伏组件与智能逆变器相辅相成，实现了对太阳能的高效捕捉与转换。即便是在阴天或光照角度不佳的情况下，也能确保稳定的电力输出。这种创新的技术组合，不仅提高了整体系统的发电能力，而且降低了维护成本，真正做到了一箭双雕。这些精心设计的布局，解决了铺装难题，最大限度地利用了每一缕阳光，使得发电效率得到了显著提升。

（撰稿人：钟　量）

二、雪域高原上的能源转型

——中国石化西藏石油分公司打造“油气氢电服”综合能源服务商的实践探索

在世界屋脊西藏，中国石化西藏石油分公司（以下简称西藏石油）正书写着一部波澜壮阔的转型篇章。作为中国石化在西藏的唯一驻藏企业，西藏石油自成立之初便肩负着“在藏援藏、兴藏，扩大中国石化市场影响力”的光荣使命。历经岁月磨砺，西藏石油从无到有、从小到大，不仅实现了自身的可持续发展，更已成为西藏成品油市场供应的主渠道之一，有力彰显了中国石化的品牌影响力。

在转型的道路上，西藏石油人始终保持艰苦奋斗、开拓进取、敢为人先的精神。他们不畏艰难、不惧挑战，用实际行动诠释着“艰苦不怕吃苦、缺氧不缺精神、海拔高斗志更高、挑战大意志更强”的文化因子。在这种精神的引领下，西藏石油砥砺奋进，将中国石化的旗帜牢牢插在雪域高原上。

（一）思想转变引领转型发展

曾经，西藏石油主要依赖传统的油品销售业务，为西藏地区的交通运输和能源供应提供坚实的保障。然而，随着时代的发展，环保要求的提高、能源结构的逐步调整以及西藏地区旅游业与特色产业的蓬勃发展，使得单纯的油品业务已难以满足地区发展的多元需求和企业长远的战略目标。因此，转型已成为必然的选择，也是开启新征程的关键所在。

1. 绿色理念根植于心

西藏石油深刻认识到，绿色发展不仅是时代的呼唤，更是这片土地的迫切需求。因此，绿色、环保、多元融合的理念被深深融入企业文化的血脉之中，成为指引企业战略规划的明灯。从高层决策到基层实践，每一个细节都闪耀着绿色的光芒，彰显着企业对自然的敬畏与呵护。

2. 共识凝聚转型基石

在这场能源转型的浪潮中，西藏石油的每一个人都成为推动变革的重要力量。从领导到基层员工，大家逐渐形成了共同的信念：西藏石油不仅要做好油品供应商，更要成为综合能源服务商和地区发展的助力者。这一共识如同坚固的基石，为西藏石油全方位转型提供了强大的精神支撑和行动指南。

3. 转型之路绿色启航

在转型发展这一共识的引领下，西藏石油正以前所未有的决心和勇气，全力推进全方位转型。从技术创新到服务升级，从市场拓展到社会责任，每一个环节都贯穿着绿色、环保、多元融合的理念。西藏石油正以实际行动，践行着对可持续发展的承诺，为这片高原的繁荣与和谐贡献着自己的力量。

（二）体制机制改革铸就转型基石

深化体制机制改革犹如一盏明灯，照亮了西藏石油能源转型的康庄大道。这不仅是时代发展的必然选择，更是推动能源行业迈向高质量发展的根本保障。

1. 破旧立新，经营责任制焕发新生

面对能源转型的迫切需求，西藏石油毅然决然地踏上了建立新型经营责任制的征程。这一改革举措，如同春风化雨，让去行政化、去机关化的种子在能源行业的沃土中生根发芽。它打破了传统的束缚，让经营决策更加贴近市场，更加灵活高效。

2. 专业引领，打造能源转型新引擎

在专业化的道路上，西藏石油勇往直前。新能源、权益会员、客户服务中心等专业机构的建立，如同一个个强大的引擎，为能源转型注入了源源不断的动力。这些专业机构各司其职，协同作战，共同推动能源行业向更加清洁、高效、可持续的方向发展。

3. 创新驱动，人才引领未来

创新是引领发展的第一动力。西藏石油通过多种形式及渠道不断引进创新型人才，为公司能源转型提供源源不断的智力支持。公司尝试建立创新型组织，为人才提供广阔的发展空间和施展才华的舞台。在这里，创新不再是遥不可及的梦想，而是每个人触手可及的现实。

4. 机关瘦身，提升管理效能

推进机关瘦身，是西藏石油优化管理结构、提高管理效率的重要举措。通过完善机关人员任职资格管理和末位淘汰与不胜任退出机制，让机关队伍更加精干高效。同时，建立了更加科学的绩效考评体系和检查反馈机制，确保每一项工作都能落到实处、取得实效。

（三）多业态经营是能源转型关键所在

在巩固油品销售网络的基础上，西藏石油大力进军新能源领域，逐步向“油气氢电服”综合能源服务商转型。

1. 巩固主责主业，推动主营业务增量创效

坚持以油为基，灵活统筹资源运作，全力做大直分销规模，保持零售量价平衡，强化市场竞合，丰富增值服务，持续攻坚拓市创效。坚持以进促稳，着力加快新建站投营，持续抓好网络稳定，稳固网络规模。坚持多元融合，积极推进易捷服务线上线下培育工作，巩固拓展“易捷速购”网点，大力推进收费洗车、收费停车、易捷养车、咖啡餐饮等衍生服务，持续打造生态链条。

2. 发展充电业务，服务新能源车主

充电桩业务的拓展已成为西藏石油能源转型的重要着力点。考虑到西藏地区旅游车辆尤其是电动汽车日益增多的趋势，西藏石油在主要交通干道沿线的加油站和旅游景区附近增设充电桩，形成油品与电力补给的综合服务站点，为过往车辆提供便捷、高效的能源补给解决方案，有效缓解了电动汽车在高原地区的里程焦虑。在拉萨、日喀则、昌都、林芝等主要城市和交通要道沿线的加油站内及多种类型的停车场，一排排崭新的充电桩整齐排列，采用先进的快充技术，满足新能源汽车用户长途旅行的需求，为西藏地区新能源汽车产业的发展注入了强劲动力。

3. 多业态经营，打造易捷新优势

持续优化 SKU 结构，加大直采力度，创新联采模式，降低采购价格；拓展前置仓发展空间，强化抖音等各大平台引流、权益积分兑换；加速与知名品牌合作，试点开发化工产品、药品、西藏特色产品等，丰富经营业态。在便利店升级方面，西藏石油将其打造为集购物、休闲、文化展示于一体的多功能空间。除提供丰富的特色商品外，还展示西藏的手工艺品与文化典籍，让顾客在加油之余，能够深入领略西藏的独特魅力与文化。

4. 服务车主游客，氧舱助力抗高反

在世界屋脊西藏，稀薄的空气曾是困扰人们健康与活力的巨大挑战。西藏石油氧舱如同一座座“生命富氧舱”为高原地区带来全新的生机与希望。公司各个加能站点建设投用了免费氧舱，供过往车主及游客免费使用，已成为西藏石油转型历程中的一大亮点。对于当地居民而言，免费氧舱为他们提供了一个改善缺氧状况的便捷场所；对于游客来说，这成为来西藏旅游的一个新亮点，柔和的灯光、静谧的空间，让每一次吸

氧体验都成为一场惬意的“健康之旅”。从企业角度来看，氧舱项目不仅为西藏石油带来了新的业务增长点，提升了经济效益，而且大大提升了企业的品牌形象与社会知名度。

（四）加快天然气发展，探索氢能应用

在能源转型的壮阔征途中，西藏石油正以坚定的步伐，迈向天然气与氢能的新时代。这是一场关乎未来、关乎可持续发展的深刻变革。

1. 多方联动，加快 LNG 大发展

天然气，作为清洁能源的代表，正逐步成为能源转型的重要一环。西藏石油正以创新性的思维与发展方式积极推进 LNG 加气站建设，以更加高效、环保的方式，为交通运输领域提供绿色动力。这不仅是对传统能源模式的革新，更是对环境保护的坚定承诺。

2. 积极探索，推动氢能应用

氢能，以其高效、清洁、可持续的特性，被誉为未来能源的希望之光。西藏石油不断加大氢能的研究与应用，从技术研发到产业链构建，每一步都凝聚着对未来的憧憬与期待。西藏石油积极探索，引领产业发展、推动技术创新、促进产业链协同发展，共创氢能应用多元场景。

在广袤的青藏高原上，西藏石油正以“油气氢电服”综合能源服务商的全新姿态，昂首阔步走在能源转型的前沿。公司秉持创新精神，不断探索新技术、新模式、新业态，推动能源行业向高质量、高效率、可持续方向发展。同时，公司致力于提供多元化、一体化的能源解决方案，从传统油品供应到新兴氢能、电能服务，不断拓宽服务领域，提升服务质量，满足客户多样化需求。

（撰稿人：秦云益　旦增次央）

三、坚持创新探索，开启高质量绿色低碳转型

——中国石油广东销售深圳分公司加速推进充电业务

中国石油广东销售深圳分公司（以下简称深圳公司）成立于2001年1月，是中国石油广东销售下属二级企业。2023年以来，深圳公司肩负国有企业的社会责任，发扬担当精神，坚持以集团公司提出的“清洁替代、战略接替和绿色转型‘三步走’总体部署”为指导，牢牢抓住深圳市建设“超充之城”的黄金期，坚持效益优先、规模并重，快速切入新能源汽车充电行业新赛道，成功迈出了绿色低碳转型的第一步。

（一）坚持党建引领，赋能企业绿色转型

深圳公司党委班子坚持示范引领学，以关键少数引领全体党员掀起学习热潮。多次组织开展新能源专题集体学习研讨，静下心来深学细悟、潜下心来细照笃行。

围绕“如何打好新能源业务发展主动仗，跑赢新能源业务与传统油气业务‘两个赛道’，加快建成综合能源服务企业”的主题开展研讨，并作为主题教育调研课题。为此，成立调研小组，通过四不两直、座谈交流、随机走访、听取汇报等多种形式，深入市场、合作伙伴和股权企业进行走访调研。认真剖析问题，着力解决难题，形成了一整套完整措施。

深圳公司通过讲授专题党课、召开新能源业务发展推进会等方式，向全体员工深刻剖析公司面临的内外部形势。从外部看，深圳的新能源业务市场“大有可为”，新能源发展潜力巨大，未来发展前景广阔；从内部看，发展新能源业务是顺应能源行业转型大势的必然要求，是推动成品油销售企业基业长青、永续发展的必由之路。从而提高员工对公司发

展路线的认同感，增强员工的责任感和使命感。同时，阐明了公司“稳守当下成品油业务发展基本盘，谋划和做好新能源接续发展盘”的发展战略，以及深化体制机制市场化改革的发展前景。把全体员工的思想认识和行动统一到公司决策部署上来，明确了公司接下来的工作安排和工作计划，为员工开展工作提供了明确指引和路径依循。

通过加强思想宣贯，深圳公司建立起了转变思想观念、全员干事创业的文化导向，为公司在新能源业务发展的新赛道上跑出“深圳速度”奠定了坚实的思想基础。

（二）撬动政企合作，实现规模化开发

2023 年，深圳发布了《新能源汽车超充设施专项规划（2023—2025 年）》，以“一杯咖啡、满电出发”为口号，明确提出：到 2024 年底，建成技术全球领先、场景多元覆盖的超充设施服务体系，树立“深圳超充”品牌形象；到 2025 年，全市超级充电站达到 1000 座，打造世界一流的“超充之城”，助力实现碳达峰碳中和目标。为实现这一目标，各级政府对超充设施投资建设运营相关企业给予了极大支持。

深圳公司积极抢抓深圳市建设“超充之城”的契机，以市政府、区政府停车场项目为切入点，高标准、高效率地建设超充标杆站，并深化与地方政府的合作关系。地方政府协调相关单位向公司推介优质低价场地。为实现效益最大化，深圳公司尝试与区属国企、街道办等单位建立深度合作关系，利用其熟悉本地资源的优势，与零散项目场地方进行洽谈沟通，将项目集中整合后，商定统一分成比例，以实现充电站的规模化建设。在开发过程中，公司坚持事前算赢的原则，优先以充电服务费分成作为合作方式。对于中心区域、重点路段的场地租赁项目，开发团队坚持反复、谨慎论证，力求最大限度实现低成本开发。

在合作谈判及建设过程中，深圳公司充分利用昆仑网电在本地的资源、平台和规模优势，联合兄弟单位开展项目场地摸排、现场勘察，共

享场地信息和社会资源。在开发方面，公司联系拜访政府街道，努力争取项目资源；在建设方面，明确充电站的线路排布、变压器报建等分工合作，极大提高了施工效率。此外，深圳公司充分利用外部资源优势，将充电设备供应商、强电施工单位等业务代表发展为公司外围开发人员，鼓励供应商积极提供项目信息和资源。在项目优质、合法依规的前提下，一切合作条件皆可谈，从而拓宽了项目信息渠道，提高了开发成功率。

（三）坚持以人为本，强化人才队伍建设

深圳公司坚持以人为本的人才观，从团队建立、人才培养和员工激励等多个维度出发，致力于建设一支高质量的开发运营队伍。

1. 结合业务需求，组建专业团队

深圳公司成立了新能源发展专班，并抽调来自不同职能领域的年轻骨干加入新能源项目开发组。该组对充电项目的规划、勘察、可研、立项、签约、施工、验收、投运等全流程进行分工，确保各岗位职责明确，充分发挥柔性组织的作用。

2. 加强员工培训，提升工作能力

针对员工在新能源业务知识方面的欠缺和业务技能的薄弱问题，深圳公司积极与昆仑网电开展合作，利用昆仑网电的经验和技术优势，组织业务培训。培训内容涵盖充换电行业特征、市场现状、技术应用、开发运营的业务流程和注意事项等方面，通过知识传授和经验分享，不断提升公司新能源业务的开发运营能力。

3. 实施员工激励，激发工作热情

深圳公司新能源发展专班研究制定了全员开发机制及配套的全员开发激励方案，鼓励全体员工积极参与项目开发。同时，结合《分公司客户倍增计划实施方案》，对客户经理开发充电项目折合油品销量的奖励标准进行了明确，并进一步研究制定了新能源业务开发激励方案，对成功开发充电项目的直接贡献者给予重奖。

（四）坚持创新探索，推动运营能力提升

深圳公司精准拓展线上线下引流渠道，加强与高德、百度等主流地图平台的合作，确保新开站点数据及时推送。同时，与新电途、快电等充电互联互通平台以及华为等供应商平台携手，探索跨平台联合营销机制。通过提升平台搜索排名、标注场站先进设备亮点、提高好评率等措施，不断扩大站点关注度、提高市场渗透率及增强品牌影响力。此外，公司根据充电站的位置和周边环境细分客户群体，建立社区群，通过差异化营销策略吸引不同客户群体，并在群内及时解决客户充电问题，持续增加粉丝会员数和提升用户黏性。

在运营方面，深圳公司与昆仑网电运营和运维团队密切协作，利用兄弟单位的数据平台实现运营数据的深入分析，对客户反馈问题及时进行处理，不断提升客户体验。同时，公司积极探索虚拟电厂需求响应、光储充放一体化、新型电力负荷管理系统等新业态。在笔架山公园西门停车场，公司与华为数字能源公司合作建成了首座光储直柔超充站。该站集光伏、液冷储能、液冷超充、车网互动（V2G）等前沿技术于一体。在运营过程中，通过 EMS 能量管理系统，根据充电站充电负荷规律实现各项能量的智能调度，充分发挥光储充放协同作用，实现削峰填谷、收益最大化等效果。

下一步，深圳公司将秉承集团公司“绿色发展、奉献能源，为客户成长增动力，为人民幸福赋新能”的价值追求，围绕广东销售的“122314”工作思路，坚守“蹚新路、走在前、做示范”的追求，坚决扛起“新担当、新突破、新作为”的重大使命，携手更多合作伙伴，共建高质量新能源汽车充电网络，为构建绿色、低碳、可持续的能源体系贡献更多力量。

（撰稿人：庄佳立）

四、推进绿色发展，全面打造“油气氢电非”综合能源服务商

——中国石油辽宁销售沈阳分公司综合能源网络布局

当前，我国发展进入战略机遇和风险挑战并存、不确定难预料因素增多的时期。对成品油销售企业来说，成品油市场进入深度调整期，能源转型升级进入质变期，高质量发展进入攻坚期。沈阳作为东北地区的重要工业城市和交通枢纽，对能源的需求量巨大且呈现多元化趋势，传统的油气能源供应模式已经难以满足可持续发展的需求。

面对能源转型大势，加油站升级换代成了重中之重。辽宁销售沈阳分公司（以下简称沈阳分公司）作为中国石油在辽宁的重要分支机构，积极响应国家能源发展战略，用心践行“市场、创新、绿色、提质、强基”五大战略，统筹油气供应安全和绿色低碳协调发展，以创新为驱动、以市场需求为导向，全面布局“油气氢电非”综合能源服务网络，大力推进综合能源网络布局，以充分保障油气供应为基础，取得了党的建设坚强有力、安全环保平稳受控、重点项目落地见效、提质行动有序推进等较好的成效。

目前，沈阳分公司积极布局直流快充桩，建设光伏站、储能站，努力融入地方氢能产业发展规划，大力发展加氢网络……拓疆域、铺网点，始终将保障能源供应作为首要任务，致力于在沈阳地区构建清洁、高效、多元的能源供应体系，成为推动区域能源变革的先锋力量，持续推进高质量发展。

（一）油气网络布局：巩固传统优势，提升服务品质

1. 优化油品供应链

沈阳分公司作为沈阳地区成品油经营的主渠道企业，拥有完善的成

品油供应链体系。通过加强库存管理、优化物流调度、改造升级加油站设施等措施，确保成品油供应的稳定性和及时性。同时，沈阳分公司积极推进成品油质量升级工作，全面供应国Ⅵ标准汽油和柴油，满足环保要求，提升客户满意度。

2. 加油站网络建设与开发

沈阳分公司以客户需求为导向，合理进行加油站区域布局，通过新建、改造和升级加油站，持续优化加油站网络布局，扩大加油站覆盖范围，提升加油站服务质量。同时，契合沈阳“十四五”规划，统筹投资方向、发展方式、规模和节奏，2024 年先后投营 4 座新建加油站，分布在市区、城区、省道，填补优化了客户市场空白点。

3. 智慧加油站建设

沈阳分公司基于中国石油加油站管理系统 3.0，实现线上线下全渠道数据的互联互通。加油机器人、智能 RPOS、智能加油机、客户自助服务大屏、生物识别支付等智能设备快速接入系统，实现了线上线下一体化，便捷了许多客户。

4. 进一步丰富天然气能源供给服务

沈阳分公司在营的 4 座 CNG 加气站以出租车、公交车、长途客车、卡车作为重点客户群体。加气站员工积极学习 CNG 设备操作流程，定点巡查气化器、增压器等设备，确保设备正常运行；执行严谨的加气流程，注重观察气瓶流量计及气瓶压力表，避免充装异常发生，为客户提供优质稳定的清洁能源，为区域配套加油打气。

5. 可再生能源开发利用

沈阳分公司关注以太阳能为主的可再生能源的开发利用，在加油站屋顶、停车场等区域安装太阳能光伏板，利用太阳能发电为加油站提供电力支持，持续拓展光伏发电应用场景。

6. 东北地区首台智能加油机器人

2023 年 9 月，东北地区首台智能加油机器人落户沈阳分公司蒲新路综合能源站。车主可在“中油好客e站”App选择“机器人加油”预约订单。车辆停靠在机器人加油区内，机器人可以自动识别车牌号码等车辆信息，在2分钟内便可完成全套加油服务。智能加油机器人作为新技术、新场景在加油站现场实现应用，颠覆了大众印象中传统油气生产企业的形象，折射出了新质生产力蓬勃强劲的发展势能，见证了沈阳分公司在新质生产力领域的发展之变。

（二）氢能网络布局：探索氢能产业，引领能源转型

1. 沈阳首座加氢示范站建设

2024年6月，沈阳正式印发实施了《沈阳市氢能产业发展规划（2024—2030年）》。规划确定了把沈阳建设成为具有重要影响力的“北方氢都”的发展定位。作为沈阳成品油经销行业协会会长单位，沈阳分公司充分发挥成品油的销售主渠道作用，始终秉持“走在前、做示范、当标杆”的目标定位，积极响应国家“双碳”战略，精准锚定区域经济社会发展大局，紧紧把握、着力打造“储能之都”新机遇，带头落实辽宁销售统筹推进油气、非油、新能源三大业务转型升级战略部署，加速新能源产业布局，深化拓展企地合作，充分利用自身网点布局、资源优势及品牌影响力，加速推进网络建设与新能源开发，领先建成沈阳首座加氢示范站——轩通路油氢合建站。

轩通路油氢合建站占地面积4101.54平方米，18立方米储氢瓶组1组、双枪加氢机1台、氢气压缩机橇2台，日付氢能力1000千克，为氢能车辆提供便捷的加氢服务。同时，沈阳分公司加强与氢能产业链上下游企业的合作，共同推动氢能产业的发展。

2. 氢能应用推广

作为汽车产业核心承载区内唯一的油氢一体化综合能源供给站，轩通路油氢合建站能同时满足区域内物流、环卫、公交等氢能及燃油汽车的加注需求。这一示范性项目不仅填补了区域氢能应用的空白，而且标

志着沈阳分公司在综合能源领域迈出了坚实的步伐，为新能源业务转型注入了强劲动力。沈阳分公司通过氢能车辆的示范运营，展示氢能技术的可靠性和经济性，推动氢能车辆在更广泛领域的应用。

3. 填补氢能应用空白，积累经验

轩通路油氢合建站营业后，消费者可以在该站点享受到加氢、加油、非油品销售等服务。该站每天可以满足 40 辆氢燃料电池运输车的加氢需求，有效填补了区域内氢能应用的空白，为打通沈阳至大连高速沿线城市的“氢走廊”提供支撑，为公司加氢业务发展积累了宝贵的经验。同时，沈阳分公司关注氢能安全技术研究，确保氢能应用的安全性和可靠性。

（三）充电网络布局：推进充电设施建设，打造绿色出行生态

1. 充电设施建设

面对能源行业的深刻变革，沈阳分公司紧扣“双碳”目标，大力践行绿色发展理念，加大新能源光伏 + 充电项目的投入力度，初步形成多能互补格局。规模发展光伏发电，按照前期周密工作部署，新增光伏立项 26 项，2024 年底陆续完成并实现并网发电。

2. 加速布局充电设施站点

根据不同区域、不同车型的需求，合理规划充电桩布局和功率配置。充电业务实现从合作向全面自建转变，确保充电服务的覆盖面和便捷性。沈阳分公司先后建成了蒲新路站外充电站——辽宁销售首座站外充电站，景星加油站充电站——辽宁销售首座自主投资、自主运营充电站。截至目前，沈阳分公司新增站内充电站、站外充电站 18 座，合计 306 把充电枪，进一步完善了区域内的充电网络。

3. 优化充电网络

沈阳分公司运用大数据技术，对充电设施运营数据进行实时监测和分析，优化充电网络布局和充电策略。蒲新路综合能源站在 2024 年改造过程中，考虑了加油站的地理位置、客户需求等因素，合理规划了充电

桩等设施的布局和功率配置，实现“超、快、慢充电＋光伏”全场景新能源，为客户提供不同充电功率的选择，提升客户的充电体验感。液冷充电终端采用华为新一代全液冷超充架构，液冷终端最大输出功率600千瓦，可实现1秒1公里的极致体验，极大地缩短了客户的充电时长，实现了充电桩的合理利用和高效运营，提高了充电设施的服务水平和运营效率，为客户提供了一站式的能源补给。

4. 充电与光伏融合发展

沈阳分公司积极探索充电与光伏融合发展模式，增设配套服务，优化加油、光伏与充电的流程衔接，提高能源补给效率。蒲河路综合能源站位于沈北商业地标尚柏奥莱南侧，是一座集加油、充电、光伏、洗车于一体的综合性能源站。充电站每年可为1.5万辆新能源汽车开展充电服务，充电量约为46万千瓦·时。罩棚顶板采用BIPV光伏一体化组件，年发电量为2.95万千瓦·时，减排二氧化碳29.4吨，节约标煤9.68吨。光伏充电车棚年发电量为1.53万千瓦·时，减排二氧化碳15.3吨。

（四）增值服务网络布局：拓展业务范围，提升客户价值

1. 拓展增值服务

沈阳分公司各加油站拥有售卖百货、生鲜、零食、酒水等商品种类齐全的便利店，结合加油站周边客户群体需求提供集洗衣、药店、家电、洗车、农资产品等于一体的服务，24小时维护店内商品库存，对畅销品种加快补货速度，满足客户在加油过程中的购物需求，早已成为周边居民日常生活中离不开的智慧生活驿站。

2. 24小时工会驿站

2024年，沈阳分公司以“有需求、再建设”为导向，大力推进24小时工会驿站建设，科学选址、合理规划、立即行动，结合站点位置、环境、服务人群等特点，升级揭牌投运的10座中国石油24小时工会驿站，面向大货车司机、外卖送餐员、网约车司机、快递员等新就业形态

劳动者，以及环卫园林工人、出租车驾驶员、交通警察、志愿者、其他户外劳动者，提供全天候不间断的服务，切实把服务户外劳动者工作做得更深入、更扎实、更贴心。同时，为了解决户外劳动者群体吃饭难、饮水难、休息难、如厕难等急难愁盼问题，站点内除配备沙发桌椅、空调（电风扇）、微波炉、饮水机、急救药箱等必要设备物品外，还准备了免费 Wi-Fi、充电插座、书报杂志、血压仪、雨伞雨具、卫生巾、针线包、花镜、纸笔便笺等多元服务物资。在推动解决户外劳动者关键小事的基础上，沈阳分公司对外延伸“家”的理念、传递“家”的温暖，倾力把加油站打造成户外劳动者的“家”油站。

沈阳分公司通过整合资源、优势互补，进一步优化油气网络、发展氢能产业、推进充电光伏设施建设和增值服务领域等措施，构建了多元化、清洁化、智能化的能源供应体系，在推进绿色发展、打造“油气氢电非”综合能源服务商方面取得显著成效。其综合能源网络布局的典型实例为能源行业的绿色转型提供了有益的借鉴和参考。未来，沈阳分公司将奋力开创新时代销售公司高质量发展的新篇章，在新征程上高质量打造“油气氢电非”综合能源服务商。

（撰稿人：敦心旸）

五、“三个维度”增量创效

——中国石油甘肃销售公司武都东江加油站

加油站经营管理是一项系统工程。中国石油甘肃销售公司武都东江加油站立足辖区市场，面对附近社会加油站激烈的市场竞争，紧紧围绕加油站服务质量、客户管理、精准营销三个维度，全力打造加油站高质量发展新质生产力。

（一）强化服务质量管控，提升客户消费体验

东江加油站全体员工牢固树立“服务是最好的营销”理念，重点以打造安全快捷、贴心优质的消费环境为抓手，强化现场服务质量管控。

1. 优化布局补位引导，提升高峰时段服务效率

作为城区加油站，消费高峰治理是提升现场服务质量的重中之重。针对加油站商圈内的市场消费特征及需求变化，东江加油站持续对油机油枪品号布局、油枪流量大小及使用率进行监控分析，研究并实施优化改造方案，科学规划，以提高油机油枪的满负荷使用效率。通过布局优化，解决了硬件方面制约服务效率和质量的因素，进而高效提升了服务效率，降低了加油站高峰时段的拥堵指数。

针对单排机双车道、加油机间距小和场地面积有限的实际困难，东江加油站采取了“顶前引导、两机六车、适当斜插”的方式，确保加油车位得到充分利用，油枪高效运转。在每日加油高峰时段，站经理与关键岗位人员现场补位，全力保障服务质量，协助现场工作人员提高服务效率。

通过落实“一顶前、四引导”的工作要求，做到第一时间出现在车前、人前，对顾客进行温情问候，安抚客户等待加油的急躁情绪，转移客户注意力，并借机增加与客户的沟通交流，提高开口营销的机会。

2.“五心”服务“五觉”体验，全方位提升满意度

聚焦“五心”服务、创新“五觉”体验，是东江加油站持续提升服务质量和客户消费体验的发力点和落脚点。

东江加油站建立了“五心”服务工作体系，以市场客户为导向，提供放心、贴心、省心、舒心、诚心的优质服务，让客户感受到超值超预期的消费体验。在具体创新实践上，东江加油站通过开展加油站现场全流程诊断优化和建立常态化帮扶机制，持续提升现场服务效能。同时，狠抓服务细节，强化技能培训、效能检查和投诉处置，完善和强化“五

心”服务管控机制。通过实施定制化、差异化的客户会员尊享服务，精准触达客户真实需求。此外，创新丰富工作载体，建设“五心”服务营销终端，塑造“五心”服务品质，形成独具特色的“五心”服务文化和现代化服务管理新模式。

东江加油站创新开展了“五觉”体验。以干净整洁、陈列饱满、色彩丰富、指示明晰为总基调，确保加油站现场物品规范有序、员工形象得体、夜间亮化璀璨，给客户留下良好的第一印象，以“型”悦人。以店内消费轻音乐、店外促销提示乐、卫生间进门舒缓乐为主旋律，配以亲切问候和推介话语，以声动人，延展听觉享受。以“店内有飘香、卫生间有清香、全域无异味”为主氛围，优化嗅觉体验，增强客户感受。通过双手找零、红毯铺设、临时休息区、司机之家、参观体验等触达服务，让客户体验尊享感，以“触”畅人。紧盯节日节点，增设服务项目，如一颗糖的馥郁、一杯水的清冽、一块果的甘甜，以小憩、水果等服务抚平客户跋涉的辛劳，以“味”引人。

通过“五心”服务和“五觉”体验，东江加油站让客户由表及里、由外而内全方位、深层次地感受到加油站的优质服务。

（二）深化客户开发维护，夯实油站创效之源

客户是油站生存发展的根本，一切的经营活动必须围绕着客户开展，以满足客户需求为导向。

1. 细化客户工作，人人都是客户经理

2024 年，东江加油站按照公司下发的工程项目及机遇客户目录清单，将客户开发与维护工作进行细化分解，每一位员工在休息闲暇时，都积极走访或者进行电话维护，使客户开发维护工作人人身上压担子、人人肩上有指标，人人都是“客户经理”。每周站务会上，员工逐一汇报客户开发与维护工作的进展情况，明确哪些客户是继续巩固的、哪些客户是新开发增加的、哪些客户是游离流失的，建立了客户管理“三个清

单”。每月对客户管理工作进行排名通报，通过二次考核分配，奖勤罚懒、奖优罚劣，让员工切实重视客户管理、扛起责任担子，共同为油站发展贡献智慧和力量。

2. 经理担责大客户，上门拜访谋合作

站经理作为重要客户开发维护的第一责任人，根据前期“市场大调研、客户大普查”建立的客户资源清单，详细制订客户开发维护工作方案和计划任务。利用低峰时段和休息时间，对于重要大客户，坚持亲自上门拜访，积极与客户沟通，了解客户生产用油方面的各类诉求。针对客户的实际情况，为客户提供最佳的消费方案，让客户感受到加油站服务的真诚和用心。对于较难开发的客户，坚持一次不行去两次、两次不行去多次，通过为客户着想、打好“情感牌”“服务牌”，最终把握好销售机会，达成供油合作，为油品稳步增长夯实客户基础。

3. 客户分级重价值，精准营销促增长

东江加油站按照客户价值高低进行开发与维护等级分类，将工作的重点和主要精力放在高价值客户上，最大化取得工作成效。重点客户优先开发，由站经理及业绩好的员工挑起重担。在充分了解客户后，提前模拟客户开发营销话术，把洽谈过程在大脑中细细过一遍，思考如何精准触达客户需求、谈到客户心坎上、解决客户真正需要的诉求点，做到“打有准备的营销仗”。在主动上门走访过程中，形象规范、礼貌用语、真诚待人，认真倾听客户的关注点和诉求点，全方位宣传企业品牌信誉、数质量品质、保障服务及油卡非润一体化营销、促销活动等信息。本着“双赢”的经营理念，做到高效洽谈，进而签订销售协议，油非互动推动销售稳步增长。

4. 配送服务解难题，油非互动稳增长

针对周边农村市场及工程客户用油的实际需求，东江加油站通过小额配送、流动加油车等方式，制订最优配送方案，全力以赴满足经济建设、农业生产等客户对能源的配送需求。东江加油站积极履行保供承诺，只要客户有需要，站经理都会主动将油品运送到工地，为客户生产生活需求排忧解难。2024 年，东江加油站实现站外配送油品 197 车次，累计推动零售增加 859 吨。

（三）灵活运用营销工具，大力实施精准营销

电子加油卡是会员体系营销的重要载体，很多促销优惠活动都依托卡业务实施。同时，电子加油卡是营销分析的数据来源，涵盖了客户消费品类、消费特征、消费习惯和消费周期。东江加油站通过大数据的二次整合分析，为客户提供定制化、差异化的营销工具组合，最大限度满足客户的消费诉求。

1. 线上线下齐宣传

东江加油站充分做好宣传功课，以“轻松开卡”“免圈存”“便捷支付”“自助开票”“超值优惠”等为宣传点，多渠道联动宣传。线上线下一体造势，站内张贴海报，制作微信、支付宝小程序二维码推荐牌；转发“电子加油卡推广”短视频至朋友圈、顾客群、社群营销群等，多种方式积极营造电子卡使用氛围，宣传其使用优势，引导顾客从“有形卡”向“无形卡”消费转变。

紧盯加油站营销主阵地，遵循“顾客推介宣传 100%”的原则，加大现场办卡推介力度。同时，打破业务推广空间壁垒，开拓营销新渠道。站经理带领员工扎实开展“六进”发卡活动，走进企事业单位、市政广场、商铺、社区等目标客群，积极宣传电子卡，最大限度向商圈内目标客户办理电子卡，让客户了解加油站的促销优惠。

2. 灵活营销拓合作空间

对于重要大客户，东江加油站严格按照公司折扣卡办理要求，落实“量大从优”的营销策略。通过加油卡折扣客户梳理优化，实行“一客一策”，精准调整卡客户折扣让利。以灵活的营销方式，让客户享受相应优惠，为巩固扩大业务合作留下良好空间。

针对客户信息，东江加油站将客户按不同等级建立相应的客户微信群，及时在群内发布价格变动、节日主题营销等活动信息，让客户第一时间了解油价走势及油卡非润一体化营销优惠政策。对于大客户，提醒涨价前购进油品，参与电子卡赠券等活动，积极开展“一站式”油品配送服务。通过线上营销推广、现场开口推介，引导客户提升加满率、回头率和忠诚度，实现营销工作的精准触达，最终赢得市场、赢得发展。

（撰稿人：张小斌）

六、打造综合能源服务新实践

——中国石油重庆销售公司黄花园综合能源站

当前，市场变革、能源变革、商业模式变革对企业可持续发展带来严峻挑战，成品油销售企业零售市场更是复杂多变。在高质量发展的新征程上，提供多元绿色综合能源及便捷优质服务体验，成为成品油销售企业转型发展的重要路径。

中国石油重庆销售公司（以下简称重庆销售公司）始终坚持新发展理念，积极顺应国家能源绿色低碳转型发展大势，从满足客户“人·车·生活”一站式需求出发，致力于为客户提供多种能源供给和多业态服务，努力打造重庆地区多元化综合能源服务标杆站点。

黄花园综合能源站位于重庆渝中半岛嘉陵江畔，毗邻重庆著名4A级景区洪崖洞和解放碑，以及网红景点李子坝穿楼轻轨，是重庆山城首座“老字号”加油站。该站集油品销售、便利店、餐饮、汽服、充电等服务于一体，主要客户群体为周边党政机关、企事业单位、社区商圈、旅游车队等，每年提供加能服务近30万车次。

（一）多元经营促转型，解锁“一站式服务”新体验

设充电业务、深耕非油业务、开展汽服业务，持续丰富经营业态，打造多元消费场景，为进站顾客带来全新的消费体验。

1. 因势利导增设充电业务

重庆自2021年成为全国新能源汽车换电试点城市后，2023年被纳入公共领域车辆全面电动化试点城市行列。着眼打造“未来的饭碗工程”，黄花园综合能源站先行先试，作为重庆销售公司首批自建自营的充电站之一，积极探索新能源业务的布局。在充分论证的基础上，该站持续优化平面布局，充分利用便利店侧后方的闲置地块增设充电桩，实现功能补位，有效提高了场地使用效率。自3台180千瓦双枪一体式充电桩建成投运以来，可同时满足6台新能源车辆的充电需求，为顾客提供快捷方便的10分钟100千米、30分钟1辆车、1小时120千瓦·时的超快充电体验。目前，该站月均充电量达1.5万千瓦·时。

2. 因站施策深耕非油业务

黄花园综合能源站聚焦自身“流量站”“景区站”“社区站”的特色，遵循商圈定客户、客户定商品、商品定陈列的原则，对便利店进行了精心打造。从“声、光、目、味”等多方面入手，该站设立了自有商品专区、咖啡休闲区、特色商品及工艺文创区、名优特线上线下联动区、好客酒馆名酒专区、人·车·生活消费帮扶专区等6个不同主题区域。这些区域提供了更加便捷、多样的产品选择，实现了吸引顾客进站、留住顾客、促进消费的目标。2024年，该站非油毛利同比增幅达到了20%。

3. 因地制宜开展汽服业务

随着市场竞争的日趋激烈，开展汽服业务已成为加油站完善服务功能、满足顾客需求、提升服务体验的重要手段。黄花园综合能源站积极与属地部门协调沟通，合理规划利用站入口的闲置区域，增设了自助洗车机，正式开展了汽服业务。自动洗车机以列车为整体外观造型，并融

入了重庆销售公司的卡通形象“优优”“加加”，给过往路人带来了强烈的视觉冲击，有效提升了客户进站率，增强了客户黏性。该站结合实际情况，推出了“加油＋免费洗车”服务，通过加油满额赠送、e享卡充值送电子洗车券等方式，吸引了线上线下客户。目前，该站汽服业务月均收入近4万元，“加油＋洗车”已成为该站顾客的消费习惯，有效带动了油品零售增量和非油销售。

（二）精准营销增效益，打造“网红打卡站”新地标

背靠重庆著名网红景点，据统计，每年约有2亿人次乘坐汽车、轻轨、游船或步行经过黄花园综合能源站，使其成为全重庆出镜率最高的中国石油零售终端、自驾游综合补给站和网红打卡点。该站充分发挥独特地理位置优势，坚持深耕市场，创新经营模式，以精准营销、精益营销不断提升综合能源站经营质效。

1. 化身旅游达人引客

该站积极搭乘山城“网红”城市文旅经济快车道，与周边旅行社、汽车租赁公司联动，为进站游客代发重庆一日游免费券及优惠券。同时，设置专区交换车辆营运信息，将旅游大巴车锁定至该站加油。在节假日、寒暑假等旅游高峰时段，日均进站大巴车约25辆，带来日均增量近6吨。此外，员工自制重庆主城景区手绘地图，为进出旅客提供旅游咨询服务，并通过短视频分享旅游攻略、展示加油站的“美貌”，吸引了不少游客专程前来打卡。2024年，黄花园综合能源站纯枪销售同比增长3%。

2. 深挖辖区市场获客

黄花园综合能源站牢固树立“市场导向、客户至上”的理念，常态化组织开展“扫楼”“扫街”以及进单位、进企业、进工矿、进园区、进社区、进协会的行动，全面摸清客户基本情况、油非需求、服务诉求等。2024年11月，加油站持续加强客户摸排与拜访工作，与距该站5千米的十八梯传统风貌区达成合作意向。通过加油站员工走进商铺推荐办卡、

储值满额赠券，在停车场设置宣传点位、游客扫码赠券；以及景区进加油站摆放海报、开展广告宣传等方式，实现资源共享、优势互补、互利共赢。

3. 实施亲情服务留客

面对客户服务需求的大幅提升，优质、个性化的服务成为提升客户忠诚度、牢牢锁定客户的关键。黄花园综合能源站持续丰富“亲情服务”内容，探索个性化、特色化举措和方式。针对客户不同的特点，为其量身定制“一客一策”专属套餐，为定点客户、重点客户提供专属的“保姆式”“菜单式”服务。2024 年，该站成功开发 20 吨以上客户 9 户，新开发电子卡客户超 1200 人，“卡销比 + 移动支付”占比大幅提升，达到 80%。

4. 践行阿米巴经营创效

该站积极推动阿米巴经营模式，成立连线阿米巴组织。通过开发客户、人员优化，以及同连线加油站统筹营销资源和促销活动等方式，进一步激活员工“人人都是经营者”的经营意识，确保连线加油站整体实现量效最优。阿米巴推行过程中，该站以“政策宣贯”和“完善分配”作为提升油站员工幸福度与满意度的两大抓手，创新常态化管理“四随四查”法，即站内员工随时、随地、随机、随人，开展自查、互查、专查、巡查，带动不同岗位员工主动参与油站管理。此外，该站通过班前会、站务会以及不定期的团建活动，强化员工对阿米巴经营的认识和理解；将任务分解细化到具体班组、具体岗位，做到人人有指标、岗岗有责任，定目标、追过程、晒结果、即兑现，员工月收入差距最高达 800 多元。

（三）勇担责任赢口碑，升级“零距离服务”新模式

高标准履行社会责任是新时代国有企业更好履行战略使命、更好发挥功能价值，实现高质量发展的重要途径和必然要求。黄花园综合能源站牢记央企社会责任和担当，聚焦社会公众需求，提供特色服务，不断架起服务公众、服务客户的连心桥。

1. 打造真情暖心的“宝石花爱心驿站”

黄花园综合能源站在便利店开辟专门区域，打造了“工会驿站·宝石花爱心驿站”。驿站配备了饮水机、微波炉、冰箱、桌椅等基础惠民服务设施，能为环卫工人、外卖小哥、交通警察等户外劳动者提供饮水、热饭、医疗、充电、休息等全方位贴心服务，切实解决了户外劳动者喝水难、热饭难、歇脚难、如厕难等诸多现实困难，成为“渴能喝水，热能乘凉，累能休息，伤能急救”的贴心服务站点。每年，该驿站可服务户外劳动者1.1万人次，是公司致力于社会公益事业、履行社会责任的一个缩影。2022年，该驿站被中华全国总工会评为“全国最美工会户外劳动者服务站点”。

2. 打造温馨关怀的“爱心妈咪小屋”

黄花园综合能源站在站内精心打造了“爱心妈咪小屋”及儿童游玩区，为加油站及附近楼宇、进站车辆中的适龄哺乳期女性，以及经期、孕期女性提供了一个安全、卫生、私密、舒适的温馨空间。小屋充分考虑女性的生理特点，配备了沙发、茶几、微波炉、消毒柜、温奶器、饮水机、冰箱等设施设备，并配有湿巾、纸巾、母婴护理产品、消毒产品等日常用品。同时，安排专人负责保洁、维护工作，并设置了3本台账和意见簿，以听取宝妈们的意见和建议。自启用以来，该小屋已累计服务500余人次，受到了广泛好评。2021年，该小屋荣获重庆市总工会第三批市级“爱心妈咪小屋”功能拓展升级建设单位称号。

3. 打造深厚沉淀的“首站文化”

历经70年岁月洗礼，黄花园综合能源站与山城重庆共同成长，已经成为这座城市不可或缺的一部分。为保护历史文化，继承弘扬石油精神，黄花园综合能源站精心打造了“首站文化展示厅”。该展厅以实物、照片、影像资料等形式，回顾了黄花园综合能源站70年的发展历程。在这里，可以看到黄花园综合能源站的变迁史，了解到重庆销售公司的发展历程和企业文化，也向社会公众科普与加油站有关的知识。黄花园“首站文化展示厅”已成为重庆销售公司的石油精神教育基地，并不定期地对外开放，让大家零距离感受“重庆首站”的魅力。自建成投运以来，黄花园综合能源站共接待政府部门、社会团体、兄弟单位等近百场次超2000人次的参观，“1954重庆首站”品牌影响力持续传播。

未来，黄花园综合能源服务站将继续锚定“人·车·生活”生态圈打造目标，持续优化业务布局，持续提升服务能力，以更加多元的产品和服务回馈社会、回馈客户，推动综合能源服务站建设迈上新台阶。

（撰稿人：余嘉仁　曾　筝）

七、数智赋能精准决策，量效兼顾高质量发展
——中国石化安徽六安石油分公司推进数智化转型

近年来，中国石化安徽六安石油分公司深入贯彻落实安徽石油“1556”高质量发展三年行动计划，加快信息技术与业务融合，深化互联网运营平台的应用，解决经营管理难点痛点。2024年初，六安石油成立了科技创新领导小组，将科技创新创效作为“一把手工程”来抓。公司组建由财务资产部牵头，零管部、县公司和加能站参与的资产提质增效项目组，在全省率先研发科学化、智能化、简便化的资产评价系统，并建立“123”工作机制，即组建一个专业团队、推广两大评价模型、开展三项深度分析，实现了经营决策数智化转型。

为适应经营管理多变的需求，两大评价模型经过多次优化升级和应用，逐步实现了决策科学化，达到了预期提质增效的效果。2024年，六安石油全年成品油销售量和效益大幅提升，利润同比增长11%，高效站增加了13座，占比从67%提升至79%，荣获销售公司“攻坚先锋地市公司”称号，“两力”评价位列全国前50强，重获安徽石油“标杆企业”称号。

（一）研发应用两个数智化决策模型

决策模型化是数智化发展的一个重要特征，是一个将决策过程转化为数学模型或框架的过程，以便更系统、更高效、更科学地进行决策分析，帮助决策者更好地理解和应对复杂的决策环境。

1. 搭建低无负效资产评价模型

六安石油紧跟经营管理需求，模拟资产分类系统取数逻辑，采取信息化手段，通盘考虑系统架构和功能，择优选择有资质的软件开发单位，定制系统软件，签订软件采购和服务合同，确定软件权属，强调信息数据安全，明确系统研发和后续培训维护义务，确保系统正常运行。该系统建立数据评估网络模型，配置影响因子及参数，根据 ERP 和 BW 的经营数据，及时更新评价系统基础数据，通过模板导入，模拟出每座加能站的效能情况；还能根据加能站经营数据和财务数据，评估全年预测性评估结果，快速获得加能站低、无、负效、高效评价结果。

2. 创造营销投入盈亏平衡测算模型

权衡效益测算的影响因素，主要是汽柴油销量及吨油毛利、现金费用、利息支出、折旧摊销等。首先，由零售部对低无负效加能站提出油价调整方案；其次，对调整后的提效情况进行预测；预测如有差异可以实时调整，最终逐项分析确定各项数据，系统模拟运行，测算营销资源投入效果。但不能只以提级作为唯一标准，降价站点要事前算盈，不能盲目降价提量，否则可能会导致提量不增效。提效才是关键，最终目标是实现量效兼顾、量价平衡。

（二）探讨落实差异化资产提效方案

六安石油财务资产部牵头，零售管理部、县公司和站点参与，每月至少召开一次加能站创效提效对接会，对市场环境、地理位置、客户群体、员工素质、资产状态等进行综合评价，结合加能站具体情况具体分析，坚持问题导向，共同探讨提效措施，帮助提升站点效益。

1. 开展“一品一策”营销

98 号高标号汽油有“爱跑燃动节”和专属会员日，易捷服务有易享节，充电站有充电直降。柴油有专用卡活动，更有电子钱包、加油卡充值优惠和第三方营销优惠等。这些营销策略满足了顾客多样化需求，增加了顾客黏性，打造了良好的“人・车・生活”生态圈。

2. 进行“一站一策”攻坚

针对当年拟新开业站，发展基建部紧盯施工进度，按期或者提前验收投营。开业初期，零售部制定专项引流措施，开展“六进一留”活动，迅速提升新站市场占有率。针对租赁到期站，提前一年开始与出租方进行续租谈判，结合市场环境和趋势，合理商定租金和租期，提高未来可使用年限，避免客户流失。针对重要站点，按照省市公司统一部署，采取满减、阶梯价格等措施，事前算盈，引进外部营销资源，稳定提高市场份额和效益。针对销售费用过高的站点，逐项分析吨油费用，报废无效资产，合理优化用工，按照“谁受益谁承担”的原则正确分摊费用，算好单站效益账。

3. 布局“一区一策”破局

金寨县最近有几个国家重点工程项目在开工，市场部和县公司抓住机遇，积极与项目部沟通抢得大单。霍邱县非法加油点较多，县公司取得政府的支持，有力推动打非治违工作，净化了成品油市场环境。金安片区、叶集公司拓展 LNG 走廊，裕安片区则着力做大易捷商品酒类销售，各地区各有各的创效妙招。

（三）实时跟踪资产分类评价提效结果

做好事前、事中、事后三个分析，引导各类资源向价值创造流动，各项措施向价值创造聚焦，实现闭环管理是系统运用的保障，为提质增效指明方向。

1. 事前算盈分析

为满足不同决策场景设定不同子模块，可以将预计调价、销量增幅、销售费用等代入两个模型，测算出营销政策的预期效果。可以根据调整后的价格，倒算盈亏平衡点，还可以调节滚动销量倍数的方式，快速算出提高加能站评价结果所需要的临界点销量。

2. 事中效果分析

根据加能站当年已发生月度的累计经营数据和财务数据，推算出全年经营数据，预测出站点当年的资产评价结果，对现行营销政策和提效措施进行评估，提醒及时调整经营策略，为加能站提质增效精准把脉问诊。

3. 事后效益分析

项目组每月至少召开一次加能站提质增效对接会，结合加能站具体情况具体分析，坚持问题导向，共同分析提效措施的有效性，总结先进经验案例，实现“系统 + 决策 + 运营 + 提效”闭环管理。

（四）总结推广典型经验案例

通过广泛收集、总结提炼典型案例，做好宣贯培训，促使员工举一反三，激发创新思维，使两个模型的推广应用更加接地气、更有说服力。

1. 新开业站开新局

金寨东环线站位于金寨县城的环城路上，是拆迁还建站，于 2023 年投营。由于东环线是新修的道路，车流量少，月销量仅有 400 吨，属于低效站。为了扭转经营不利局面，六安石油利用低无负效资产评价模型和营销投入盈亏平衡测算模型，事前测算降价营销效果，指导零售部采取差异化营销和引流措施，分客户类型建立微信群，宣传营销政策，增加客户黏性。该站月均销量提高到 680 吨，2024 年完成单站利润 440 万元，实现了从低效到高效的转变。

2. 老低效站开新花

金安天马站是收购站，由于柴油消费需求的下降和周边市场竞争激烈，导致该站可研量实现率低，长期处于低效状态。为了扭转市场被动局面，六安石油利用营销资源投入测算模型事前算盈，采取组合营销的方式，在价格直降0.3元/升的基础上，推出满50升推0.1元/升、满100升推0.2元/升、满150元推0.3元/升的优惠券，吸引柴油大客户进站消费。该站日均销量增加13.55吨，新营销政策执行后，销量提升了3倍，效益大幅提升。

3. 闲置土地结新果

2010年9月，六安石油收到《六安经济开发区管委会征地拆迁公告》，拟对六安老油库划拨仓储用地进行征收。在收到集团公司批复后，六安石油签订了征收补偿协议，但返还的50亩土地一直闲置。经销售公司多方论证，决定利用闲置土地建设安徽石油中央仓。该中央仓是由京东物流参与建设的智能化仓储物流中心，旨在提升易捷商品的仓储、调配和配送能力，优化供应链效率。它充分体现了智能化、无人化的现代物流管理优势，在降低运营成本的同时显著提高配送效率，为安徽石油业务发展和市场竞争力的提升提供了强有力的支撑。

（五）高效转化技术创新成果

通过开发数智化的资产评价系统，推广应用低无负效资产评价模型和营销投入盈亏平衡测算模型，实现了资产分类评价结果早知道、提效措施早上马，为经营政策调整和资产提效提供科学技术支撑。2024年，六安石油成品油销售和效益大幅提升，为公司高质量发展打下了坚实基础。

1. 评价结果实时生成，实现数据智能化

实时根据ERP和BW系统经营数据，制作简单模板导入系统，可以测算上年的资产评价结果，也可以预测当年的资产评价结果，实现评价结果早知道，精准锁定亟待提级增效的站点。系统自动导入上年经营数据和考核结果，将销量和费用设置为变量，快速测算合理调增调减。销量调整以滚动条形式呈现，可点击滑动调整，迅速生成最新测评结果，锁定提级临界点销量，为提量增效提供有力的数据支撑。

2. 营销全程参与评估，实现决策科学化

系统可根据营销政策，换算出吨油价格，输入调整后的单价，考虑费用影响，计算出新的盈亏平衡点销量，将盈亏平衡点销量作为决策的重要依据。对单站各项吨油费用指标展开分析，严格控制成本和费用，合理分摊费用入账。回填价格调整后的销量（需经营部门预测）和新调整价格，提供系统工具计算效益，生成新的预测评价结果，供经营决策参考。

3. 利润逆势高速增长，实现高质量发展

六安石油制定考核激励政策，鼓励站点自主探索，落实“一站一策”，灵活采用降价营销、满赠易捷商品、引进第三方营销资源、合理降费等措施。通过推进业财融合，超额完成目标利润任务，取得较好的经营业绩。同时，锻炼出了一支善经营、会管理的员工队伍。

下一步，六安石油将深化应用科技创新成果，紧抓高质量发展的主线，在省公司的统一安排下，开展企业组织变革，加快转型发展，布局充电、加气、加氢、制氢等全业态发展。同时，提高易捷服务发展质量，常态化开展降本压费活动，在变局中求生存求发展。

（撰稿人：朱先兵　吴礼胜　王　韡）

八、提供一站式、多业态综合服务

——中国石化福建福州石油平潭分公司岚岛加能站

（一）区域概况与战略定位

平潭分公司成立于2015年1月，是中国石化福建福州石油（以下简称福州石油）下属的县级公司。平潭区域坐落于福建省直辖的平潭综合

实验区，位于福建省东部海域，东临台湾海峡，距台湾新竹港仅 68 海里，是中国大陆距台湾岛最近的地区。截至 2023 年底，实验区常住人口已达 39 万，生产总值跃升至 370.19 亿元，同比增长 3.0%，发展势头强劲。

2014 年 11 月 1 日，习近平总书记亲临平潭考察，赞誉平潭面临的机遇为“千年一遇”，并明确提出“两个窗口”的战略定位，即平潭综合实验区既是闽台合作的窗口，也是国家对外开放的窗口，赋予了平潭在推进祖国和平统一大业和对外开放全局中的重大历史使命。平潭分公司员工大力传承石油精神、弘扬石化传统，形成了抢抓机遇、凝心聚力、攻坚克难、奋发有为的良好风尚。

（二）市场格局与经营现状

目前，平潭综合实验区共有加油站 22 座，其中，中国石化 8 座，市场占有率 61.68%；中国石油 2 座，市场占有率 6.8%；社会站点 12 座，市场占有率 31.52%。

平潭分公司作为中国石化在海峡两岸的重要窗口阵地，充分利用交通体系完备、开发条件独特、对台交往密切、特色资源丰富、港口岸线优越、旅游资源独特、开发空间广阔、特色产业突出等众多优势条件，多措并举发挥公司党支部战斗堡垒作用和党员先锋模范作用，推动加能站服务上台阶上水平。

在党员全覆盖的基础上，该公司党支部紧密围绕“务实、创新、融合”的核心理念，将“抓班子、带队伍、强管理、促发展、保稳定”贯穿于支部建设的全过程。在重难点工作中，党支部始终冲锋在前、勇挑重担、争作表率，努力成为推动企业高质量发展的坚强基石。在党支部的带领下，47 名员工积极践行“与天斗、与地斗、与人斗”的奋斗精神，因地施策、创新求变，实现了“其乐无穷”的发展局面，片区经营工作取得了显著成效。

2023 年，汽柴油销售超额完成既定目标，占平潭综合实验区系统内外加油站总销量的62%，盈利水平实现全区第一。2024年1月至6月，平潭片区汽柴油销售量达到1.6万吨，其中汽油1.3万吨、柴油0.3万吨，基础品类销售额同比增长26%，展现出强劲的市场竞争力和良好的经营效益。

（三）成功经验与创新实践

福建平潭综合实验区，以其独特的旅游资源、发达的商贸及现代服务业而闻名于南方车友之中。这里旅游资源丰富，类别多样，拥有国家一级至四级景点128个，海滨沙滩总长达70千米，多个景区被列为国家重点风景名胜区。每年旅游旺季，国际旅游岛平潭便迎来络绎不绝的游客。除民生重要性外，平潭还因其特殊地理位置，成为海峡两岸合作窗口和国家对外开放窗口，是两岸经贸合作、文化交流和人员往来的重要通道。

福州石油全面策划、积极沟通、加快推进，顺利完成了岚岛加能站新品牌形象站的建造工作。作为福建石油首座新品牌形象加能站，岚岛加能站是福州石油向“油气氢电服”综合能源站转型发展的重点站，同时承担着在两岸交流合作中展现中国石化企业良好形象的任务，为助力海峡两岸合作交流、本地区工业建设以及服务各国游客贡献石化力量，展现石化形象。

1. 坚持党建引领，特色产业促经营量效双提升

（1）建立“责任”田包干机制

岚岛加能站是平潭党支部的党员责任区，坚持党建与经营管理工作深度融合，充分发挥党支部战斗堡垒和党员先锋模范作用。2023年初，莲花加能站和澳前加能站在3月顺利复营，但此时也面临8家私人油站的竞争压力。围绕经营重难点工作，该站建立以党员站经理为组长、领班为主要组成人员的项目攻坚队，以零售七项工作法、优化用工、优化排班、优化薪酬联量为抓手，提高加能站综合水平，吹响“攻坚创效”

号角，有效激发各站点活力和增量潜力。同时，利用主题党日，结合片区实际，分析责任区重难点工作落后的问题，针对性进行帮扶，跟踪分析各项指标，由站经理紧盯各项目标，提出措施，提升站点经营管理水平。当年，助力平潭分公司汽柴油同比增长 4.98%。

（2）建立志愿者帮扶机制

每年伏季休渔期结束，福建沿海数千艘渔船陆续开始新的捕捞作业。为确保渔民顺利开渔，岚岛加能站每年都组建由党团员构成的“小红帽”志愿者队伍，深入渔港开展“一键送油”、移动“爱心驿站”等系列志愿帮扶行动。福州石油在休渔期间便精心筹划，安排“小红帽”志愿者深入渔港开展市场调研，了解渔民的用油需求，宣传使用走私油、劣质油的危害，并为渔民办理加油卡。

开渔季到来时，提前调度资源，加大油品储备量，实施 24 小时不间断服务，提供小额配送油“一对一”定制化服务，直接将油品送至渔船，有效缩短了渔民加油的等待时间，提高了加油效率，为开渔季提供了坚实的后勤保障，确保油品供应的“最后一公里”畅通无阻。

2. 丰富业态布局，打造多元化发展新模式

（1）以特色产业为抓手

平潭岛内现有主导产业为海水养殖、远洋捕捞、船舶修造业以及以旅游、商贸为主的现代服务业；岛外产业以海洋运输业、隧道工程业为主。其中，海洋运输业拥有民营各类运输船 880 万载重吨，总量居全国县市第一。隧道工程企业承揽的隧道工程项目遍布全国各地，工程总量占全国的 70% 以上，年产值逾 200 亿元。该岛责任区负责人紧紧抓住这一特色机遇，积极开展机出小配客户走访，主动联系客户，开发重点工程项目用油，及时响应客户需求，有效实现机出小配增量。定期更新特色营销主题活动，营造浓厚的节日氛围，坚持以客户需求为导向，站经理充分发挥党员先锋模范作用，带领团队员工通过实地走访调研、精细化管理客户档案等方式，增强客户满意度和黏性。

（2）丰富综合服务业态

加能站便利店日均销售额全区领先，主要销售粮油副食、水饮和食品等品类，店内设休闲、易行馆、甄酒馆、台湾特色商品等特色专区。因地制宜布局汽服网点，打造洗车、综合汽服等“车服务”网络，为客户提供“加油、洗车、购物”一站式服务。每逢平潭综合实验区旅游旺季，平潭分公司安排专人实时对接油库，以“管好油品、保障供应”为中心，以“及时收得进、快速发得出、有效供得上”为目标，积极部署，确保旅游旺季油品供应充足、高效、安全。该加能站在保证油品供应的同时，承诺服务不打折，规范员工服务语言和动作，做到礼貌、热情、耐心。营业员在提供加油服务的同时，常常成为外来游客的“活地图”，为假日出行的车主提供便利。

（3）提升新能源竞争力

充分认识到网络发展刻不容缓的重要性，以“咬定青山不放松”的决心紧盯项目建设进度。在保证安全的基础上，平潭分公司于2024年10月与星星充电强强联手打造充电桩，标志着岚岛加能站在新能源市场迈上新台阶。近年来，福州石油以市场需求及经济效益为导向，通过市场化方式高效整合新能源优质资源，打造品牌差异化服务。该站积极响应，在不影响油品业务的前提下，借助外部科技企业的产品、技术和平台优势，以利润分成的方式建设充电站，降低经营风险，提高投资回报率。该站点还融合了多项绿色能源技术，集充电、环境监测、5G通信等于一体，大幅提升了站点的市场竞争力。

3. 创新管理举措，强化意识促发展

（1）优化站点布局

岚岛加能站汽柴油日均销量稳定，高峰期可突破既定目标，因此对加油效率、现场通过率有着更高要求。为提高车辆通过率，该站对加油机的布局进行了调整，将4枪柴油加油机安装在出口处，方便大巴、货车加完油后快速离站。站内设加油泵岛4个，全部采用6枪全品号加油

机；加油区更加宽敞通透，大幅提高车辆通过率；卫生间通过调整位置、扩大面积、改善环境，提升了客户体验；易捷便利店收银台采用易捷标准色系、去直角化流线设计，店内还增加了易捷自有品牌专区、爱心驿站等服务增值区域，以更舒适、快捷、便利的消费环境、更智能的设备设施，优化顾客体验。

（2）激发全员营销

该站大力推行全员营销，通过晒成绩、补短板、强帮扶等方式组织员工积极参与易捷商品营销竞赛活动。不断优化激励机制，围绕经营工作中存在的弱项和短板，有针对性地开展“一站一策”活动。将易捷商品销售指标细化到个人，并采取阶梯奖励模式，定期在微信工作群通报销售情况，对销售业绩靠后的员工进行重点关注指导，同时组织业绩靠后的员工到先进站点交流学习，补短板促提升，带动全员开口销售，营造“你追我赶”的良好氛围。

（3）招募内部“钟点工”

加能站要想持续提质增效，就要不断调动员工工作积极性。该站毗邻多个景点，每天进站车辆多，油品销量大。如何提高车辆通过率，一直是该站面临的难题。有一段时间，该站员工下班后主动加班，帮助现场加油、引导车辆，站经理发现销量有明显提升。于是，站经理决定招募内部“钟点工”，合理利用现有员工的熟练操作技能，降低招募新员工的培训成本和人力成本。每天，由站内员工主动报名，加能站根据当天工作需要安排“钟点工”参与车辆引导、现场加油等工作。在加油高峰时段，“钟点工”及时引导车辆，方便车辆快速停靠，有效提高了车辆通过率。在实施“钟点工”制度的基础上，该站还结合站内实际，将手脚麻利、服务高效的员工安排在繁忙时段和繁忙加油机位。同时，通过班前会通报员工个人绩效情况，形成火热的“比学赶帮超”工作氛围。

（4）强化安全责任落实

该站通过细化本站岗位 HSE 责任清单和工作任务清单，以站务会、班前班后会为抓手，按照“安全教育五分钟培训计划”，组织员工开展每日 HSE 教育，切实落实各项安全管理工作，提升全员对 HSE 理念的理解和认识。同时，通过巡查、日查、周查、月查等多种方式，加强设备设施的巡检力度，定期开展安全活动日，认真落实风险识别、隐患排查、问题整改等工作，培养全员养成良好的安全意识，确保加油站各项工作平稳运行。

此外，该站坚持把“加能站安全管理网格化”与“7S”管理深度融合，每日实行 HSE 双人巡检制度，并将此列入月度考核范围。考核结果与员工每月二次分配挂钩，以此引导员工提升岗位责任意识，不断巩固和提高“五懂五会五能”技能，助力加能站平稳安全有序运行。

（撰稿人：肖　京）

九、新形势下中外合资企业的差异化竞争之路

——中石化壳牌（江苏）石油销售有限公司推出“爱跑 98 焕新计划”

中石化壳牌（江苏）石油销售有限公司（以下简称中石化壳牌），是我国首家经商务部批准的从事成品油零售业务的中外合资企业。2024 年是中石化壳牌成立的第 20 年。站在新的历史起点，股东双方牢牢抓住能源绿色发展、转型升级的历史机遇，通过“高端化、品质化、差异化”的发展路径，积极探索实践新的创效模式。

2024 年，中石化壳牌推出“爱跑 98 焕新计划”，满足客户车辆升

级换代对高品质燃油的需要，提供高品质服务和差异化管理，在市场上形成差异化经营，打造公司的品牌竞争力。2024 年，中石化壳牌实现了“爱跑 98”销售 5.1 万吨，同比增长 76.8%，在江苏省系统内排名第一。

多年来，中国石化所售的 98 号油品被称为“贵族汽油”，主要用于满足高端车辆对高品质汽油的消费需求。随着技术革新，中国石化自主研发的更高性能的燃油品牌“爱跑 98”面世。与普通汽油相比，它能显著改善汽车发动机的提速性、动力性、清净性及燃烧效率，同时含有专有的品牌标识剂，具备独有的防伪技术，可以通过自有检测仪迅速辨明真伪。

事实上，“爱跑 98”适配的车辆并不仅限于豪华车型。中高档轿车、部分经济型轿车和燃油汽车都可以享用其卓越性能，尤其适合直喷型、涡轮增压型和高压缩比车型，可以为更多车主提供充分体验高品质驾乘的可能性。中石化壳牌通过“爱跑 98 焕新计划”的大力推广，让高端油品飞入寻常百姓家，快速培育了差异化的竞争优势。

（一）管理层充分调研，不打无准备之仗

中石化壳牌经理室带领公司管理团队 16 人前往股东方广东壳牌学习取经，感受销售氛围，座谈研讨销售技巧，学习了解激励政策和盈利模式，撰写调研报告，探讨制订符合公司实际情况的推广计划，提前布置到终端，建立初步认识，树立销售信心。

中石化壳牌公司管理层成员分为 5 组，分别前往苏州苏常、苏州沁苑、昆山海光、太仓新区、常熟一站等重点大站，深入一线，面向员工和顾客分享“爱跑 98”的油品性能，宣贯公司“爱跑 98 焕新计划”的激励政策，调研油站前期工作的组织落实情况、遇到的困难及员工对业务推广的建议等。与员工交流服务心得，为顾客加注“爱跑 98”服务，收集顾客反馈，做好全面推广活动预热。

（二）党政工团齐上阵，攻坚创效显担当

中石化壳牌党委以高质量发展为目标，把加强党的领导和完善公司治理统一起来，探索创新党建工作与中心工作深度融合的有效途径和方式，破解制约高质量发展的突出问题。中石化壳牌党委将提升“爱跑98”量效作为年度党委书记项目和年度十大重点工作之首。中石化壳牌党委发布了《关于“爱跑98会员体验日”的帮扶倡议》。广大党员、团员、青年争当业务宣传者、后勤保障员和示范推动者。

党员干部带头通过朋友圈广泛转发活动推文，宣传“爱跑98”油品的性能、优惠力度、活动时间，提高品牌影响力。宣传推广“爱跑98”燃烧率高、动力强劲、运行平稳、清洁环保的优点。每周三会员体验日推广初期，管理党员在加能站现场帮助引导车辆、服务客户、活动宣传234人次，切实减轻了一线员工的劳动强度。

（三）立体宣传造势，拓展传播触角

为了扩大“爱跑98”的影响力，中石化壳牌制定了多渠道立体式的宣传方案。在其经营的苏州和无锡市内各选择2条公交线路，在4辆公交车上投放广告，预计半年内曝光量达到1500万人次。调研选取销量最好的6座加能站进行加油机整体包装，选取12座加能站在进口处试点标注“爱跑98”彩色热熔漆标线。模拟顾客从进站、汽油加注、付款、出站的全流程，在视觉和体验感上反复揣摩，设计了前庭海报、刀旗、水牌、收银台电子海报、防撞柱装饰、充气模型等11个整体宣传点位的规划图。根据加能站的体量和布置，安排6~9个宣传点位。所有“爱跑98”在售加能站点全部执行，形成了强烈的视觉冲击和重点元素植入。在现场，员工佩戴“爱跑98、周三特惠”的创意发箍热情推介，成为活泼俏皮的移动式氛围担当。

为了进一步提高品牌知名度，中石化壳牌线下、线上双向发力宣传。

通过企业微信客户群、朋友圈等途径发布活动信息 19 次，触达客户约 249 万人次。同时，中石化壳牌策划制作了 12 个情景式宣传视频在抖音平台发布，总曝光量达到 62.1 万人次。外宣微信平台推文 15 篇，客户阅读量达到 6.6 万次，为“相约 98”打下了广泛而坚实的群众基础。内宣微信平台推文 33 篇，在员工之间选树先进典型，推广优秀做法，营造浓厚的干事创业氛围。

（四）增加投放站点，持续优化保障

销售运营部门组织各区域再次开展加能站商圈调研和需求预测，调整或增加布点，将住宅密集且周边有大型商超的空白站点和在营的城区主干道大站纳入调整范围。有两个 92 号或 95 号油罐的加能站点，选取其中一个更换成“爱跑 98”油品，并调整对应油枪。对有些柴油量下降明显的加能站点，缩减柴油供应量，大胆进行柴改汽，增加汽油供应。目前，中石化壳牌“爱跑 98”在营站点已增加至 136 个，网点占比达到 48%，满足了车主更大的消费需求。

站点和销量的增加需要更强有力的物流配送保障。股东方中国石化江苏石油公司经管处提前会谈协商，选取南京、浙江、上海作为备用点，在资源紧张或配送异常时，迅速就近接力补位，保障一线供应。

（五）活动精彩纷呈，聚拢消费人气

为了培养客户的消费习惯，中石化壳牌将每周三固定为“爱跑”会员体验日。活动推广初期，“爱跑 98”价格实现直降，与 95 号汽油同价销售。刚需消费群得到了实打实的优惠。中石化壳牌对价格敏感或者从未体验过高标号汽油的车主，推行周三升级驾乘活动。通过精准化营销，经济型汽车、摩托车，甚至救护车、市政车都加入了“爱跑 98”的用户体验中。经过 2 个月的培育期，中石化壳牌减小价差，周三“爱跑 98”活动价定为直降 1.3 元 / 升。目前，每周三的“爱跑 98”转化率均超过

50%，有些加能站的转化率甚至超过 80%。非会员日时，公众号平台持续发放不同面额的体验券供车主随领随用。

此外，中石化壳牌还推出了“爱跑燃动节”活动。客户通过加油、充值、办理白金卡、活动分享等方式集字卡，可以获赠油品券或商品券。中石化壳牌同期推出的还有“爱跑白金卡”“爱跑就会赢”“爱跑体验券”“爱跑分享官”“爱跑马拉松”“油非互促”等一系列活动，集合了趣味性、互动性、周期性、广泛性，满足不同消费人群的兴趣点。活动期间，有 32 名幸运顾客在“豪抢整吨油”活动中，每人获得 1 吨价值超过万元的“爱跑 98”汽油券，实现“爱跑 98”自由。各类活动叠加，进一步聚集了人气，辐射带动销量提升。

（六）技能培训赋能，个个都是大师傅

中石化壳牌销售运营部从科普油品知识着手，制作培训资料，及时收集整理一线的经典话术和困难问题，组织学习推广。中石化壳牌拍摄的 7 期培训短视频在魔学院培训平台发布，方便员工直观地学习掌握要领。广大员工践行奋斗文化和学习精神，在干中学、在学中干，将平日销售经验进行融会贯通，摸索积累销售技巧。“身体需要保养品，车辆也是。时不时给爱车加个餐吧！”“今天花 95 号的钱，能加 98 号的油。您试试 98 的性能怎么样？”“用最好的油，相当于边开车边给车辆做保养。”“几十块钱的差价，带来更长里程的行驶，减少加油频次、节省时间，很划算的。”……员工在“爱跑 98 全司提升群”内接龙分享销售话术，既总结复盘自我鼓励，又便于经验快速传播。

每个加能站点的转化率和销售氛围相对稳定。为突破固有环境的局限，中石化壳牌组织各区域到先进加能站点交流研讨、现场学习。各区域组织业务骨干在区域内流动进行现场示范。业务推广以来，中石化壳牌共开展实地教学培训 29 次，分享了 600 多个把 92 号、95 号汽油转化为“爱跑 98”的成功案例。理论与实践相结合，有效提高了中石化壳牌

的整体业务水平和创效能力。

（七）激励撬动积极性，提升员工获得感

中石化壳牌销售运营部每月为区域和加能站分解下达“爱跑 98”销售目标，明确周三会员体验日“爱跑 98”占高标号比重至少达到 50%、非会员体验日比重至少达到 10% 的目标。每日在“爱跑 98 全司提升群”通报月排名及考核预备兑现数。周三会员体验日期间，每两个小时在群内通报销售进度、环比排名。员工锚定每天的小目标，保障月度任务顺利达成。

中石化壳牌不断优化激励政策，鼓励员工开口营销。对员工、站经理、区域管理人员执行不同的奖励方式。以单笔加油量按照 40 升计算，每周三会员体验日以 3 元 / 笔计发奖励，非会员体验日以 5 元 / 笔计发奖励。对站长按照“爱跑 98”销量吨油工资进行双倍奖励。对公司排名后 30 位且未达到目标的加能站点，扣款 500 元以示提醒。区域管理人员按照“爱跑 98”占高标号油品的比重以及比重环比进行排名，列入区域动态考核。区域经理、片区经理每人挂钩汽油大站 1 座（共 36 座油站），同规模 2 座加能站作为 / 组进行业绩比拼，获胜者奖励 300 元，落后者处罚 100 元，每日序时 PK 情况。考虑到部分站点没有“爱跑 98”油品，为了提高员工的参与感，区域内部采用顶班、换班等方式进行平衡调剂，有效提高了员工的整体积极性。在轻油销量下降的大环境下，一线员工轻油联量收入提高 9%~13%，获得感和幸福感进一步增强。

接下来，中石化壳牌将继续增加销售“爱跑 98”的加能站点数量，实现商圈内全品种汽油经营，提高非会员日销量，吸引更多的新用户，将该专项工作打造成高质量发展和良性循环的重要支点，打造成全省乃至全国的示范和标杆，为高端化、品质化、差异化竞争积累实践经验。

（撰稿人：黄　卿　褚再明　戚兴传）

十、蹄疾步稳交出新能源项目“绩优答卷”

——中国石油辽宁销售大连分公司能源转型和经济效益实现“双赢”

新能源车激增，加油站转型大势所趋。早在2023年初，中国石油销售公司发布行动方案，明确新能源业务围绕充电、换电、加氢、光伏“四个赛道”目标路径，全面推动“国际知名、国内一流‘油气氢电非’综合服务商”建设开新局、谱新篇。

2024年以来，中国石油辽宁销售大连分公司（以下简称大连分公司）紧跟辽宁销售新能源业务战略布局，坚持顶层设计、灵活开发、有序建设、专业运营，“因地制宜”“一区一策”，以坚定的决心和果敢的行动，全力加速“充换电+”新业态网络布局。2024年，大连分公司累计立项充电项目76个，建成投产充电枪275把，实现充电能力14.9兆瓦，初步形成了“点面集合、内外互补”的充电网络生态，“昆仑网电”已跻身大连地区主要充电运营服务商之一。

（一）科学规划布局，奋力开拓稳步推进

1. 充电体验不理想，找桩难问题时时存在

截至2023年底，大连地区机动车保有量为213万辆，其中新能源汽车保有量已超8万辆。目前，大连地区充电终端总数量已达3万个，其中私人充电终端约2.3万个，商业公共充电终端约0.6万个，运营专用充电终端约0.1万个。仅从车桩数量比看，大连地区当前充电终端数量达到全国平均水平，基本可以满足新能源汽车充电需要。但不能忽略的是，大连地区虽然早在2016年就开始建设各类充电设施，受技术、经验、资

金等问题影响，新能源车主的实际充电体验并不理想，找桩难的问题时时存在。而随着新能源汽车的持续新增，预计在2030年，商业公共充电终端需达到4万个方可满足车主使用需要。换言之，在未来5年时间里，大连地区需每年新增约6000个充电终端。

2. 积极融入辽宁销售五大战略布局，抢占市场份额

2024年，是中国石油辽宁销售朝着“油气氢电非”综合服务商转型发展的蝶变之年，也是大连分公司新班子组建后的开篇之年。年初以来，分公司积极融入辽宁销售“市场、创新、绿色、提质、强基”五大战略布局，从顶层设计出发，主要领导牵头成立新能源项目组，以“逢山开路、遇水架桥”的信心决心，站内站外统筹、自主合作并举，加速抓住窗口期，抢占市场份额：一方面，精心筛选具备增设4个以上充电车位的加油（气）站网点，科学规划其建设规模、网络结构、布局功能和发展模式，在保障项目选址的精准与市场需求的高度契合的基础上，力争实现在2026年前应上尽上、因地制宜、均衡合理。另一方面，紧盯地区政策和市场变化，充分发挥中国石油资源、品牌、管理和文化优势，加大与土地、规划、经营权等方面具有明显政策和资源优势的政府直管企业的战略合作力度，借势加速重点区域目标项目建设步伐。

3. 两大充电项目正式开放运营，吸引大批新能源车主前来打卡

星海广场是大连城市的核心地标，平日里人流穿梭、车水马龙。自2023年以来，公司就按照“整体规划，分批投资”的原则，悉心培育以星海湾加油站为中心、以周边地块为配套的“油电光储非”综合能源服务体新业态。星海湾站外充电站位于星海湾加油站南侧，独立占地2100平方米，设快充充电枪46把，采用行业领先的液冷超充、智能群控充电设备，华为液冷超充充电枪峰值充电功率可达600千瓦，800V平台新能源电动汽车充电速度可达“5C”以上，可满足各类新能源电动汽车的充电需求。不仅如此，场站内还配有光伏、储能设施，依托加油站可为新能

源车主提供便利店、休息室、卫生间、快餐甜品等多元化服务。2024年12月31日，星海湾站外充电站正式投运，开业当天，现场充电车辆络绎不绝，热闹程度不亚于热门景区景点。

就在此前的2024年10月30日，大连分公司台山充电项目正式开放运营。这座“超级充电站”全部采用华为充电终端，依托华为智能算法，全液冷超充站协议常用常新，覆盖国际主流车型，能够快速识别，高效充电，避免识别误差。而相比于传统充电桩，华为液冷超充终端枪线重量减轻55%，女性车主也可以轻松使用。独特的“液冷系统+直流母线+超快一体”架构更是大大缩短了补能时间，充电速度和充电效率显著提升，只需一杯咖啡的时间，即可让车主满电复活，畅意出行。

（二）深挖消费市场，聚客引流成效显著

1. 设计主题加大宣传，提升中国石油品牌形象

当前社会，客户对价格敏感，对服务和消费体验同样敏感。大连分公司在大连地区成品油市场深耕多年，市场份额近70%，在广大车主心中具有良好的品牌口碑。为此，在充电网络建设之初，大连分公司就确立了高端优质的品牌形象，同时以高标准场站建设、高水平设施管理、高素质配套服务为卖点，提升客户对中国石油充电站品牌形象的认知，以便形成稳定的客流群体。大连分公司以“从前一直给您加油，现在还想为您充充电”为主题，在站内电子屏、海报、线上公众号、视频号等渠道全方位、立体化铺开宣传。其中，“中国石油不止为您加油”充电业务推广小视频更是被销售公司选中在“中油好客e站”视频号面向全国发布，极大的提升了新业务曝光度。

2. 聚客引流，构建全方位的客户服务体系

为进一步深挖消费市场，大连分公司在储值网点建立了销户业务台账，细致梳理转电客户信息，精准推广充电业务广告，努力将油品流失客户转化为充电新增客户；建立充电业务专属企业微信群，设专人维

护，无论用户身处何地、遭遇何种充电问题，都能第一时间获得专业指导与帮助，构建起全方位的客户服务体系，并为下一步的社群营销奠定客户基础；紧盯政策法规，积极沟通政府主管部门和兄弟单位，了解政策导向，优化运营策略，防范亏损风险，为全省全面实行现货结算提供了定价决策依据；设置低服务费竞争策略，一站一策制定竞对情报，结合上量情况、分时段利用率等指标，分区适时调整服务费价格，确保量价最优，充电业务客户规模不断扩大，市场份额稳步提升，客户口碑持续向好。

3. 增强客户体验，加快构建“充电 +”新业态

有了初具规模的充电终端网络，加快构建“充电 +”新业态，成为大连分公司打开综合能源站创效新局面的必答题。在大连北站充电项目的顾客休息等待区内，配备了充电宝、书刊杂志、姜糖水等便民设施，在改善客户体验的同时实现电非联动，深受顾客好评。而星海湾充电项目则计划与周边商家联合推出充电优惠套餐，让车主充电之余还能享受餐饮、购物折扣，让充电过程变成惬意的休闲时光。不仅如此，当前，大连分公司正积极利用新能源站点周围商圈、顾客、土地、房产和网络资源，大胆尝试跨界融合、协同创新等新机制，持续构建“油电非”+“服务”产业新生态。

（三）精细智慧运营，量效兼顾协同发展

1. 持续完善新能源业务全链条管理体系

在积极推进新能源业务布局基础上，大连分公司统筹高质量发展和高水平安全，持续完善新能源业务设施建设、运营、维护管理体系，探索形成了一套“管理模式多样、人员配置灵活、外部支撑完善”的新能源项目“全周期、一体化”柔性管理体系。通过“高效推进、厘清界面、强化联动”，有效克服了人力资源短缺、工作量爆发式增长等刚性困难，以柔克刚打开工作局面，新能源业务多点开花，捷报频传。

2. 挖掘实时数据，为营销决策提供有力支撑

大连分公司大数据项目组持续发力，上线充电业务数据分析平台，深度挖掘各项实时数据，科学关联数据之间的变化趋势，为营销决策提供有力支撑。数据是新的生产要素，是公司基础性资源和战略性资源，更是重要的生产力。当前，在大连分公司可视化数据分析平台的屏幕上，充电项目的各项数据及图表一目了然。依托数据分析平台，能够实时跟踪充电站点经营指标，结合现场实际情况，分区、分步调整服务收费，保障量效最优。以此为基础，大连分公司还进一步建立了市场监控机制，收集周边竞争对手站点信息，形成充电业务情报表，通过精细测算、多方对比，确保实时掌握市场变化，适时调整营销策略。

3. 精心编制充电站投运方案，全方位规范充电站运营模式

大连分公司还依据中国石油销售公司、辽宁销售公司相关管理细则和操作手册，精心编制充电站投运方案，制定《充换电项目实施手册、运营电价及充电服务费价格管理细则》，全方位规范了充电站的投产、运行和营销工作；狠抓充电项目安全管理，出台《充换电基础设施安全管理实施细则》，制定充电站安全巡检和设备巡检标准，及时修订安全生产责任制、安全生产规章制度、安全操作规程及运行维护制度，明确巡检频次，确保充电项目运营安全可靠；累计制作充电操作流程、扫码充电提示牌、收费公示牌等各类标识标牌 6442 个，并形成补充手册，进一步规范了场站运营；建立充电业务客服问题快速响应机制，规范工单处理流程，明确处理责任单元及响应时间，形成流程图并开展专题培训，对响应不及时的厂商进行约谈整改，有效提升了问题处理效率。

4. 新能源业务取得全面性突破，实现能源转型和经济效益“双赢”

截至发稿日，首批建成的大连北站和龙江路两座充电站表现卓越，单枪日均充电量远超 400 度，充电量达销率近 300%，量效水平双双稳居行业前沿高地。与此同时，大连分公司取得了充电总量环比近乎翻倍的骄人业绩，在全国地市销售企业充电量排名第 7 ；单枪充电量稳居全省排名榜首，单枪利用率、日均单枪服务费双双跻身全省前三甲；投运充电项目 9 座，运营指标全部稳步上扬；自投自建光伏发电项目 38 座，节省电费超过 20 万元。新能源业务领域的快速发展，不仅为大连分公司带来了新的利润增长点，也为推动区域新能源产业的发展作出了积极贡献。展望未来，大连分公司将继续秉承绿色、创新的发展理念，忠实履行政治、社会、经济三大责任，因地制宜构建多元化能源供给体系，全品类保障城市能源供给，为推动我国产业繁荣发展贡献石油力量。

（撰稿人：池　源　钱志勇　潘　乐）

十一、油气回收检测装置解决加油站管理难题

——中国石化浙江丽水石油应用加油机计量检定与气液比检测二合一装置

中国石化浙江丽水石油（以下简称丽水石油）是丽水市规模最大的成品油供应企业。公司现有在营加能站 89 座、易捷便利店 88 家、加油卡独立营业厅 3 个，累计投营充电车位 378 个，员工近 700 人。成品油年销量近 50 万吨，市场占有率近 70%，易捷便利店销售额近 1.7 亿元。此外，公司拥有综合性中转储存油库 1 座，即莲都油库，总库容 5 万立方米，2023 年吞吐量 97 万吨，为全省最大的铁路接卸油库。

党的十八大以来，中国石化实施了一系列根本性、开创性、长远性环保专项行动计划。丽水石油积极贯彻执行集团公司的计划，推进化石能源洁净化、洁净能源规模化、生产过程低碳化，争做生态文明建设的践行者引领者，绿色发展取得显著成效。

（一）实施背景

随着石化行业的快速发展，油气挥发对大气环境造成了严重污染，成为制约行业发展的因素之一。国家明确要求储油库、运输车、加油站等设施必须安装油气回收装置，并每年进行强制检测。地方政府部门对加油站二次油气回收系统的监管也日益严格，未安装在线监测系统的加油站因无法及时发现油气回收故障而面临环保处罚的风险。同时，油枪油气回收功能的故障，可能导致油气直接泄漏、积聚在发油作业现场，如遇发动机启动、金属摩擦等产生的点火能量，可能造成闪燃闪爆事故。

传统二次油气回收在线监测系统安装成本高，每座加油站需投入10万~20万元。目前，浙江省仅要求汽油年销量5000吨以上的加油站安装该系统，而全省未安装此系统的加油站占比超过60%，数量超过1000座。依赖第三方机构进行检测在经济性和实效性上均难以满足管理需求。因此，中国石化浙江丽水石油依托技师工作室的技术人才和创新能力，自主研发了加油机计量检定和气液比检测二合一装置，有效解决了非在线监测站无法实时判断二次油气回收系统运行状况的难题。

（二）创新措施

油气回收系统的3项关键指标包括气液比、液阻和密闭性。其中，液阻、密闭性指标由于其依托设备本身的稳定性，不会有较大起伏，而气液比在运行过程中波动频繁且幅度大，是环保部门和第三方机构判断加油站二次油气回收系统是否正常运行的关键指标。针对汽油年销量5000吨以下的加油站，丽水石油采取了创新措施。

1. 气液比在线实时动态监测

该系统在加油机回气管线上在线安装了与加油机厂商共同研发的气液比采集器和在线流量计，实现对气液比的动态监测。通过实时检测每笔加油的气液比情况，及时掌握油气回收系统的回收效率和大气污染物排放达标情况，从而实现对加油站油气回收的有效管控。当单台加油机有油枪出现有效气液比不在 0.9~1.3 范围内时，采集器上的红色报警灯会常亮，直至所有油枪气液比数值均恢复正常。

气液比在线监测设备主要工作原理：在汽油加油机油气回收泵出气口处增加一个气体流量计（见图 6–1），检测加油机回收油气的体积；同时在加油机电脑箱内加装一块气液比采集控制器（见图 6–2），具有查询历史记录功能，采集加油编码器脉冲和气体流量计脉冲，计算出加油机每笔加油的加油量、加油流速、回收油气体积、回收油气流速、加油的气液比等数据且只记录有效气液比的数据（每次连续加油量大于等于 15 升）；两把及两把以上汽油枪同时加油时，由于气体流量计无法区分出具体某把枪的回收油气体积，所以此时无法计算出该笔加油的气液比，但由于加油枪气液比存在一定的稳定性，连续多次加油时，气液比值非常接近，所以此种方式并不会影响对汽油枪气液比是否达标的判断。单台加油机有油枪出现有效气液比不在 0.9~1.3（小于 0.9 或大于 1.3）范围内时（《加油站大气污染物排放标准》GB 20952—2020 中明确在线监测系统的有效气液比达标范围为 0.9~1.3），采集器上的红色报警灯常亮，直到所有油枪气液比数值均正常时，报警灯熄灭（见图 6–3）。

图 6–1　气体流量计

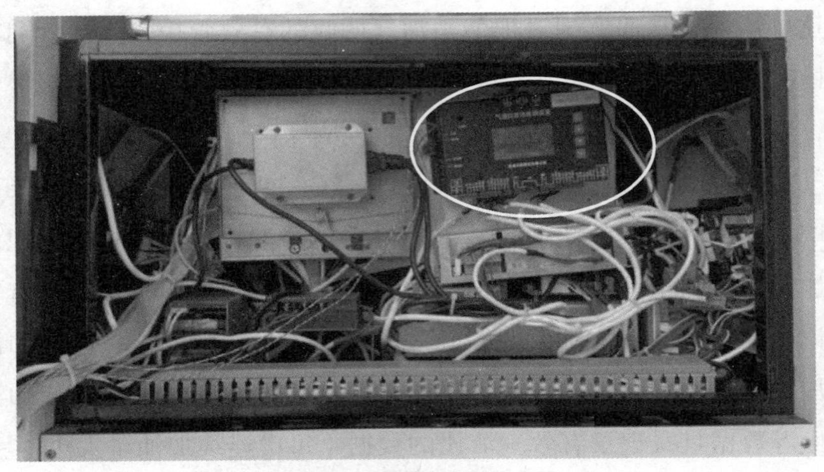

图 6–2　气液比采集控制器

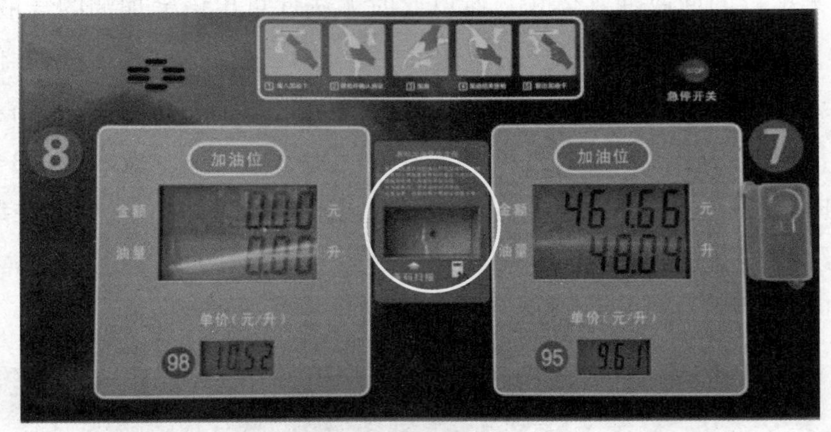

图 6–3　报警灯

2. 加油机计量检定与气液比检测一体化

根据现行销售企业严格的计量管理规定，加油机流量计需要每月进行一次精确的计量检定。然而，在传统的加油机检定过程中，油气通常直接排放到大气，既污染环境，又浪费能源。同时，气液比检测工作要求对加油过程中产生的直排气体进行精确计量，并且涉及一系列复杂的操作流程。丽水石油技师工作室敏锐地发现了这两项工作之间的内在联系，并创新性地将其整合为一体。

在实际操作中，进行加油枪计量检定时，工作人员只需将汽油油枪准确插入装置上专门设计的油枪适配器中，然后按照常规加油流程向计量标准器加注汽油。在加注汽油的过程中，产生的油气会在压力差的作用下，通过油枪适配器顺利进入气体流量计。检定结束后，气体流量计所测量的油气总量以及计量标准器记录的油品加注量，就成为计算气液比的关键数据。通过简单而精确的数学计算，将油气总量与油品加注量进行对比，就能够得出当前加油作业的气液比，再与国家规定的标准进行严格比对，从而准确判定气液比是否合格。

为了进一步提高工作效率，减轻工作人员劳动强度，这款检测装置还配备了大容量的油品回收桶和便捷的推车升降器。多次检定工作完成后，工作人员可以利用推车升降器将油品回收桶轻松移动到合适的位置，然后通过自流卸油方式统一处理回收桶中的油品，避免了频繁倒油的烦琐，显著提高了工作效率。

3. 科学比对确保精准监测

这款二合一装置不仅具备加油机计量检定和气液比检测的功能，还能定期校验其他在线监测系统的准确性。在加油站油气回收管理工作中，在线监测系统的准确性至关重要，它直接关系到油气回收工作的实际效果和环境效益。然而，受各种因素的影响，在线监测系统在长期运行过程中可能会出现数据偏差或故障。丽水石油分公司的二合一装置为解决这一问题提供了一种简单而有效的方法。通过定期使用该装置对其他在线监测系统进行校验，可以及时发现并纠正系统可能存在的误差，确保在线监测数据的准确性和可靠性，为加油站油气回收管理工作提供更加坚实的技术支持。

在投入实际应用之前，丽水石油分公司研发的两套设备和装置均经历了严格的性能测试和准确性验证。丽水石油与专业的第三方检测机构合作，将自主研发的气液比在线监测系统和加油机计量检定与气液比检测二合一装置，与市场上成熟的第三方专业检测仪器进行了全面、细致的比对实验。在比对实验中，针对不同加油工况、不同油气浓度等多种实际运行条件，对两套设备的各项性能指标进行了反复测试。实验结果表明，自主研发的设备和装置在气液比测量准确性、数据稳定性、重复性等关键性能指标上，均与第三方专业检测仪器表现出高度一致性，具有良好的准确性和可靠性。这一验证结果为两套设备和装置在丽水石油分公司下属加油站的广泛应用奠定了坚实的技术基础。

（三）取得成效

1. 降低安全环保风险，提升经济效益

通过配备气液比在线监测设备和加油机计量检定与气液比检测二合一装置，丽水石油满足了所有汽油加油站二次油气回收系统运行管理的日常需求，实现了对二次油气回收系统回收效率的准确监测和有效控制。借助这两套装置，丽水石油下属加油站共发现并整改了55站次的问题。这一举措对于控制大气污染物排放具有重要意义，有效避免了因油气回收检测不合格而被政府环保部门通报，从而维护了企业的良好形象。同时，它也消除了加油过程中油气直接泄漏、积聚在发油作业现场可能引发的闪燃闪爆事故风险。

此外，汽油挥发掉的是最具经济价值的轻质部分。通过这一创新技术的应用，原本挥发到大气中的油气得到了有效回收和再利用，不仅减轻了油气对大气环境的污染，还为企业带来了一定的经济效益。据估算，随着油气回收效率的提高，加油站在减少油气排放的同时，相当于增加了一定量的油品销售，实现了环保与经济发展的双赢。

2. 节约费用成本，实现降本增效

在传统的油气回收管理模式下，加油站需定期聘请第三方油气回收检测厂商进行检测，这不仅涉及高昂的检测费用，还需要加油站投入一定的人力进行协调和配合。而加油机计量检定与气液比检测二合一装置的引入，使加油站能够自行开展油气回收系统检测。该装置推广的首年，

就为丽水石油节约了123万元的费用，并因此荣获销售企业2022年度“十佳基层工法”称号，且相关专利已授权生产。

目前，该装置已在浙江石油范围内逐步推广。针对浙江石油范围内尚未安装二次油气回收在线监测系统的1100座加油站，其中61座汽油年销量在3000~5000吨的加油站加装了气液比在线监测设备，其余1039座加油站则通过加油机计量检定与气液比检测二合一装置进行日常检测管理。这一举措预计可节约费用成本932万元。

3. 提振企业研发自信，培育创新发展动能

加油机计量检定与气液比检测二合一装置已成功获得国家实用新型发明专利授权。这些专利成果不仅是丽水石油技术创新实力的有力证明，也为企业在市场竞争中赢得了技术优势，增强了企业的核心竞争力。同时，项目的成功实施在企业内部营造了浓厚的创新氛围，进一步推动企业在践行“科技需求导向”和“创新驱动发展”理念方面迈出更加坚实的步伐。企业员工的创新意识被极大激发，积极主动地参与到各类创新活动中，为企业的发展注入了源源不断的新动能。

（撰稿人：陈　硕　练金燕）

Ⅶ 专题研究篇

编者按：2024 年，替代能源累积效应爆发，成品油销量提前达峰，成为成品油市场的转折年。2025 年是“十四五”规划目标任务的收官之年。面对加油站行业前所未有的行业之变和市场之变，加强市场研究是事关企业高质量发展的战略性、全局性工作。为此，本书集合行业众多专家，针对业内普遍关注的前沿热点进行深入系统的研究，以期为行业发展提供支持和指导。

一、我国加油站行业转型路线图

近年来，随着国内外经济形势的变化及绿色发展趋势加速，我国加油站行业正在面临着深刻的转型挑战。主要原因在于我国成品油需求已经进入下行通道，新能源汽车的快速普及进一步加剧了传统加油业务的压力。在此背景下，分析我国加油站行业的转型路径具有重要的现实意义。

本文以宏观经济与能源结构调整下加油站的转型需求为起点，聚焦加油站行业现状与未来发展趋势，探讨加油站向综合能源站、综合服务站及专业服务站的转型路径与可能模式。通过分析国内外典型经验及当前行业痛点，认为我国加油站行业需以土地资产和现有网络优势为基础，结合能源多元化发展趋势，构建“能源＋服务”的新商业生态，实现从油品供应场所向综合能源服务平台的升级。本研究提出了基于高质量发展目标的转型策略，为我国加油站行业的可持续发展提供参考。

（一）宏观经济长期走势偏弱，车用油品需求迎来下滑拐点

在全球经济增速放缓与结构性调整的背景下，我国经济正在面临着内外部双重压力。全球经济加速转型叠加地缘政治与气候挑战，使经济复苏更加缓慢。我国经济则在高质量发展目标的引领下，逐步从总量扩张向质量提升转型。同时，受到新能源汽车普及和绿色发展趋势的推动，我国成品油需求持续下降，清洁能源替代成为主流方向。这一转型既体现了我国应对全球经济变化的韧性，也给加油站行业带来一定的转型挑战。

1. 全球宏观经济承压，我国经济走势受高质量发展目标影响显著

从全球来看，经济增长动能面临显著挑战。2020 年后，全球经济受新冠疫情影响明显，供应链中断及需求下降导致全球经济衰退，全球整

体经济形势经历了大幅波动和挑战。受地缘政治风险、贸易碎片化、金融市场波动及气候变化的叠加效应影响，2025 年以后，全球经济下行风险预计进一步放大。据主流机构预测，全球经济增速将降至年均 2.8% 左右。这表明未来全球经济复苏将更加缓慢且复杂。

从我国来看，“十四五”期间，中国经济总体保持平稳，但区域经济发展不平衡的问题仍然较为突出，尤其是在供需两端的结构性矛盾上表现明显。“十五五”期间，深化改革与促进实体经济数字化转型将成为重要议题。具体包括：提升产业链、供应链的韧性，以及加快补短板与数智化领域的创新建设。然而，在内外部环境压力下，预计“十五五”期间，中国年均 GDP 增速下降至 4%。这与“十三五”期间的年均 5.7% 和“十四五”期间的 5.2% 相比，呈现显著的下行趋势。中国经济增长在 2025—2030 年的表现较当前有所减速，国际货币基金组织、世界银行的预测均显示我国经济增速呈现放缓态势，分别为 3.51% 和 4%（见表 7–1），反映了国际机构对中国经济未来表现的审慎态度。中国经济增长的主要驱动因素将从总量扩张逐步向质量提升转变。这进一步凸显高质量发展新动能的重要性。在内外环境复杂交织的背景下，中国还需要通过深化改革、优化产业结构、推进绿色与智能化发展等举措，增强经济韧性和可持续性，为实现“十五五”高质量发展目标奠定坚实的基础。

表 7–1　2016—2030 年中国每五年平均经济增速及预测值（%）

期间	国际货币基金组织	世界银行	世界银行及经济合作与发展组织
“十三五”实际	5.73	5.73	5.73
“十四五”	5.22	5.09	5.21
“十五五”	3.51	4	—

2. 成品油需求继续下降，分品种保持“两降一升”趋势

在高质量发展目标的驱动下，我国成品油市场受到新能源汽车的冲击较大。随着技术不断进步和消费者环保意识日益增强，新能源汽车的

渗透率持续攀升，已经逐渐从市场边缘走向主流。从新能源汽车行业的发展情况来看，我国新能源汽车正处于加速替代燃油汽车阶段，预计到“十五五”期末，其渗透率达到70%。参照智能手机、智能电视替代传统手机、传统电视的规律，销量渗透率的变化往往呈现S形曲线的变化形态，渗透率在15%~90%的区间一般是加速增长阶段。如图7-1所示，我国新能源汽车产业在“十四五”初期已经迈入S形成长曲线的加速阶段。

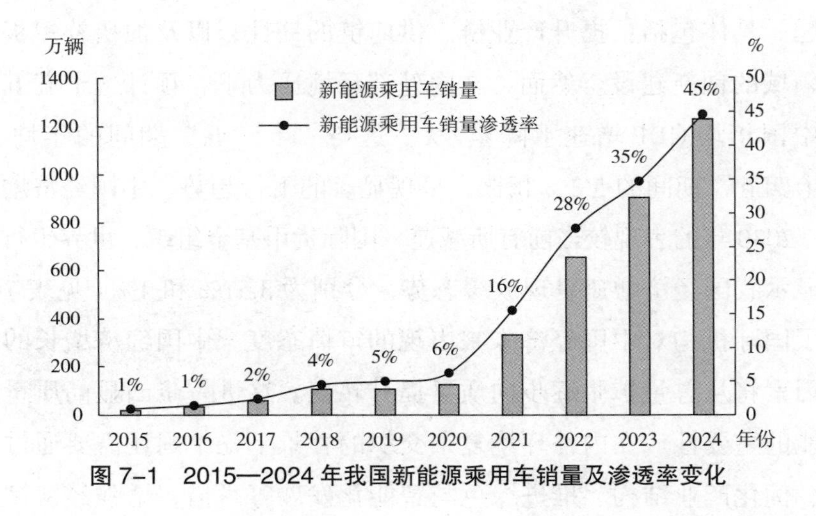

图7-1　2015—2024年我国新能源乘用车销量及渗透率变化

目前，我国成品油需求整体下降，呈现汽柴油降、航空煤油增的态势。从近两年需求刚刚达峰的汽油来看，除新能源汽车的替代效应之外，汽车行业政策对于长期燃油消耗降低同样具有较大影响。2024年，工信部先后发布了《乘用车燃料消耗量限值》和《乘用车燃料消耗量评价方法及指标》两份国家标准的新版征求意见稿，规定燃油汽车单车燃料消耗限值较现行标准降低18%，汽车企业生产新车综合消耗限值目标值（3.30升/百公里）较现行标准收紧33%，进一步冲击我国汽油需求。综合考虑燃油乘用车保有量变化、燃油经济性提升、单车行驶里程降低等各项因素，2024年开始，我国汽油需求量进入持续下降通道，2030年回落到1亿吨，“十五五”期间年均降幅5.4%（见图7-2）。

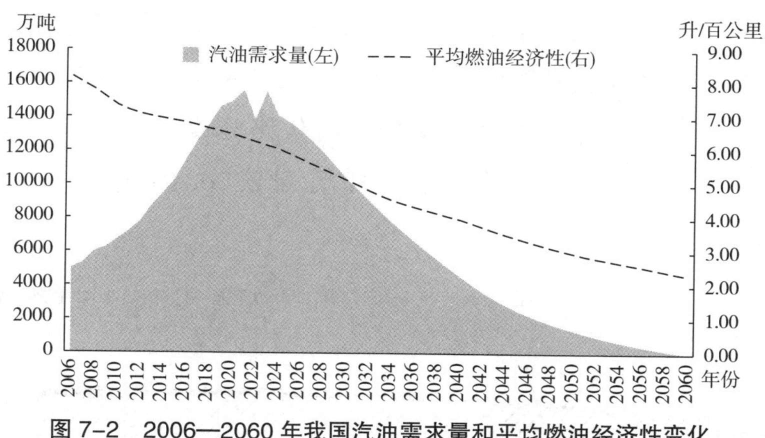

图 7-2 2006—2060 年我国汽油需求量和平均燃油经济性变化

从柴油分行业需求来看（见图 7-3），农业用油将保持小幅增长，建筑、铁路、水路用油年均降幅较“十四五”有所收窄，其他行业用油降幅扩大；公路物流用油占柴油消费的比重回落至 54%，农业、水路用油比重略有上升，其他行业占比下降。预计 2030 年，我国柴油需求量进一步回落到 1.25 亿吨，“十五五”期间年均降低 4.2%。

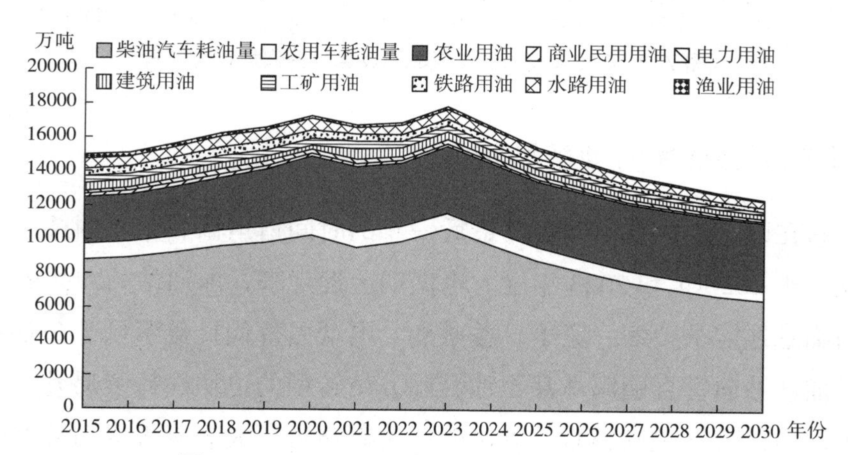

图 7-3 2015—2030 年我国柴油分行业需求量

此外，“十五五”期间，电动力、LNG 将成为替代成品油需求比例较大的品种。未来，天然气作为“主体能源”的发展方向不会改变，天然气将成为近年来优质、高效、清洁、低碳能源的最现实选择。短期内，车用 LNG 消费税政策难以出台，未来 5 年 LNG 的经济性依然明显。2030 年，各类替代燃料消耗量折合消费量为 1.8 亿吨，较 2023 年增长 2 倍（见图 7–4）。其中，电动力及 LNG 替代比例较大且呈扩张趋势。预计 2030 年，成品油及各类替代燃料总需求量较 2023 年增长 8%，年均增长 1.1%。

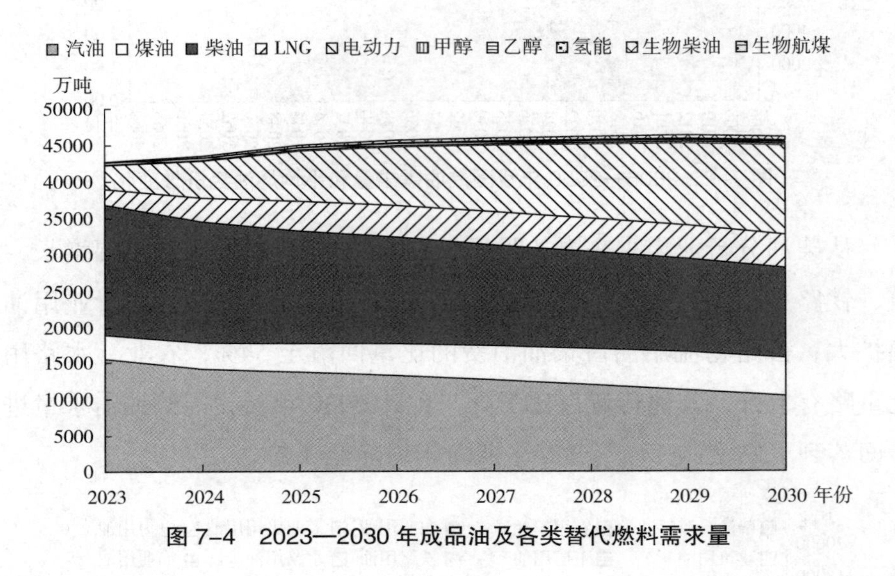

图 7–4　2023—2030 年成品油及各类替代燃料需求量

（二）加油站行业转型特征

站在即将进入“十四五”最后一年的时间窗口回看，我国柴油、汽油先后于 2020 年和 2023 年进入峰值期。近年来，加油站的油品零售业务面临总体需求萎缩、竞争日益激烈、电动力替代日益明显等一系列挑战。加油站向综合能源站甚至综合服务站转型的迫切性持续提升。在转型中，抓住哪些关键因素、解决哪些关键痛点，成为能否成功转型必须考虑的问题。

1. 典型国家加油站数量变化规律

从英国、德国、日本等发达国家的发展历程来看，过去几十年内加油站数量呈现相似的变化规律，即达峰后出现下降，并在降至峰值数量的 30%~50% 时再次保持稳定。这一过程需要 15~20 年时间（见图 7–5）。其中，英国加油站数量在 2007 年达到 9400 座后开始下降；经过十余年减量调整后，在 2017 年降至最低点 8400 座，约为 2007 年的 89.3%。德国的加油站数量在 1970 年出现峰值 4.5 万座，此后快速下降，并持续超过 20 年；2005 年至今保持 1.5 万座的水平，为最高峰的 33.3%。日本加油站数量在 1994—2014 年快速下降，目前稳定在 3 万座，为 1994 年的 50%。

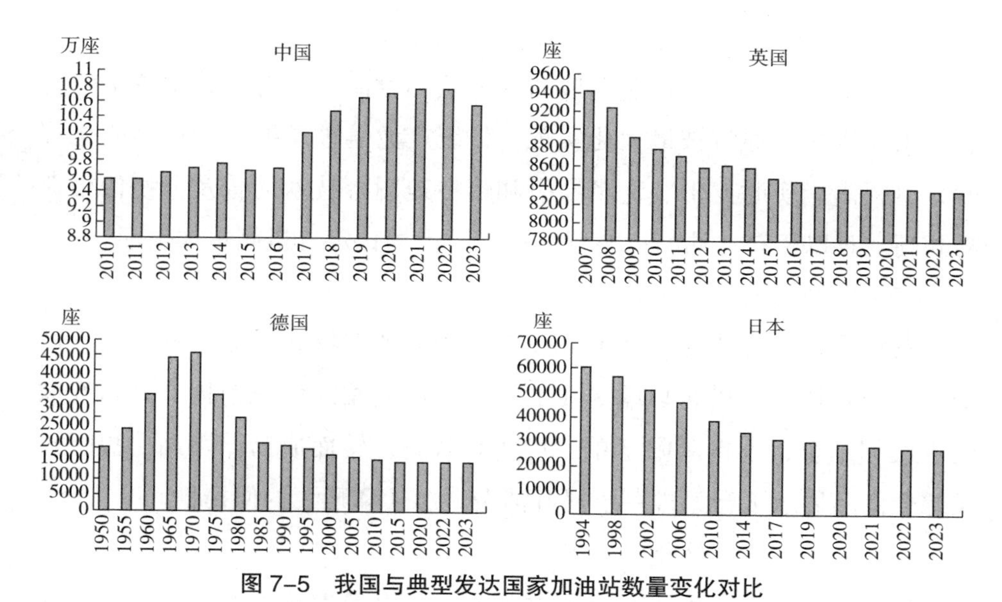

图 7–5　我国与典型发达国家加油站数量变化对比

我国的加油站数量在 2021—2022 年达到最高峰 10.8 万座，2023 年开始出现小幅下降趋势。根据上述分析，我国在进一步深化改革、推动高质量发展的背景下，未来加油站数量势必出现大幅下降。在加油站数量缩减的预期下，加油站行业如何把握自身已有资源与优势进行快速有效转型，是当前行业亟须解决的问题。

2. 我国加油站行业转型特征

在已有的国际经验之外，基于我国目前的经济与科技发展趋势，我国加油站行业应重点把握当前及未来一定时期加油站转型过程中的特征，方能行稳致远。具体来看，有如下 7 个方面。

（1）“人 · 车 · 生活”一体化

在未来加油站行业的转型中，“人 · 车 · 生活”一体化将成为重要趋势。加油站不仅是车辆加油的场所，更将成为满足人、车及生活全方位需求的综合服务平台。从传统的油品供应延伸到网络购物、上网娱乐、电子缴费、金融服务等多样化增值服务，加油站的功能将进一步拓展，实现一次消费解决多种需求的服务模式。

（2）产品价格市场化

产品价格市场化是行业发展的一个核心方向。随着互联网技术的发展，供需直接联通将被最大化实现，传统产业链被压缩，价格透明化程度显著提高。实时比价、优惠导引和价格地图等技术的普及，使价格孤岛和高地难以存在，油品价格竞争加剧，市场化定价机制更加灵活。

（3）营销渠道多元化

营销渠道多元化融合将彻底改变传统的消费模式。通过整合网上商城、社交媒体、手机客户端等线上平台，加油站的传统销售方式与互联网手段相结合，不再局限于单一场所和时间，转而成为储存站、提货点及综合商品展示平台，进一步提升消费者触达和购买的便捷性。

（4）专业建设一体化

企业产业链条的所有产品将共用平台、共享客户、共创价值，专业线管理将越来越聚焦于生产或研究环节。石油产品与服务在销售方面将通过一个“窗口”面对客户，不同产品互相促动，尽最大可能挖掘路过“窗口”的消费者价值。

（5）交易媒介智能化

在交易媒介方面，智能化转型将贯穿企业与客户的每个接触环节。供求信息的发布、预约服务、交易结算及售前售后咨询将全面数字化和网络化。随着智能化技术普及，加油站的配套设施和服务流程将更加高效，为消费者提供流畅、便捷的消费体验。

（6）购物过程休闲化

购物过程休闲化将成为提升客户满意度的重要策略。加油站将顾客的购物需求与文化、体育、游戏等消费场景相结合，通过打造令人愉悦的购物体验、使用游戏化的返利方式及互联网工具培养客户忠诚度，为消费者创造更多的附加价值。

（7）营销管理精益化

传统营销与精益管理的融合将赋予加油站更强的运营能力。在单品管理中，通过精确掌握商品销售动向，结合“假设—验证”的管理思维，实现精准订货与营销策略优化。数据经营作为核心业务，将企业数据转化为知识，用以驱动决策与竞争优势，最终形成基于知识创造的竞争模式。

（三）加油站行业转型的可能路径

我国加油站的重要资源在于其土地资产。如何结合经济社会高质量发展目标，以及新形势、新业态下消费者新兴需求，盘活土地资产，以市场为导向、客户为中心、效益为目标进行加油站转型，还需要进一步讨论。基于此，以“人 · 车 · 生活”一体化为基础，提出一个针对加油站行业可能的转型路径（见图 7–6）。

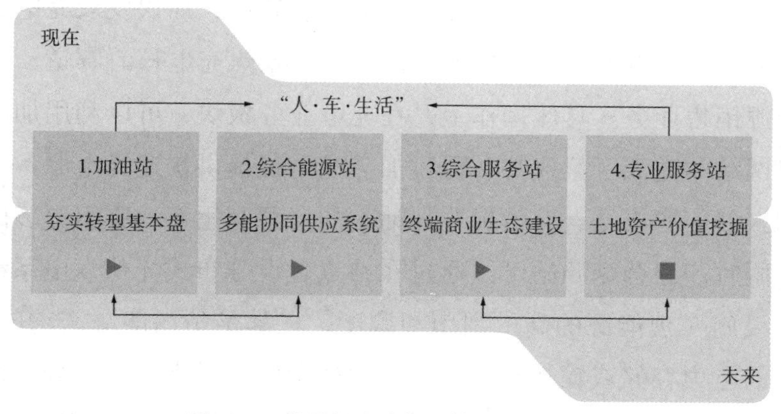

图 7–6　我国加油站行业转型路径设想

1. 加油站——夯实转型基本盘

由于加油站重资产结构及行业特征，转型过程势必无法一蹴而就。脚踏实地干好成品油销售业务是加油站行业平稳高效转型的基础。加油站的显著优势在于土地资源与实业资产，但也限制了其转型的灵活度，使其难以效仿轻资产行业快速布局、快速抽离的转型模式。一味追求转型的速度而忽略转型的稳度，将难以保障加油站最基础的生存及盈利能力。加油站转型更加考验当前盈利业务基础优劣与转型决策的前瞻性。根据预测，直至 2030 年前，油品纯枪仍是石油公司销售业务的主要利润来源。因此，在转型前期，夯实油品纯枪业务，确保加油站利润，能够为下一阶段加快全面布局新商业模式打下坚实的基础。

2. 综合能源站——多能协同供应系统

综合能源站是在传统加油站的基础上，以能源业务为核心，在油品销售之外布局充换电、加气、加氢等能源销售业务。其核心在于“多能协同供应系统”，并通过整合多种能源形式和创新商业模式，满足多样化的能源需求，开辟新的收入渠道。传统加油站向综合能源站的转型，是应对能源转型和低碳发展的必然选择。通过扩展充电桩布局、引入光伏发电与储能技术、提供多能协同供应及发展增值服务，加油站能够逐步实现从单一燃料加注场所向综合能源服务平台的升级。

因此，加油站需要在夯实油品业务的基础上，加快发展充电、审慎发展换电、稳健发展加氢、规模发展光伏，聚焦充电核心赛道，全面铺开新能源销售业务。具体操作上，在充电业务板块，可以利用加油站原有站点网络的先天区位优势，通过加装充电桩提供快速充电服务，实现快速切入新能源市场，有效提升加油站的资源利用率，吸引更多的客户群体。同时，综合能源站可以通过在站点建设分布式光伏发电系统，利用储能设施实现能源的高效利用和调度，在满足站内能源需求的同时，将多余的电力存储或输送至电网，实现能源收益最大化。此外，综合能源站可以利用站点网络和技术优势，探索能源相关的增值服务。例如，在站点安装数据中心、5G 基站等设施，为智慧城市基础设施提供支持。

3. 综合服务站——终端商业生态建设

在完成从传统油品销售向综合能源站转型的基础上，加油站应进一步升级为综合服务站，以满足消费者日益多样化的需求，并提升站点的商业价值和社会功能。综合服务站的核心是构建“能源 + 服务”的生态系统，在能源供应的基础上融入生活服务、商业服务和公共服务，成为城市和社区的重要节点。针对综合服务站的具体转型路径，可以划分为以下几个方面。

（1）基于站点条件优化选址与功能布局

综合服务站的建设在综合能源站考虑能源销售需求的基础上，还需要综合考虑站点的内外部条件，包括人口密度、交通流量、周边商业设施及公共设施分布等。通过对站点的活动指数（如夜灯亮度、白天人流量）、交通道路（如公路网络密度、通行车辆类型）、商业服务设施（如商圈、便利店等），以及绿地广场和公共服务设施（如公园、教育机构等）的分析，可以科学评估站点转型的可行性和适应性，从而合理规划功能布局。

（2）融合多功能服务场景

综合服务站应以能源供应为核心，拓展多功能服务场景。服务站可以在继续提供油气、电力、氢能等能源供应的基础上，引入零售超市、餐饮休闲、汽车保养、物流配送、快递驿站等商业服务模块，为周边居民和过路消费者提供便利。同时，可以加入文化教育、医疗保健、社区服务等公共功能，构建更加全面的服务体系。

（3）以数智化转型助力加油站转型

综合服务站可以借助大数据、物联网、人工智能等技术手段，实现服务的数字化和智能化。例如，通过实时分析站点周边的人流、车流和消费习惯，优化能源供应和商业服务的运营方案，或者通过智能支付、无人便利店、充电设备智能调度等技术手段，提升服务效率和消费者体验。

从综合能源站到综合服务站的转型，不仅是加油站业务模式的升级，而且是其功能定位的拓展。综合服务站将以能源供应为核心，融合多种商业与公共服务功能，通过智能化管理和绿色化发展，打造城市生活服务的新枢纽。这一转型将为加油站开辟更广阔的发展空间，为消费者和社会创造更多的价值。

4. 专业服务站——土地资产价值挖掘

专业服务站是在综合服务站的转型尝试后，找到加油站在当前地理位置、周边环境、自身资源禀赋等各方面因素综合影响下，最具有发展潜力与盈利能力的专业化转型方向，最终实现从集成式的全覆盖服务模块到跨界经营的专业化方向选择的转变。

专业服务站的核心在于充分利用加油站的优质区位资源，通过对土地资源的重新规划和开发，提升土地的综合利用率。例如，将部分站点完全改造为停车场，满足城市化进程中日益增长的停车需求；打造为高端办公空间、仓储物流设施，为企业客户提供服务，最大限度地发挥土地的经济效益。

（四）针对加油站行业转型的具体措施建议

1. 短期措施

未来，加油站行业在转型过程中应以充换电网络建设为核心，结合客户需求的多样性，采取差异化的布局策略，积极拓展延伸服务，构建全方位的综合商业生态体系。

（1）加速充换电网络布局，充分利用消费者长期以来在加油站为车辆补能的惯性认知

在新能源补能需求日益增加的背景下，加油站需要积极布局站外充换电网络，推动具备条件的加油站内部设施升级改造。通过在传统加油站新增充换电设施，不仅能满足传统客户逐步向新能源汽车过渡的需求，而且能最大限度地留住客户，巩固自身在车辆补能服务中的核心地位。

（2）差异化布局充换电场景，以满足多样化的客户需求

在高速公路站点，加油站可以部署充换电设施，为私家车长途出行提供中继性补能服务，解决续航焦虑问题。在景区旅游站点，布局应急性充电设施，为游客驾车出行提供紧急补能支持更具可操作性。在老旧小区周边社区型站点，加油站通过建设适应电力扩容不足的充电设施，为居民提供日常补能服务，可以弥补社区充电桩不足的短板。在商场、超市、影院、餐厅、公园及游乐场等居民日常生活和娱乐休闲目的地布局充换电设施，可以满足间歇性补能需求，提升客户便利性。在出租车和网约车密集行驶线路，以及港口、货场、工地等运营车辆集中的区域，设置专门服务于运营性乘用车和重型卡车的换电站，实现为高频使用车辆提供高效便捷的补能方案。差异化的布局能够全面覆盖多种使用场景，不仅提高了充换电网络的利用率，而且满足了客户在不同场景下的个性化需求。

（3）拓展车辆延伸服务，逐步构建综合商业生态体系

在充换电网络的基础上，以车辆补能服务为抓手，加油站可以根据不同站点的特点提供延伸服务。例如，提供汽车销售、车辆维修保养、汽车保险、车辅商品销售等车辆相关服务，满足客户车辆全生命周期的服务需求。在此基础上，逐步延展至“人”的全方位需求，以衣食住行及休闲娱乐为核心，建设综合性的商业生态系统。此外，借助数字化和智能化手段，加油站可以进一步提供定制化服务。例如，精准的客户画像、个性化优惠推送，以及全方位的服务咨询，实现服务价值最大化。

2. 长期措施

（1）能化产品综合化转型，拓展销售产品线能力

紧紧围绕销售企业主要是为广大消费者提供能源补给基础设施能力的定位，我国加油站可以更多地承担起能源产业链条内中上游提供的能化产品顺畅销售的任务。因此，除了销售传统的油气产品外，可以销售化工品、绿电、氢能、核能、装备与服务等，将现有的及即将出现的分

产品线的销售渠道集中在终端加油站网络实体上。

（2）“非能”业态多元化发展，打造综合服务平台能力

将现有的非油、非气业务打造成综合性的“非能”业务，提供具有市场竞争力的自有“非能”商品与服务，打造多元化的“非能”业态。

（3）线上线下一体化融合，提升综合竞争能力

充分发挥拥有规模化线下实体终端的优势，做大做强线上业务规模，发挥线上传播引流与线下实体网络的协同营销效应：在建设充换电设备设施的同时，打造自身独有的、能够聚合其他平台的线上能力，从而实现“拉客”与精准营销；做好“非能”商品与服务线上商城及线下物流能力的建设，依托线下实体网络为客户提供及时可靠的仓储、配送、取货等多种服务；依托立体式商业生态实现成品油销售企业的高质量转型。

（撰稿人：丁少恒）

二、加油站景气指数介绍

（一）加油站景气指数编制背景

1. 为什么编制加油站景气指数

作为连接上游炼油、成品油批发行业与下游终端消费者的关键纽带，加油站行业是成品油生产到终端用户消费的必由之路。当前我国加油站行业正处于一个充满挑战的瓶颈期，面临着油站规模开始逐年缩减、非油利润上涨带来的油站利润结构转型以及新能源替代浪潮冲击加剧等多重考验和变革的压力。然而，现阶段行业内却缺乏一套能够准确反映其经营发展变化的指标体系。为此，《中国石油石化》杂志与卓创资讯共同推出了“加油站景气指数”。

“加油站景气指数”旨在为所有市场参与者提供一个客观、即时、高效的运营状况监测工具。通过加油站景气指数的变化，企业经营者不仅可以及时掌握最新市场动向，而且能够有效识别潜在风险点，从而灵活调整自身发展战略以应对复杂多变的市场环境。此举对于促进整个产业链条健康发展具有重要意义，能够为我国加油站行业成熟稳定发展作出贡献。

2. 什么是景气指数

作为衡量一个行业在经济周期内繁荣与衰退交替循环的重要指标，景气指数不仅能够通过月度高频数据精准捕捉到行业景气度的即时变化，而且能够帮助企业时刻了解行业在景气循环中的发展趋势，适时调整经营策略。景气循环包含四个阶段：复苏期——企业的生产活动恢复，行业的经济效益得到初步改善；繁荣期——市场活力显著增强，企业的盈利能力大幅提升；衰退期——由于过度扩张或资源分配不均等问题，实际收益开始下降；萧条期——内外部矛盾激化，市场迅速降温，整个行业规模亦有所缩减（见图 7–7）。

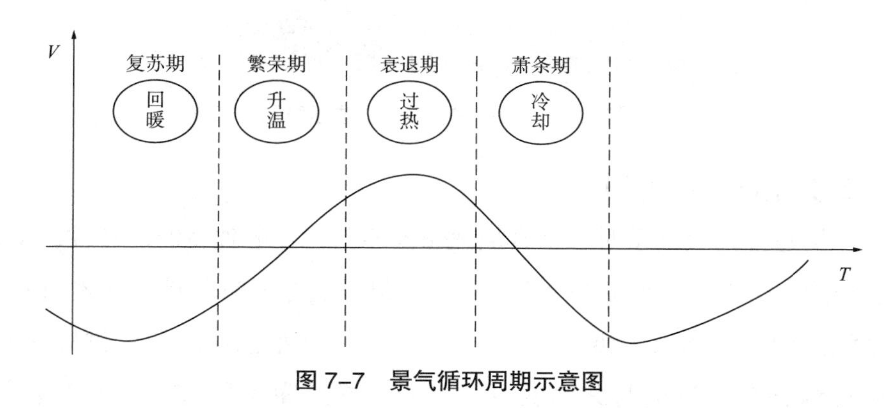

图 7–7　景气循环周期示意图

（二）加油站景气指数编制方案

1. 加油站景气指数构成

加油站景气指数由一个总指数（加油站景气指数）和四个分指数（汽柴油供应指数、加油站利润指数、加油站存货周转指数、加油站竞争力指数）共同构成。总指数通过三级合成法来实现：第一级是对原始数据进行加权得到对应的指标数据；第二级是通过卓创资讯独特的生产热度核心算法将不同维度的供应指标加权合成为一个指标，主要应用在汽柴油供应指数中；第三级是将四个分指数加权合成为总指数（见图 7–8）。

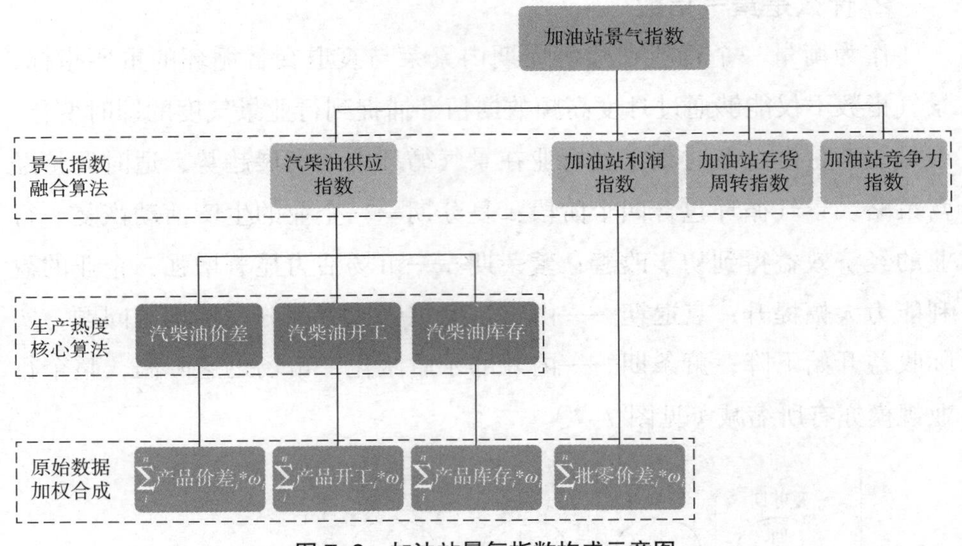

图 7–8 加油站景气指数构成示意图

2. 分指数选择说明

在构建分指数体系时，结合加油站及相关行业的独特产品特性，从供应、利润、需求以及加油站行业发展四大维度进行考量，具体阐述如下。

汽柴油供应指数（供应）：此指数旨在反映加油站行业的供应状况。它通过综合全国汽油与柴油的价差、开工率及库存量这三大关键数据，运用独特的生产热度核心算法计算而成，可以稳定展现加油站在固定周期内能获得并提供的汽柴油总量的能力。该分指数值越大，意味着汽柴油供应景气度越高。

加油站利润指数（利润）：此指数旨在反映加油站行业的盈利状况。鉴于当前油品利润仍占据加油站总利润的九成以上，而非油品利润占比尚低，故本指数主要聚焦于油品利润。它将全国各省份加油站的油品销售量作为权重，巧妙合成主营加油站与民营加油站的汽柴油利润，从而稳定呈现加油站在固定周期内实现利润的能力。该分指数值越大，意味着加油站油品利润景气度越高。

加油站存货周转指数（需求）：此指数旨在反映消费终端对油品的需求动态。通过广泛调研全国各大区域加油站的库存周转天数，精确计算出全国加油站在固定周期内的库存周转次数。这一指标深刻反映了加油站库存在固定周期内从满仓到空仓的循环频次，进而有效衡量出市场需求的变化趋势。该分指数值越大，意味着终端对油品需求的景气度越高。

加油站竞争力指数（加油站行业发展）：此指数旨在反映加油站的潜在发展能力。它基于月度燃油汽车销量占月度汽车总销量的比重计算得到，旨在稳定展现在新能源汽车浪潮冲击下，加油站竞争力的微妙变化。该分指数值越大，意味着加油站在油品上的竞争力越强。

3. 分指数计算权重说明

加油站景气指数由四个分指数合成，因不同分指数所代表维度的重要性存在差异，在合成时，其权重分配亦有侧重。首先，利润是加油站经营者直接关注的指标，与加油站经营联系最为密切，因此加油站利润指数的权重最高。其次，油品的供需是关系到加油站发挥纽带作用的两个重要方面。考虑到加油站行业偏终端消费的特点，需求端的影响力偏高，在权重分配上也大于供应端。最后，考虑到当前新能源市场的营销和发展仍然处于起步和快速发展的初期，因此对竞争力指数的权重相对调低。

（三）加油站景气指数维护方案

1. 样本调整标准

样本调整的场景主要分为两大类：一是监测企业自身样本的变化，二是监测的企业样本量的变化。根据测算，由于样本变化导致的指数波动通常在小数点后两位。为了确保指数能够更准确地反映行业动态，遵循“一年一小调”的原则，即每年都会对所有样本进行全面复盘。当观察到样本变化不符合方法论样本要求时，对样本进行调整，以保证指数的有效性和准确性。

2. 异常值处理标准

在处理异常值时，首先对异常值进行核实。如果核实后发现该指数数据与市场变化一致，则将其纳入计算；若核实后发现与市场变化不一致，则对该数据进行修正后再纳入计算。

3. 算法和权重调整标准

加油站行业处于快速变革的时期，为了让指数能更好地反映市场的变化，算法和权重的调整原则是“三年一大调”，每三年都会对各分指数及总指数的运行进行复盘分析。如果发现分指数与市场变化不一致，将调整分指数的算法；如果总景气指数与行业整体变化不一致，将重新调整分指数的权重。

（撰稿人：高恒宇）

三、成品油销售企业战略建设及评价管理指标体系的设计和应用

——以中国石油成品油销售公司为例

面对世界进入新的动荡变革期，我国发展进入不确定、难预料因素增多时期，“两个大局”加速演进、深度互动。在新的国际背景和国内形势下，推动高质量发展是新时代中国经济社会发展的主题，也是当前和今后一个时期内国家和企业发展的内在要求。

从成品油销售企业的发展来看，在能源转型背景下的战略建设发展路径和对企业本身的管理优化，是未来一段时间内亟须解决的重要问题。一方面，成品油消费存量市场仍然可观。“双碳”目标下，交通运输行业加快推进绿色低碳转型，燃油汽车向新能源汽车过渡是大势所趋。在加油站拓展充电和加氢业务，已经成为国际油公司推进终端供能转型的共同选择。成品油销售企业加速推动加油站向综合能源服务站转型，形成“油气电氢非”多元服务体系，是适应未来环境变化的必然要求。另一方面，要将战略建设细化到地市公司甚至站点的具体工作和评价中，从员工能力管理、油品和服务质量管理、安全生产管理及营销策略管理等多个方面入手，不断提高自身的综合管理水平和服务能力。

因此，成品油销售企业急需设计一套指标体系。这套指标体系既能实现对世界一流企业建设路径的实施，又能相对客观地评价企业和站点的经营管理能力，将企业发展、评价对标、激励优化进行有机融合，实现企业的健康发展。

（一）国内外世界一流企业评价指标体系和方法研究情况

国内外采取了多种评价指标体系和方法对世界一流企业进行衡量。

国际评价体系通常由专业组织设计，涵盖多个维度，如财务绩效、公司治理、创新能力、市场竞争力等。同时引入一些创新性的指标，如数字化表现、国际影响力、社会责任等，以全面评估企业的综合表现。这些指标虽然具有前瞻性和创新性，但存在难以准确量化和识别的问题。因此，在实际应用中需要谨慎对待。

国内评价体系侧重于政府标准和行业特性。整体评价指标主要参考政府提供的相关标准。不同指标体系之间的差异较大。政府更加重视企业的国际竞争力，如考虑创新能力、全球化能力、全球话语权和影响力等指标。针对不同行业的企业制定了分类评价指标，以更加细致、全面地反映企业的实际情况。相对于整体评价指标而言，分类评价指标更加具有灵活性和独特性，但适用范围相对狭窄。

结合国际商业机器公司（IBM）、亚马逊、华润集团、中国移动、国家电网、中国石化等国际企业和国内不同行业、不同性质企业在追求世界一流过程中的指标建设和战略规划，可知领先企业的发展均具有明显特点，为企业指标设计提供了重要启示。一是强化战略引领。领先企业主要聚焦创建世界一流、国际领先的发展战略，与国内外先进企业进行全领域、分层次、多维度的对标，将对标一流价值提升行动深度融入企业战略中。二是聚焦主责主业。领先企业围绕服务国家战略，深刻分析自身功能使命，明确主责主业，围绕主责主业和核心功能，合理、科学地配置生产要素，实现产业升级和协同发展。三是加快数智化转型。领先企业普遍将数智化转型的顶层设计纳入核心战略，在信息化建设基础上升级战略体系，实现对内应用、对外赋能。四是坚持创新驱动。领先企业紧密结合高质量发展需要，把技术研发落在创造新的增长点上，重点打造具有全球竞争力的产品服务，引领战略性新兴产业发展壮大。五是优化治理模式。领先企业基于企业战略与业务经营要求，对集团管控体系进行灵活调整，对不同业务板块进行差异化管控，提升公司治理体系和治理能力的现代化水平。

（二）成品油销售企业的指标体系构建

成品油销售企业是石油产业链上的重要组成部分。在纵向一体化的石油企业中，成品油销售企业自身的指标体系构建与集团公司整体的指标体系存在顺承关系，同时满足国务院国资委对世界一流企业的相应维度划分。

从指标的维度上看，中国石油成品油销售公司以中国石油集团公司创建世界一流企业的标准为核心，围绕“油气电氢非”业务，将供给高效、产品卓越、品牌卓著、创新领先、治理现代作为创建“国际知名、国内一流”综合能源服务商指标体系的五大维度。从指标的来源上看，分三步进行完善。首先，建立涵盖销售业务各领域的指标池，以集团公司 KPI 考核导向为基础，结合重点关注领域和精益化管理对标成果，从市场、成本、管理、变革四个维度汇总并分类扩展至 165 项指标。其次，根据不同应用场景的需求，从指标池中筛选并组合核心指标。通过动态分解与调整，形成适应多情境的实际指标体系。最后，按照战略建设指标和评价考核场景，分别建立相应指标体系，实现不同场景对指标的有效应用（见图 7–9）。

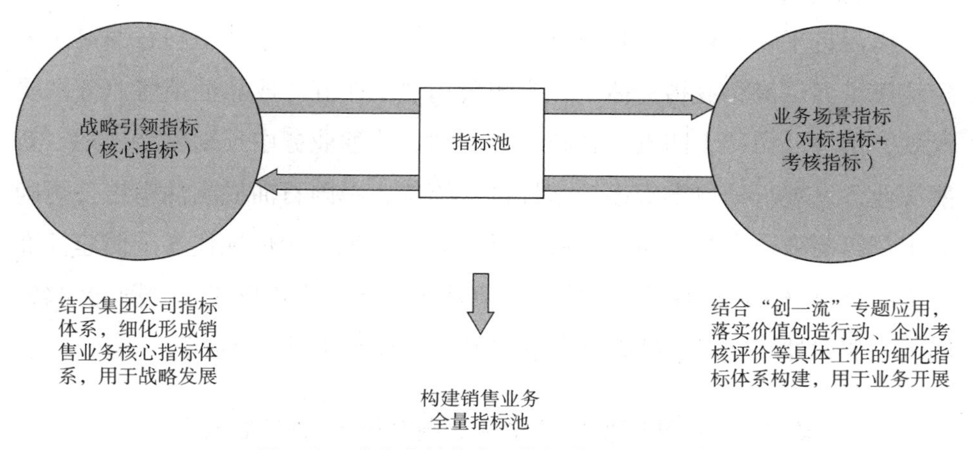

图 7–9　成品油销售企业指标体系构建思路

该指标体系的建立，主要应用于三个场景（见图 7–10）。一是实施和创建一流企业方案，为企业发展做好战略引领工作。二是做好价值创造和实施方案，为企业与先进标杆的对标做好基本工作。三是完成集团公司对销售业务的考核，并协助开展对各销售企业的考核评价工作。其中，战略引领场景涉及的指标是指标体系的核心，是中国石油成品油销售公司承接集团公司指标体系的重要载体，也是未来销售业务发展的重要指引。对标价值与价值创造场景、考核评价场景，是战略引领的具体落地场景，是将核心指标进一步细化并应用于销售公司、销售企业两个层级的具体工作。其指标构成考虑实际情况与战略引领指标存在差异。

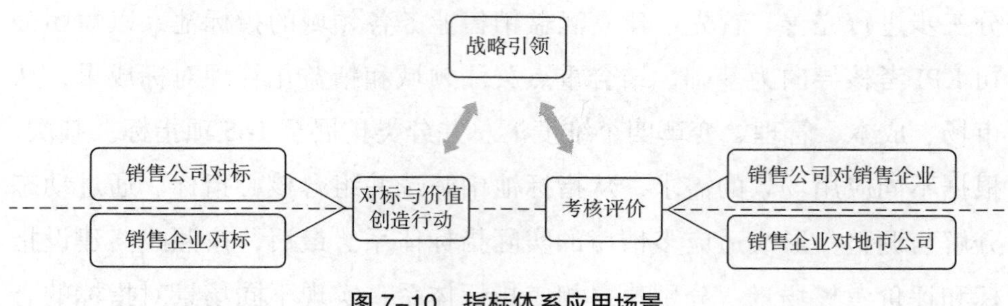

图 7-10　指标体系应用场景

1. 战略引领指标体系案例

以习近平新时代中国特色社会主义思想为指导，结合中国石油集团公司建设世界一流企业指标体系、集团公司“十四五”成品油销售业务发展规划、销售公司“十四五”科技发展规划、非油业务中长期发展规划、新能源业务发展行动方案等多项指标进行筛选，中国石油成品油销售公司确立了供给高效、产品卓越、品牌卓著、创新领先、治理现代 5 个创建标准维度、15 个方面能力指标类别、32 项具体指标，构建形成了“国际知名、国内一流”油气氢电非综合能源服务商指标体系（见表 7-2）。

表 7-2　中国石油“国际知名、国内一流”油气氢电非综合能源服务商战略引领指标体系

指标维度	指标类别	指标名称	单位
供给高效	能源供应	成品油直炼交货计划完成率	%
	设施能力	运营加油（加气）站数量	座
产品卓越	产品结构	高标号汽油（95 号及以上）占汽油零售比例	%
	营销服务能力	国内成品油市场占有率	%
		零售市场占有率	%
品牌卓著	非油发展水平	非油收入	亿元
		非油毛利总额	亿元
	品牌影响力	客户回访满意度	%
		“昆仑好客”品牌价值增长率	%
		销售油品质量合格率	%
		销售油品计量合格率	%

续表

指标维度	指标类别	指标名称	单位
品牌卓著	绿色发展水平	光伏站数量	座
		充电站数量	座
		加氢站数量	座
创新领先	创新要素	公司科技与数智化研发投入规模	万元
	创新产出	公司当年科技成果数量（每年新增申请专利、软著数量）	项
		公司当年优秀成果数量（获得政府、集团公司、销售公司评定的优秀科技与数智化成果数量）	项
	数字化转型	线上注册客户数	亿人
		数字化场景覆盖率	%
		网点数字化自动采集率	%
治理现代	盈利能力	利润总额	亿元
		净利润	亿元
		净资产收益率	%
		EVA 率（EVA/ 调整后资本）	%
		营业现金比率	%
	运营管理能力	全员劳动生产率	万元
		吨油营销成本	元 / 吨
		全级次企业亏损面	%
	人才建设	人力资源质量指数	分值
	公司治理水平	地区公司发展能力评价指数（治理体系治理能力现代化水平）	分值
	风险管理能力	资产负债率	%
		一般 A 级及以上生产安全事故、较大及以上质量计量责任事故、较大及以上环境责任事件	起

2. 对标与价值创造指标体系案例

对标与价值创造指标是指标体系的进一步细化，相当于对一流企业建设指标的年度任务进行总结。在具体的指标选用中，会对原有的指标体系进行一定的更改和修正。例如，2023 年的对标指标体系中，在全面承接中国石油集团公司价值创造行动规定指标的基础上，结合销售企业实际选取的个性指标，中国石油成品油销售公司构建了涵盖资源价值、经营价值、创新价值、治理价值、长期价值、社会价值6类价值的对标指标体系。其中，与中国石化横向对标指标18项，与自身纵向对标指标22项（见表7–3、表7–4）。

表7–3 中国石油“国际知名、国内一流”油气氢电非综合能源服务商横向对标指标体系

序号	指标类型	指标名称	单位	序号	指标类型	指标名称	单位
1	资源价值	自营加油站数量	座	10	经营价值	汽油价格到位率	%
2		成品油销量	万吨	11		柴油价格到位率	%
3		纯枪销量	万吨	12		非油毛利	亿元
4		批直销量	万吨	13	创新价值	线上注册客户数	亿人
5		非油收入	亿元	14	治理价值	费用总额	亿元
6	经营价值	利润总额	亿元	15		吨油费用	元
7		成品油吨油收入	元	16		成品油库存量	万吨
8		纯枪吨油收入	元	17	长期价值	纯枪吨油营销成本	元
9		批直吨油收入	元	18	社会价值	“昆仑好客”品牌排名	名

表7–4 中国石油“国际知名、国内一流”油气氢电非综合能源服务商纵向对标指标体系

序号	指标类型	指标名称	单位	序号	指标类型	指标名称	单位
1	资源价值	自营加油站数量	座	12	治理价值	全员劳动生产率	万元
2		充换电站数量	座	13		国内成品油市场占有率	%
3		加氢站数量	座	14		高标号汽油（95号及以上）占汽油零售比例	%
4		光伏站数量	座	15		非油收入	亿元

续表

序号	指标类型	指标名称	单位	序号	指标类型	指标名称	单位
5	社会价值	较大及以上质量事故、安全生产事故、环境污染和生态破坏事件数量	件	16	治理价值	非油毛利总额	亿元
6		“昆仑好客”品牌排名	名	17	经营价值	利润总额	亿元
7	长期价值	全级次企业亏损面	%	18		净利润	亿元
8		吨油营销成本	元	19		资产负债率	%
9	创新价值	研发经费投入强度	%	20		净资产收益率	%
10		线上注册客户数	亿人	21		EVA 率	%
11		网点数字化自动采集率	%	22		营业现金比率	%

按照“国际知名、国内一流”的油气氢电非综合能源服务商建设目标，中国石油成品油销售业务综合对标对象一般是中国石化销售业务。在实际工作开展过程中，根据当年的情况进行对标对象选择，并开展对标与价值创造指标体系构建。本文以中国石油成品油销售公司为主体开展对标与价值创造指标体系的构建，下属成品油销售企业的相关指标体系可以依据实际情况进行选择开展。按照业务领先、目标可达、数据可比可获 3 项基本原则，中国石油油气氢电非综合能源服务对标对象选择（见表 7–5）。

表 7–5　中国石油油气氢电非综合能源服务对标对象

业务范围	对标对象
油气	中国石化
氢能源	中国石化、氢枫能源、美锦能源
充电	特来电、星星充电、云快充
换电	蔚来、奥动
非油	易捷、美宜佳、罗森、唐久便利

3. 经营考核与评价指标体系案例

经营考核与评价指标是在具体工作中设定的任务和考核目标，既是中国石油成品油销售公司完成集团公司任务的主要依据，也是成品油销售公司评价下属各销售企业的主要依据。该类指标的来源主要有两个方面：一是每年集团公司与成品油销售公司及成品油销售企业负责人签订的业绩合同；二是成品油销售公司对各成品油销售企业发展能力的评价指标和测算。该类型指标的特点是不同指标有相应的权重，可以进行横向和纵向对比考核评价。这类指标体系是一流指标体系的具体和细化。

例如，2022 年，中国石油成品油销售公司提出了成品油销售企业发展能力综合评价全量指标体系（见表 7–6）。目的是从不同维度对成品油销售企业的发展能力进行标准化量化比较，以便各成品油销售企业可以从不同维度把握自身的发展阶段，更好地开展经营工作。成品油销售企业可根据业务和考核需要调整指标组合和权重，综合当前国内外指标体系的构建方法，推荐选用 AHP 层次分析法进行考核评价指标体系设计。

表 7–6　中国石油成品油销售公司发展能力综合评价全量指标体系（2022）

一级指标及权重	二级指标及权重	一级指标及权重	二级指标及权重
资本盈利能力（22%）	剔除库存影响后利润总额（10%）	持续发展能力（28%）	成品油配置计划执行率（3%）
	综合所得税税率（2%）		柴油吨油收入差（4%）
	ΔEVA（经济增加值同比）（5%）		汽油吨油收入差（4%）
	ROE（净资产收益率）（5%）		油气总销量（3%）
转型发展能力（23%）	科技创新能力与管理评价（5%）		成品油市场占有率（1%）
	非油重点商品能力指标（2%）		成品油市场占有率增长率（1%）
	非油品业务贡献指标（8%）		零售市场占有率（2%）

续表

一级指标及权重	二级指标及权重	一级指标及权重	二级指标及权重
转型发展能力（23%）	非油线上业务收入（2%）	持续发展能力（28%）	零售市场占有率增长率（2%）
	非油费用毛利率（1%）		汽油市场占有率增长率（2%）
	油品线上收入占比（1%）		自营纯枪销量占比（2%）
	批直重点终端客户销量增长率（3%）		直销配送比例（1%）
	汽油移动支付占比（1%）		全员劳动生产率（3%）
债务风险防控能力（6%）	资产负债率（3%）	绿色发展能力（7%）	“三新”收入占比（3%）
	带息负债比率（1%）		分布式光伏发电站发展目标完成率（2%）
	流动比率（2%）		充换电站点发展目标完成率（2%）
企业运营能力（11%）	“两金”占收比（1%）	社会贡献能力（3%）	社会贡献能力（3%）
	成本费用占收比（7%）		
	自营吨油营销成本（2%）		
	客户满意度（1%）		

4. 加油站评价管理指标体系案例

以中国石油安徽销售公司评价体系为例，按照三个步骤进行指标和权重的设计。一是指标选择。根据安徽销售公司的经营情况，地市公司发展能力评价由经营规模（占比 35%）、经营质量（占比 35%）、成长性（占比 30%）三类量化指标和一类约束性指标构成。其中，经营规模（占比 35%）包含 4 项指标，分别为利润总额（10%）、纯枪量（10%）、直销量（5%）、非油品店销收入（10%）。经营质量（占比

35%）包含 9 项指标，分别为吨油利润（4%）、成品油市场相对占有率（2%）、零售市场相对份额（5%）、加油站运营率（2%）、平均单站年销售量（2%）、非油品毛利率（5%）、吨油纯枪非油店销收入（5%）、全员人均纯枪量（5%）、人力资源价值（5%）。成长性（占比 30%）包含 15 项指标，分别为利润总额同比增幅（1%）、近三年利润总额平均增长率（3%）、纯枪量同比增幅（2%）、近三年纯枪量平均增长率（2%）、运营站同比增幅（1%）、近三年运营站平均增长率（2%）、单站年销售量同比增幅（2%）、近三年单站年销售量平均增长率（2%）、零售市场相对份额同比增幅（1%）、近三年零售市场相对份额平均增长率（2%）、非油店销收入同比增幅（2%）、近三年非油店销收入平均增长率（3%）、全员人均纯枪量同比增幅（2%）、近三年全员人均纯枪量平均增长率（2%）、百万元投资纯枪增量（3%）。约束性指标为额外指定，主要是指对于地市公司在日常经营管理中发生的安全、环保、数量、质量、资金安全、品牌形象、党风廉政建设等风险、损失和不利影响，经安徽销售公司审定后纳入扣分项，按照影响程度在总分基础上扣除 1 分至 10 分。

评价计分方法。综合评价得分 =Σ（单项指标评价得分）× 贡献规模系数。单项指标评价得分采用平均值赋分法，单项指标评价得分 = 100+30（A–B）/（C–B）。其中，地市公司某单项指标平均值赋予标准得分 100 分；排名前三地市公司某单项指标平均值赋予标准得分 130 分。A 为某地市公司单项指标的完成值，B 为所有地市公司单项指标完成值的平均值，C 为排名前三的地市公司单项指标完成值的平均值。在单项指标评价得分的基础上，按照贡献规模进行系数调节。贡献规模调节系数由利润总额贡献规模（30%）、纯枪量贡献规模（30%）、销售总量贡献规模（15%）、非油品店销收入贡献规模（25%）四项指标构成。单项贡献规模指标得分 = 本单位指标值 / 所属分公司指标之和 ×100%，在加权合计得分的基础上采用内插法折算为 0.8~1.2。

（三）指标体系的实践应用

首先，通过指标体系的应用，从不同维度开展对标工作并实施价值创造，为建设“国际知名、国内一流”的油气氢电非综合能源服务商提供具体抓手。

其次，对企业内部的分公司、加油站等不同层级的组织开展发展能力评价工作，坚持问题导向、结果导向、目标导向，积极借鉴大公司特别是炼化企业管理评价的经验与做法，组织开展业务现状分析、构建评价框架模板，实现针对不同企业组织的有效应用。

最后，将评价结果与人员激励等制度适度挂钩，构建具有高度信任感的良性竞争机制，改变过去压力粗放传导、均等传导的习惯做法，以激励与约束相结合驱动压力与动力相转换。引入人力资源价值评价，引导地市公司进一步优化完善岗位设置及二次分配体系，更好地发挥个人劳动价值，自下而上地形成驱动发展的强大合力。

（撰稿人：张　蕾　朱　宁）

四、我国加氢站建站模式的实践和发展

自“十四五”以来，我国加氢站建设快速扩张。中国氢能联盟公开的数据显示，截至 2024 年底，我国加氢站数量已经达到 540 座。然而受氢气成本居高不下（50~70 元 / 千克，含补贴）和各地政策落地的影响，全国在营加氢站数量仅为 300 多座，大量的加氢站陆续停运。

如何有效降低加氢站氢气成本，实现加氢站建设运营的商业闭环，已成为氢能产业发展不可回避的关键问题。本文立足当前加氢站的发展现状，分析了不同加氢站建站模式的经济性，总结了我国首座商业化运

营的甲醇制氢加氢一体站的运行经验，对破解当前加氢站市场化建设运营中面临的困局，具有一定的指导意义。

（一）我国加氢站的发展现状

1. 加氢站建站虽迎来爆发期，但 40% 处于停运状态

在国家氢能战略规划的指导下，各级地方政府围绕加氢站出台了一系列补贴政策，支持加氢站的建设和日常运营，促使我国加氢站建设迎来了爆发期。

根据中国氢能联盟数据，截至 2024 年底，我国已建成加氢站 540 座，数量居全球首位。与此同时，我国氢燃料电池汽车销量由 2018 年的 3438 辆增长至 23776 辆，年平均增长率 38.98%。加氢站的平均增速明显高于氢燃料电池汽车销量，车站比由 2018 年的 104.18 快速下降至 44.03（见表 7–7）。这使得部分地区出现了“有站无车”的现象，部分加氢站处于停运状态。在氢燃料电池汽车投放较多的地区，由于加氢站建站成本高、燃料电池级氢源分布不均、氢气储运成本高等原因，“有车无氢”或“加氢难”的现象普遍，进一步导致部分加氢站停运。整体看来，约有 40% 的加氢站处于停运状态。尽管如此，氢能的清洁属性决定了其在未来交通运输领域的特殊地位。氢燃料电池汽车产销量虽未达到市场预期，但仍保持着逐年增长的态势。加氢站的建设，仍是未来氢能在交通运输领域应用的关键环节。

表 7–7　2018—2024 年全国氢燃料电池汽车销量和加氢站建设及运营情况

年份	氢燃料电池汽车销量（辆）	氢燃料电池汽车销量增长率（%）	加氢站累计数量（座）	加氢站运营数量（座）	加氢站运营数量增长率（%）
2018	3438	—	33	27	—
2019	6175	79.6	78	62	129.6
2020	7352	19.1	137	103	66.1
2021	8938	21.6	244	180	74.8

续表

年份	氢燃料电池汽车销量（辆）	氢燃料电池汽车销量增长率（%）	加氢站累计数量（座）	加氢站运营数量（座）	加氢站运营数量增长率（%）
2022	12566	40.6	352	245	36.1
2023	18371	46.2	474	281	14.7
2024	23776	29.3	540	300	6.8

数据来源：中国汽车工业协会和中国氢能联盟

2. 不同加氢站建站模式的经济性分析

目前，我国投入运营的加氢站以加注能力 500 千克 /12 小时和 1000 千克 /12 小时为主。其中，加注能力达到 1000 千克 /12 小时的加氢站占比达到 40%，是未来进一步发展的方向。

我国现有加氢站主要有三种建设模式，分别为传统加氢站模式、液氢加氢站模式和制氢加氢一体站模式。传统加氢站模式和液氢加氢站模式均为外供氢加氢站，主要区别在于前者采用 20 兆帕高压气态管车将氢气从工厂端运送至加氢站，而后者先在工厂端将氢气液化后通过液氢槽车将液氢运送至加氢站。制氢加氢一体站模式则是通过在加氢站内直接新建一套分布式制氢装置，实现氢气的“制、储、运、加”一体化。因技术难度低、建站速度快、投资成本低等原因，传统加氢站模式目前仍是我国加氢站建设的主流。由于氢气运输效率低（1%）、成本高（10 元 / 千克）、适用经济距离短（≤ 100 千米）等特点，该模式越来越难以适应大多数加氢站的需求。以下将对三种加氢站建站模式的经济性分别进行分析。

（1）传统加氢站模式

传统加氢站的氢气成本由氢气出厂成本、氢气运输成本和氢气加注成本三部分构成。尽管国标中对燃料电池级氢气的纯度要求为≤ 99.97% 低于高纯氢的技术指标，但其对氢气中部分杂质的要求却明显高于高纯氢。这导致我国燃料电池级氢气的供应并不充足且分布不均。考虑到工厂端的利润，目前我国燃料电池级氢气的出厂价格基本维持在 30~35 元 / 千克。需要指出的是部分地区存在副产氢资源，氢气出厂成本较低（20 元 / 千克）；但副产氢资源的分布与消费市场错配，导致该类低成本氢源的获取性差，不能代表市场主流。

氢气的密度小，运输成本高是业内共识。目前，常规 20 兆帕气态管车满载约 430 千克。受现场高压压缩机吸入压力限制和出于保护设备的考虑，现场一般只卸载到 7~8 兆帕，即单次运输氢气质量只有 260~290 千克，运输效率低。这使得我国采用 20 兆帕气态管车运氢方式，运输距离在 100 千米以内的氢气运输成本基本维持在 8~12 元 / 千克。

1000 千克 /12 小时加氢能力的加氢站在不同运行负荷下加氢站的加注成本（见表 7–8）。计算基准：不考虑加氢站土地成本；全站电耗按照 3（千瓦・时）/ 千克氢气、0.8 元 /（千瓦・时）计；全站定员 6 人，每人每年工资 12 万元；全站维修成本按照固定投资 1.5% 提取。不同负荷下加氢站氢气的加注成本介于 8~11.7 元 / 千克。氢气加注成本随运行负荷升高快速下降，表明高加氢能力的加氢站是未来发展方向。综上所述，当前 100% 负荷 1000 千克 /12 小时加氢能力的传统加氢站氢气成本介于 46~55 元 / 千克。

表 7–8　不同负荷下 1000 千克 /12 小时加氢能力的传统加氢站氢气成本

项目	传统加氢站氢气成本		
	60% 负荷	80% 负荷	100% 负荷
氢气加注量（千克 / 日）	600	800	1000
年运营时间（天）	350	350	350
加氢站建设投资（万元）	1500	1500	1500
折旧年限（年）	15	15	15
年折旧成本（万元）	100	100	100
用电成本（万元 / 年）	50.4	67.2	84
人工成本（万元 / 年）	72	72	72

续表

项目	传统加氢站氢气成本		
	60% 负荷	80% 负荷	100% 负荷
维修成本（万元 / 年）	22.5	22.5	22.5
总成本（万元 / 年）	244.9	261.7	278.5
氢气加注成本（元 / 千克）	11.7	9.3	8
氢气出厂成本（元 / 千克）	30~35		
氢气运输成本（元 / 千克）	8~12		
氢气成本（元 / 千克）	49.7~59.7	47.3~56.3	46~55

（2）液氢加氢站模式

为解决传统高压管车运输氢气效率低、经济运输距离短的问题，类似于 LNG 运输，国内外提出了液氢加氢站建站模式。该模式下加氢站的氢气成本主要由氢气生产成本、氢气液化成本、液氢运输成本和氢气加注成本四部分构成。由于液氢的经济运输距离远，可选择风光电资源富集地区的电解水氢源，经现场液化后由液氢槽车送至加氢站现场。

不同运行负荷下 1000 千克 /12 小时加氢能力的液氢加氢站的氢气成本测算结果（见表 7–9）。计算基准：氢气采用电解水生产，氢气生产和氢气液化采用绿电电价考虑 0.2~0.4 元 /（千瓦・时），规模 30 吨 / 日；由于绿电远离消费市场，液氢运输单程距离考虑 500~1500 千米；加氢站建设投资不考虑土地成本；全站电耗按照 3（千瓦・时）/ 千克氢气、0.8 元 /（千瓦・时）计；全站定员 6 人，每人每年工资 12 万元；全站维修成本按照固定投资 1.5% 提取。由此可见，电价对氢气的生产成本和氢气液化成本影响十分明显，运输距离与液氢运输成本正相关。100% 负荷 1000 千克 /12 小时加氢能力的液氢加氢站氢气成本为 33.7~53.3 元 / 千克，液氢加氢站模式只有在拥有廉价绿电［（≤ 0.3 元 /（千瓦・时）］且运输距离适中（≤ 1000 千米）的场景下方能较传统加氢站模式更具经济性。

表 7–9　不同负荷下 1000 千克 /12 小时加氢能力的液氢加氢站氢气成本

项目	液氢加氢站氢气成本		
	60% 负荷	80% 负荷	100% 负荷
氢气加注量（千克 / 日）	600	800	1000
年运营时间（天）	350	350	350
加氢站建设投资（万元）	1700	1700	1700
折旧年限（年）	15	15	15
年折旧成本（万元）	113.3	113.3	113.3
用电成本（万元 / 年）	50.4	67.2	84
人工成本（万元 / 年）	72	72	72
维修成本（万元 / 年）	25.5	25.5	25.5
总成本（万元 / 年）	261.2	278	294.8
氢气加注成本（元 / 千克）	12.4	9.9	8.4
氢气生产成本（元 / 千克）	15.9~27.9		
氢气液化成本（元 / 千克）	5.5~7.9		
液氢运输成本（元 / 千克）	3.3~9.1		
氢气成本（元 / 千克）	37.1~57.3	34.6~54.8	33.7~53.3

需要指出的是，氢气液化的难度大，技术门槛高，能耗高［12（千瓦・时）/ 千克］。液氢的储存温度极低，自然损耗大，专用低温材料和设备制造技术难度大，技术成熟度低，目前仍主要依靠进口，技术风险较大。经济性优势不足且技术难度大，限制了液氢加氢站模式在我国的发展。目前，我国还没有商业运行的液氢加氢站。

（3）制氢加氢一体站模式

制氢加氢一体站模式通过在加氢站内新建一套分布式制氢装置，将加氢站从运氢转变为运甲醇、天然气或液氨等大宗化学品，可有效规避低效高成本的氢气运输环节，实现"制、储、运、加"全链条整合，有效降低加氢站氢气成本，同时减少高压氢气管车的接卸操作及加氢站氢气的储量，提高本质安全，被业内广泛关注。根据站内制氢装置采用的技术路线不同，可将制氢加氢一体站模式分为甲醇制氢加氢一体站、天然气制氢加氢一体站、氨制氢加氢一体站和电解水制氢加氢一体站。四种技术路线对应的制氢加氢一体站氢气成本（见表 7–10）。计算基准：加氢站建设投资不考虑土地成本；甲醇、天然气、液氨和电的单价分别为 2400 元 / 吨、3 元 / 立方米、3500 元 / 吨和 0.8 元 /（千瓦·时）；全站定员 6 人，每人每年工资 12 万元；全站维修成本按照固定投资 1.5% 提取。

表 7–10　不同负荷下 1000 千克 /12 小时加氢能力的制氢加氢一体站氢气成本

项目	制氢加氢一体站氢气成本			
	甲醇制氢	天然气制氢	液氨制氢	电解水制氢
加氢站运行负荷（%）	60~100	60~100	60~100	60~100
年运营时间（天）	350	350	350	350
加氢站建设投资（万元）	1500	1500	1500	1500
站内制氢装置投资（万元）	1000	1000	1000	800
折旧年限（年）	15	15	15	15
年折旧成本（万元）	166.7	166.7	166.7	153.3
原料成本（万元 / 年）	378~630	352.8~588	433.7~722.8	—
用电成本（万元 / 年）	100.8~168	100.8~168	252~420	1092~1820
人工成本（万元 / 年）	72	72	72	72
维修成本（万元 / 年）	37.5	37.5	37.5	34.5
总成本（万元 / 年）	755~1074.2	729.8~1032.2	961.8~1418.9	1351.8~2079.8
氢气成本（元 / 千克）	30.7~36	29.5~34.8	40.5~45.8	59.4~64.4

由此可见，相较于传统的加氢站模式，采用天然气制氢和甲醇制氢加氢一体站模式具有显著的经济优势，可有效降低加氢站的氢气成本。电解水制氢加氢一体站的成本高于传统加氢站模式，主要原因在于加氢站所在的消费市场端无法获取稳定且廉价的网电，且由于中国绿电资源与消费市场的地域性错配，该矛盾短期内难以调和。从加氢站氢气成本的角度分析，制氢加氢一体站建站模式的氢气成本由低到高依次为天然

气制氢—甲醇制氢—氨制氢—电解水制氢。

3. 加氢站建设模式发展方向

（1）甲醇制氢加氢一体站更适合低成本加氢站建设

采用天然气制氢和甲醇制氢加氢一体站模式均具有显著的经济优势，具体哪一种模式更好？

通过对天然气制氢和甲醇制氢加氢一体站的技术特点的对比（见表7–11），可见二者制氢装置的占地面积相当，但天然气制氢路线的反应条件明显苛刻于甲醇制氢路线。同时，由于明火供能的问题，安全风险增高（特别是对于合建站），安全间距扩大导致加氢站的占地面积更大。此外，天然气制氢路线存在废水排放的问题，增加了环保配套成本。

表 7–11　天然气制氢和甲醇制氢加氢一体站技术对比

项目	制氢加氢一体站技术路线	
	天然气制氢	甲醇制氢
原料	天然气和脱盐水	甲醇和脱盐水
装置占地面积［规模500立方米（标准）/时］	＜70平方米	＜70平方米
产品质量	燃料电池级氢气	燃料电池级氢气
制氢工艺条件	1~3兆帕，750~850℃，明火供能	1~2.5兆帕，240~270℃，催化氧化无明火
技术特点	可以沼气、填埋气和天然气为原料，气源广泛，成本受气源成本影响大； 反应条件苛刻； 明火供能安全间距大，占地面积大； 存在废水排放	甲醇市场供应稳定，氢气价格受甲醇原料波动影响大； 制氢过程条件温和，易于实现智能化启停； 过程无明火，安全间距小，占地面积小； 无废水排放

因此，为满足加氢站应用场景下应用场地受限、操作人员水平受限、公用工程依托受限和周围环境复杂安全性要求高的特点，反应条件温和、易实现智能化启停、无明火、安全间距小、无废水排放的甲醇制氢加氢一体站建站模式更具发展潜力。

但是，目前我国甲醇仍以煤制灰甲醇为主，甲醇制氢加氢一体站存在一定的碳排放问题。从“十四五”期间我国规划的绿色甲醇产能（2000万吨/年）发展情况来看，利用绿色甲醇消纳绿电并解决绿氢储存困难的问题，是未来的发展大趋势。因此，未来甲醇制氢加氢一体站可通过采用绿色甲醇，实现“远端绿色甲醇—近端绿色氢气”的有机耦合，实现碳资源的循环，契合“双碳”目标。

综上所述，面对加氢站高氢气成本的严峻形势，在当前氢能发展阶段下，甲醇制氢加氢一体站模式更适合于低成本加氢站的建设。

（2）我国首座商业化运营的甲醇制氢加氢一体站

大连盛港综合加能站位于辽宁省大连自贸片区，是全国首座采用甲醇制氢加氢一体站建站模式的加氢站。该站由中国石化大连盛港油气氢电服“五位一体”综合加能站在原有“工厂+管车运输+加氢站”运营模式的传统固定式加氢站的基础上升级改造而来。产氢能力为500立方米（标准）/时，每天可产出1000千克纯度为99.999%的高纯氢气，用于保障大连自贸片区内氢能公交的正常运行。

该一体站于2023年2月15日正式投入运营，截至2024年10月31日，已累计运营20个月，累计生产纯度为99.999%的高纯燃料电池级氢气超过100吨，满足了大连盛港加氢站、海明加氢站和天元加氢站的用氢需求，解决了大连地区燃料电池级氢气供应不足的问题，开创了区域“1+X”加氢站布局模式。

运营期间，分布式甲醇制氢系统先后完成“生产—冷/热备”模式自动化切换超过150次，模式切换过程操作便捷、运转平稳，完全满足加氢站灵活的氢气需求，吸引了各地方政府、多家国内外主流媒体和100余家业内企业前往现场参观交流，起到了良好的示范效应。同时，基于大连盛港甲醇制氢加氢一体站的成功经验，大连市保税区发布实施了我国首个制氢加氢一体站地方标准——《制氢加氢一体站技术规范》（QDLFTZ 001—2023）。中国石化进一步联合氢能头部企业发布了针对制氢加氢一体站的团体标准——《制氢加氢一体站技术指南》（TCSPCI 50001—2024），为制氢加氢一体站的规范化设计、施工和运营提供了指导。

随着大连地区氢燃料电池汽车数量的不断增长，大连盛港甲醇制氢加氢一体站的氢气销售量已经达到约 600 千克 / 日，对应氢气成本降低至 36 元 / 千克左右，相较改扩建以前的氢气成本下降了约 30 元 / 千克，月节约成本超过 54 万元，取得了良好的经济效益。未来随着氢燃料电池汽车市场的不断增长，大连盛港甲醇制氢加氢一体站的氢气产能将得到进一步释放，氢气成本有望降低至 30 元 / 千克，发展潜力巨大。

（撰稿人：夏国富）

五、我国新能源汽车充电行业盈利模式分析与思考

在“双碳”目标驱动下，基于国家高端制造行业高质量发展战略和经济转型发展大势，我国新能源汽车市场经历了爆发式增长，带动了充电基础设施的建设热潮。充电基础设施不仅支撑着“双碳”目标和新能源汽车产业的发展，而且承担着我国新发展阶段新基建的新历史使命，成为连接能源低碳化和交通电动化的重要基础设施。近年来，中央和地方政府高度重视此领域，从宏观综合、政府规划、财政补贴、充电价格、行业管理、科技创新等多方面出台政策，推动充电设施的适度超前发展。

（一）我国充电行业发展现状及存在问题

1. 逐渐形成了覆盖城市、公路、乡村的充电网络

2023 年，我国新能源汽车销量为 949.5 万辆，市场渗透率达到 31.6%。截至 2023 年底，我国新能源汽车保有量达 2041 万辆，占汽车

总量的 6.07%。2024 年，我国新能源汽车销量达到 1286.6 万辆、保有量达到 3000 万辆。

在新能源汽车快速发展的基础上，在一系列配套政策的支持下，我国充电桩的建设速度持续加快，逐渐形成了覆盖城市、乡村的充电网络。在发展数量取得显著提升的同时，充电行业在持续提升充电便利性、优化网络布局、不断推动新技术应用、平台建设和运营等方面，开展了技术创新、商业模式创新和用户多应用场景体验的有益尝试与探索创新，发展质量和效率持续优化和提升。

2. 车桩规模不匹配，充电桩布局不尽合理

随着新能源汽车和配套充电设施的快速发展，出现了一系列问题。主要表现在：一是缺乏统一完善的行业标准体系，一些领域依然存在技术空白；二是车、桩规模不匹配，充电桩布局不尽合理；三是缺乏优质快速的用户充电体验，系统性问题成为进一步发展的主要掣肘；四是缺乏互联共享的资源整合平台，技术接口、信息共享、统一交易结算依然存在较大问题；五是运营效率有待提高，缺乏稳定高效的业务盈利模式；六是设备更新和技术迭代不能满足发展需要和用户需求；七是未来大功率充电对全国及区域电网稳定运行的影响未形成有效解决方案。

（二）我国充电行业现有商务模式和盈利模式分析

自国务院在 2015 年发布《关于加快电动汽车充电基础设施建设的指导意见》（已失效）后，我国充电行业进入实质性快速发展阶段，公共充电桩的商业运营模式也在探索中逐步形成。

1. 形成多种商务运营模式，属于完全竞争状态

目前，国内外充电行业的盈利模式不尽相同。我国发展初期的商务运营模式主要包括政府 + 企业混合模式（政府和电网企业共建运营）、企业主导模式（交通企业、电网企业及汽车运营商主导）、充电运营商主导模式以及众筹模式等。近几年，随着充电行业的快速发展，市场上又

出现了几种典型商业模式：一是特斯拉的“Super Charge”的快充服务模式；二是国家电网的“智慧车联网”服务模式；三是特来电的“集群充电 + 云平台”模式以及万帮新能源的“众筹建桩”和“车桩网一体化”模式。运营商数量众多，我国充电行业现阶段属于完全竞争状态。行业进入门槛较低，产品同质化，为抢夺市场份额和用户竞相降低充电服务费成为常态。

2. 依靠财政补贴，整体运营处于亏损状态

发展初期，我国充电行业的主要盈利模式是依靠财政补贴、收取电费差价和充电服务费，同时有少量包括广告、信息、洗车、停车等配套增值服务业务。由于商务运营模式不清晰，盈利模式不健全，行业内卷，目前公共充电桩运营效率和利用率低下。据统计，2020 年之前，我国公共充电桩的整体利用率低于 15%。2024 年 9 月，利用率为 6.85%，10 月进一步下降到 6.38%。2024 年，全国高速公路公共充电桩利用率平均不足 1%。行业投资回报率低于 3%，投资项目财务内部收益率不足 3%，公共充电桩运营陷入整体亏损状态。

（三）我国充电行业未来发展趋势

1. 新能源汽车发展潜力大，充电桩市场空间巨大

据行业机构预测，到 2025 年、2030 年、2035 年，我国新能源汽车的年度销量将超过 3000 万辆，市场渗透率可达 90%，保有量将分别达到 4000 万辆、1.03 亿辆和超过 2 亿辆。按照工信部提出的“2025 年实现车桩比 2 ∶ 1、2030 年实现车桩比 1 ∶ 1”的计算口径，我国充电桩数量将分别达到 1960 万台、1.03 亿台。我国充电桩市场空间巨大。

2.“十五五”期间，充电行业将进入行业洗牌期

主要表象特征包括：

（1）行业头部企业如特来电等，为了维持和提升行业地位并追求资本市场的价值实现，将会聚焦网络快速发展势头，努力拓展充电 + 业态，

提升充电平台能力，并寻求与国内外能源巨头的合资合作。

（2）大多数行业内综合实力不强的中小运营商由于亏损严重、经营压力激增、增量投资难寻、运营难以为继，市场出现大量并购重组机会，为看好此行业的外部投资者以及内部头部企业低成本进入、规模化扩张提供机会。

（3）壳牌、BP、道达尔能源等国际能源巨头，以及国家电网、中国石化、中国石油等国内能源巨头，依托雄厚的资金实力和资源优势纷纷入局，利用现有的油气终端销售网络的基础和优势，积极拓展充电业务市场，并快速扩大客户规模。

3. 可持续发展必须构建并逐步优化完善自身商务运营模式

充电行业要满足处于超常规发展下新能源汽车的用电需求，降低用户的里程焦虑和充电困惑，要实现可持续发展，必须构建并逐步优化完善自身的商务运营模式，尤其是要构建清晰、健康、可持续的盈利模式，保证行业内的市场主体可以获取正常的投资回报，并保持持续再投资的积极性。一个清晰、健康、可持续的盈利模式必须具备以下特征：

（1）轻重资产结合下实现业务良性循环

既注重固定资产投资等传统重资产的有效投入，又必须具备重技术、重软件、重线上、重平台的轻资产经营思维和运营模式。以重资产为发展基础，构建平台功能、数据流量和用户体验的资产轻量化载体，最终实现“线下—线上—线下”业务循环良性互动的发展路径。

（2）多线布局和多元盈利结构

以充电设施运营、平台数据服务和整体解决方案为核心，通过产业链上下游统筹运营和相关产业延伸，积极推进行业集群化、规模化经营，实现行业整体盈利。

（3）供需两侧双轮驱动突破发展瓶颈

始终保持供需平衡发展。在需求侧大力推动新能源汽车规模导入，不断细分司机顾客群体的引导和控制。在供给端，科学优化桩站布局，合理控制充电终端数量，高度重视用户体验，以线上平台为载体，创新业态，引入共享模式，提供“一站式”解决方案，引导行业健康发展。

（4）广泛整合产业资源

形成充电行业的友好生态，与政府、企业、厂商等各利益相关者保持良好协同，在政策、标准、运营和风险等方面形成利益和合作共同体，促进行业健康发展。

4. 盈利结构呈现几大特征

（1）保持多元盈利来源。销售模式、充电服务模式和增值服务模式协同，近期以充电服务模式为主，未来以增值服务模式为发展方向和发展重点。

（2）充电服务费包括电费和服务费，可以结合实际，分别按照充电时长和充电量计取费用，以满足客户的不同需求和选择。

（3）电费可以在有效配置储能的基础上，采取峰放谷充的方式，尽可能获得电费差价，并有效支撑电网的安全灵活运行。

（4）促进形成多种增值服务模式。利用用户充电等候时间，开辟便利店、娱乐设施以及吃喝玩乐物联网服务，增加数据服务和智能管理服务，更加人性化、多样化地提高充电桩利用率。利用多种增值服务创收，分摊充电桩的投资运营成本。

（5）以广告与推广作为增值服务的主要发展模式。培育广告与推广收入，通过合理的广告策略和推广活动，实现充电行业收入水平和盈利水平的有机增长。

（四）对我国充电行业未来发展的相关建议

不同经济发展时期、不同产业发展阶段、不同市场发育结构，产业盈利模式一定会动态调整。无论盈利模式如何，充电市场的规模、布局、结构、客户体验、运营效率、技术迭代以及与电网协同，都是充电行业必须面对的。作为能源终端市场中的企业要保证盈利模式有效，保障企业盈利，建议在网络、平台和业态三方面做好相应工作。

1. 优化建设和运营终端网络

把终端销售网络作为企业的生命线，良好把握城市市场、城际市场、下沉市场特征，形成优质高效的充电服务网络，构建车主高品质服务生态，获取并增强客户黏性，形成持久的核心竞争力。

2. 强化平台建设和运营

围绕业务发展需求，加强技术、人才和渠道建设，有序提升充电服务平台的功能和能力。

3. 细化充电 + 业态

在详细研究分析的基础上，细化与产业链上中下游各业务环节以及产业相关业务领域的众多利益相关者的合作，围绕充电桩运营服务，从汽车销售、设备销售，到设备设施租赁，再到桩站共享、数据服务和智能管理、金融结算与保险、广告推广，对涉及的电网、车联网、互联网三网融合以及停车、洗车、商品零售、娱乐休闲等全空间进行挖掘、细化，并形成自身特色的业务生态，不断实现企业和行业盈利，持续促进我国充电行业的高质量发展。

（撰稿人：徐　东）

六、民营加油站的转型发展

我国民营加油站行业正处于一个前所未有的拐点。这个拐点不仅由外部的需求浪潮和政策驱动，更是由消费者行为和市场格局的深层变迁共同塑造。面对新能源汽车的普及渗透和客户需求的多样化，如何以敏锐的触觉和强有力的行动适应这些变化，决定了它们能否在未来的市场中找到立足之地。

综合看来，民营加油站行业的转型，需要特别重视几个关键领域：从管理架构到运营策略，治理方式的转变奠定了发展的基础；经营理念的转变引导着服务从单一到多元的升级；品牌认知的转变则是连接用户情感与价值的关键纽带。同时，人才管理的转变聚焦于激发团队的活力与创造力，而比较优势的转变决定了企业在激烈竞争中的独特定位，这些方面的同步优化，将成为企业应对变革的核心路径。

（一）治理方式的转变

民营加油站呈现家族化特征。家族化模式的最大局限在于可能带来的治理效率问题和对专业化发展的限制。

民营加油站转型的第一步，是抛弃“作坊”的思维，迈向真正的企业化管理。这不仅意味着规模的扩大，更是思想、模式、机制的全面升级。企业化经营的核心在于系统性——它是一种依托于规范化流程、数据驱动决策和透明化管理的架构。对于民营加油站来说，这种转型需要从根本上改变对权力和责任的理解，从依赖个人的人治，转向依靠规则和机制的治理。

过去，人治模式在民营加油站中无处不在。很多决策依赖老板的主观判断，很多问题依赖裙带关系解决。这样的模式在面对小规模的挑战时尚可应付，在复杂的市场环境下却显得力不从心。机制化的管理要求建立一套可以运行而无须时时依赖个人意志的体系。决策依据数据而非感觉，资源分配遵循标准化流程而非关系优先。只有这样，加油站才能在市场波动中保持稳定，也才能真正释放出组织的潜力。

以美国为例，自20世纪80年代以来，许多加油站业主逐步从家族式经营转向专业化管理。根据Statista的数据，美国加油站中家族经营比例从1990年的80%下降至2020年的40%，与此同时，采用企业化管理模式的加油站数量稳步上升。这一转变主要得益于大型跨国公司的品牌授权和标准化管理模式，如壳牌和埃克森美孚等公司通过引入统一的运营标准和专业管理团队，显著提升了运营效率和市场竞争力。

在欧洲，类似的转型趋势同样明显。欧洲石油联合会发布的报告指出，近年来，加盟大品牌的加油站比例增加了25%，这些加盟加油站通过共享品牌资源和标准化服务流程，不仅提升了客户满意度，还提高了市场占有率。这些国际经验表明，治理方式的专业化和标准化是加油站转型的重要路径，为中国民营加油站的治理模式转变提供了宝贵的借鉴。

从作坊向企业的转变，是一次蜕变，也是一场自我革命，这一步既是告别过往的红利时代，也是对未来的主动迎接。它要求企业管理者放下过往的经验主义，接受现代管理的系统性挑战，这样的转型虽然痛苦，却是不可避免的。这场转型的成败，将不仅决定它们能否在行业大变局中生存下去，更决定它们能否在未来的市场中塑造自己的价值。从作坊到企业，每一个选择迈出这一步的加油站，都在为自己的未来注入更强大的生命力。

（二）组织构建的转变

企业的真正内核，不是办公场所、设备、资产，而是人。这种“人”的内涵，对外，是客户群；对内，是企业组织成员。对民营加油站而言，如何构建一支能够支撑长期发展的高效组织，重新定义和重建组织的结构与能力，很大程度将决定发展的成败。

组织重构的第一步，是将关键岗位逐步从“亲朋好友”模式过渡到“市场化人才”模式。专业化、职业化的外部人才，不仅能够带来先进的经验和技术，而且能打破因家族化管理产生的思维惯性和资源局限。民营加油站需要意识到，吸引并整合外部的职业人才，不是为了取代旧有体系，而是为企业注入新的动力，实现从内到外的自我更新。

组织对员工忠诚度和敬业度的依赖，需要从“情感绑定”转变为“契约化管理”。过去，企业依靠感情纽带或利益捆绑来维系员工的忠诚度，甚至通过股份激励亲戚朋友以确保他们与企业同舟共济。然而，现代化组织要求通过清晰的职业契约、规范的流程和公平的绩效考核来构建信任。规则和透明性不仅能够减少内耗，而且能为外部人才提供清晰的成长路径，让他们感受到加入企业的价值。

最深刻的挑战在于组织能力的建设。在黄金时代，民营加油站的运营逻辑相对简单，只需确保安全生产，就能依靠不断增长的汽车保有量实现业务增长；但今天的加油站，已远远超越了“加油”这一单一功能，需要成为多元化服务的节点。要实现这一目标，加油站企业必须构建全新的组织能力，不仅包括对硬件的升级，而且包括对人才技能的重塑。

现代加油站的运营已延伸至数字化和社交化领域。小程序管理、后台 SAAS 数据分析、微信群运营、短视频推广、直播营销……这些手段是技术层面的创新，也是组织能力的体现。民营加油站在这方面处于天然的劣势：国企可以依靠“体制内”的资源和稳定性吸引人才，外资企业则凭借全球化的平台和职业化的品牌为员工“镀金”。民营企业如何脱颖而出，成为优秀人才的首选，是一个亟待解决的问题。

吸引并留住有潜力的人才，是组织转型的起点。这需要企业从多方面入手：提供公平透明的成长机制、营造良好的工作氛围、打造富有竞争力的薪酬体系，更重要的是塑造一个让员工感受到价值和成就的文化环境。与此同时，民营加油站还需在管理层面注入对创新的支持，让组织成员能够通过尝试和学习提升自身能力。

在组织构建方面，美国和欧洲的加油站行业通过引入专业化管理和市场化人才，显著提升了整体运营效率和员工满意度。根据全球咨询公司 IBIS World 的报告，美国某大型连锁加油站通过引入专业管理团队，员工流失率下降了 30%、客户满意度提升了 20%。这一成功案例显示，市场化人才的引入不仅带来了先进的管理经验，而且打破了传统家族化管理的思维惯性。通过系统性的职业培训和人才引进，员工技能显著提升，销售额年均增长 5%。这些数据表明，专业化和职业化的人才管理模式对加油站的长期发展具有积极影响。此外，欧洲某些国家的加油站通过实施契约化管理，建立了清晰的职业契约和公平的绩效考核体系，进一步增强了员工的忠诚度和敬业度。这些国际实践经验为我国民营加油站在组织构建和人才管理上的转型提供了有力支持和参考。

从安全生产到数字化运营，从感情管理到职业治理，从家族化人脉到专业化组织，民营加油站企业需要经历一场深刻的组织蜕变。在这场转型中，那些能够迅速适应、敢于突破的企业，必将在未来竞争中占据一席之地。

（三）品牌塑造的转变

在传统民营加油站的成长轨迹中，“老”曾经是品牌的最大优势。对于燃油这种差异化不大的商品而言，消费者对品质的核心诉求是“真实可靠”，而“老牌”形象恰恰满足了这种期待。长期稳定的运营，传递的是一种可信赖的信息：这里不会有假货，也不会轻易跑路。对于过去的消费者而言，这样的品牌价值足够撑起一家民营加油站的生存。

然而，时代变了，消费者变了，“老”虽然仍然是民营油站的护城河，但是不够深。特别是随着互联网一代逐步成为汽车消费的主力人群，25~45 岁的客户群体中，“70 后”“80 后”逐渐被“90 后”“00 后”取代。与前辈不同，这些出生于数字时代的消费者，对品牌的期待远远超出了“真实可靠”这样简单的诉求。他们追求的是品牌的个性、视觉的冲击力和与自己价值观的共鸣。

这种转变对民营加油站提出了全新的挑战。曾经，许多民营加油站选择模仿中国石化的红、白配色，企图借用传统的稳重感赢得消费者信任；但今天，这种单调的风格可能会让年轻消费者觉得过于乏味甚至落伍。在他们的视角中，可能是类似克莱因蓝这样具有张力的视觉效果，才能更好地抓住注意力。而这样的品牌塑造，不仅仅是更换一个配色方案或设计一款新标志那么简单。

品牌塑造的难度，恰如服装行业中踩缝纫机和成为设计师的差距。

对于民营加油站而言，单纯维持运营是基本功，而打造一个吸引年轻消费者并能传递情感价值的品牌，则是一场高难度的设计和运营考验。

所以，未来的民营加油站公司可能会因此出现两极分化。对于那些拥有10个以上网点规模的企业，它们可能具备足够的资源和能力，在本地市场内尝试打造自己的区域性品牌。这不仅包括统一的视觉形象和宣传策略，还需要通过数字化手段优化客户体验，比如推出自有的会员系统、打造专属小程序，甚至涉足短视频营销，让品牌在年轻消费者中产生记忆点。

然而，对于规模较小的民营加油站，特别是只有一两座站点的小业主而言，打造品牌可能不是一个现实的选择。在这样的情况下，“打不过就加入”或许是最明智的策略。加盟挂牌那些知名的连锁石油品牌，成为其网络的一部分，不仅可以共享品牌资源，还能降低自身的运营和宣传负担。

如今，大品牌连锁公司也在主动放低身段、降低加盟门槛，这为中小加油站提供了进入大品牌网络的机会。过去，大品牌对加盟的态度谨慎甚至苛刻，担心某个单站的管理漏洞损害整个品牌形象。然而，随着市场竞争的加剧，以及单站销量的下滑，大公司也开始重新评估这种策略。一方面，它们需要通过扩大网络规模来弥补销售下滑的缺口；另一方面，信息化管理工具的成熟，让油品质量和服务水准的监控变得更为高效。这种技术支撑显著降低了加盟带来的风险，从而让大品牌更愿意拥抱中小民营站点。

无论是自主打造品牌，还是加入大品牌网络，品牌塑造已经成为民营加油站无法回避的核心命题。当周围的加油站都挂上了知名品牌的标志，消费者的选择自然会向那些品牌靠拢。如果一家民营加油站既没有强有力的品牌形象，也没有挂靠在大品牌旗下，其劣势将越发明显，最终可能被市场边缘化。

品牌塑造在提升客户忠诚度和市场占有率方面发挥了关键作用。根据 Euromonitor 的研究，欧洲知名加油站品牌通过统一的品牌形象和高标准的服务质量，客户回头率平均提高了 15%。例如，英国的 BP 和意大利的 Eni 通过持续的品牌推广和服务优化，不仅提升了品牌认知度，还增强了客户的信任感。

以英国东南部地区的 Green Fuel 加油站为例。该加油站原本是一家地方性的独立经营者，拥有两座加油站，主要依靠低价策略和本地口碑维系客户。然而，随着市场竞争的加剧和油品利润的逐年下降，Green Fuel 面临着经营困境。2015 年，Green Fuel 决定加盟 BP 品牌，寻求转型升级。

加盟 BP 后，Green Fuel 获得了 BP 集团的全面支持，包括品牌形象的统一、先进的管理系统、供应链的优化以及营销资源的共享。首先，BP 提供了标准化的店面设计和标识，使 Green Fuel 的加油站在外观上与全国其他 BP 加油站保持一致，提升了品牌的专业形象和消费者的信任度。其次，BP 引入了先进的管理系统和运营培训，帮助 Green Fuel 优化库存管理、提升员工服务水平，显著提高了运营效率。

在营销方面，BP 的全国性广告和促销活动为 Green Fuel 带来了更多的客户流量。例如，BP 的积分会员系统让 Green Fuel 的客户能够通过加油累积积分，兑换礼品或享受折扣。这不仅增加了客户的黏性，而且提升了加油站的回头率。通过与 BP 的合作，Green Fuel 还引入了环保燃油和新能源充电设施，顺应了市场向绿色能源转型的趋势，吸引了更多注重环保的消费者。

自加盟 BP 后，Green Fuel 的销售额在 3 年内增长了 50%，从最初的年销售额约 200 万英镑提升至 300 万英镑。同时，Green Fuel 通过 BP 的支持，在短短 5 年内将业务扩展到 10 个加油站，成为当地市场的领先者。品牌认知度的提升不仅带动了销售增长，还使 Green Fuel 在当地社区中建立了良好的企业形象，赢得了更多的合作机会和客户信赖。

这一成功案例充分展示了通过加盟知名品牌，民营加油站不仅能够实现快速扩张，还能显著提升品牌认知度和市场竞争力。Green Fuel 的转型经验为中国民营加油站提供了宝贵的借鉴，表明品牌加盟和标准化管理是提升企业竞争力和实现可持续发展的有效路径。

品牌塑造是加油站转型的一个必经阶段，也是民营企业提升竞争力的关键路径。那些能够在本地市场找到自己的定位、通过品牌传递独特价值的企业，将拥有更大的成长空间。而那些选择与大品牌合作的企业，也可以借助品牌的力量在竞争中找到自己的生存之道。对于每一家民营加油站而言，这都是一个关乎未来方向的选择，一堂关乎生存与发展的必修课。

（四）经营理念的转变

曾经的民营加油站，有一个简单而有效的经营逻辑：赚“好赚的钱”。在市场容量不断扩张、成品油利润丰厚的黄金年代，降低价格就是最容易奏效的策略。降价简单直接，既能快速吸引客户，又无须过多投入复杂的运营管理。然而，这种路径的优势，随着市场环境的变化正被快速侵蚀。

今天的加油站市场，已经远非过去那般宽松。成品油利润率的收窄、市场容量的逐渐饱和，再加上竞争的加剧，让单纯依靠降价获利的模式变得越发不可持续。在价格战的尽头，是企业利润的逐步被侵蚀，直到再也无利可图。这种经营思维不仅难以为继，更将限制企业在其他领域的探索和转型。

面对这样的局面，民营加油站需要重新审视自身的优势。从灵活高效的执行力到对本地消费者的深刻理解，民营加油站在“接地气”的运营上有着得天独厚的条件。而这些优势，正是它们在未来竞争中突破价格战困局的重要支点。

原来，民营加油站对便利店的态度大多是冷漠的，在高利润的油品业务面前，便利店的收益显得微不足道。然而，随着时代的变化，这一认知也必须发生转变。便利店不仅是一个潜在的盈利点，更是一种拉动流量、提升用户体验的重要工具。

便利店的价值，不仅体现在单品销售的利润上，还在于它与油品消费之间的互动效应。一个布局合理、体验良好的便利店，能够吸引更多客户进站，从而间接提升油品销售的整体表现。虽然便利店本身的纯利率并不高，它带来的流量和用户黏性却可能转化为油品销售的附加收益。这是一种跨板块的价值联动，也是一种新的经营理念。

在传统的加油站模式中，洗车服务往往被作为一种“引流工具”。免费洗车凭借低门槛吸引了大量司机，他们在加油的同时享受洗车服务，形成了简单直接的消费闭环。然而，随着油品利润的压缩，免费洗车的成本压力日益显现，这种模式也开始走向拐点。

未来，洗车服务可能需要转向收费模式。然而，收费模式的成功实施并非易事。消费者愿意为洗车服务付费的前提，是服务质量超出预期。一旦收费，消费者对洗车的体验、效率甚至车辆保养效果的要求都会显著提升。对于加油站来说，这不仅仅是安装几台更高级的洗车机那么简单，而是对整个洗车流程、员工技能培训和服务质量管理提出了更高的要求。

在油品、便利店、洗车等几个加油站的核心业务板块上，民营加油站的经营理念需要从“赚好赚的钱”向“赚难赚的钱”升级。曾经，价格战、免费服务、忽视附加值等模式或许还能奏效，但在市场竞争日益复杂的今天，这些简单粗暴的方式显然无法应对新的挑战。

取而代之的是精细化运营和消费者体验的提升。从充分挖掘便利店的潜力，到提升洗车服务的质量，再到油品销售与其他业务的协同发展，每一个环节都需要更高的经营智慧和执行力。这种转型并不轻松，却是必然的。难赚的钱，往往才是具有可持续性的利润。那些能够在困局中突破、敢于拥抱新趋势的加油站，将不再是简单的“燃油供给者”，而是集多元服务、消费者体验和本地化优势于一体的综合服务平台。正是在这样的转变中，民营加油站将找到通往未来的出路。

在经营理念转变方面，美国和欧洲的加油站通过增加便利店和洗车等附加服务，实现了收入结构的多元化，显著提升了整体盈利能力。以美国壳牌旗下的连锁加油站为例，位于加利福尼亚州旧金山的一家壳牌加油站在2020年引入了Shell Fuel Rewards会员计划，并上线了移动支付应用。数据显示，自引入这些系统以来，该加油站的年销售额增长了20%。移动支付的便捷性和会员系统的积分奖励机制，不仅提升了客户的消费频率，还增强了客户的忠诚度和黏性。此外，会员系统的数据分析功能帮助加油站更好地了解客户需求，优化商品库存和促销策略。

此外，美国的Jiffy Lube连锁店通过优化其洗车服务流程，成功将免费洗车模式转向收费模式，同时保持了高客户满意度。位于休斯敦的一家Jiffy Lube洗车中心在2021年进行了服务流程的全面升级，包括引入自动化洗车设备、加强员工培训以及提升服务质量控制。尽管洗车服务由免费转为收费，但通过提供更高质量的洗车体验和多样化的服务选项（如内饰清洁、打蜡服务等），客户满意度依然保持在90%以上。同时，洗车服务的收费使得该加油站在洗车业务上年收入增长了15%，为整体盈利能力的提升作出了重要贡献。

这些具体案例表明，多元化服务不仅为加油站带来了新的收入来源，还显著增强了客户的黏性和满意度。通过引入便利店、优化洗车服务流程、实施移动支付和会员系统，美国和欧洲的加油站在精细化运营和消费者体验提升方面取得了显著成效。这些国际经验表明，精细化运营和消费者体验的提升是加油站经营理念转变的重要方向。这为中国民营加油站在多元化经营和精细化管理上的转型提供了有力的支持和参考。

（五）总结

完成加油站的全面转型，无论是治理方式、组织构建、品牌塑造，还是经营理念的革新，都远不是一件纸上谈兵般简单的事。这些转型的复杂性不仅涉及技术与策略，更牵涉到企业创始人的个人能力、性格特质以及他们是否能驾驭新局面。而在中国的部分民营加油站中，还有另外一个挑战：接班人切换，这个挑战让难题进一步放大。上一代创始人与下一代接班人之间的观念差异、能力匹配，甚至角色定位上的分歧，都可能对企业的未来产生深远的影响。

这样的挑战并非中国特有，而是全世界民营企业发展中一个普遍的课题。以美国为例，美国绝大部分民营加油站业主在早期经营中，也经历过类似的阵痛期；而他们通过重新定义自己的角色，找到了一种更高效的运行模式。早年的美国加油站业主，大多亲自参与企业的日常运营，从定价、人员管理到客户服务，他们都亲力亲为。在市场竞争的持续演进中，他们逐渐意识到自己在经营企业上的局限性。真正让他们脱颖而出的，是对本地资源的整合能力：他们与地方政府和监管机构有良好的沟通网络，能够快速适应政策变化；他们在资金和信息上有着不可替代的优势。这些能力让他们更像“社会活动家”，而非企业管理者。

于是，许多美国加油站业主开始转型，将自己从具体经营事务中抽离出来，更多地充当投资人的角色。他们授权品牌方负责品牌管理，聘请专业的运营团队负责具体的站点运营，自己则专注于资源整合和战略布局。这种“业主、品牌授权、站点运营”三权分立的模式，不仅让他们的加油站运营更加高效，也让他们自身的资源整合能力得到最大化发挥。美国石油协会的数据显示，约 60% 的美国家族经营加油站在第三代接班时选择了引入专业管理团队或进行业务重组，以应对观念和管理能力的差异。例如，位于得克萨斯州的一家家族经营加油站，第三代接班人决定引入外部专业管理公司，经过两年的合作，该加油站的运营效率提高了 35%，员工满意度提升了 25%，并成功拓展了新的服务项目，如便利店和汽车维修服务，显著增强了市场竞争力。

在欧洲，类似的情况也屡见不鲜。根据欧洲石油联合会（FOSFA）

的报告，约有50%的家族经营加油站在第二代或第三代接班时，选择了与知名品牌合作或引入专业管理团队。例如，位于英国伦敦的一家家族加油站，通过引入专业的运营团队和加盟BP品牌，不仅解决了接班人管理能力不足的问题，还通过标准化管理和品牌支持，实现了业务的快速扩展和品牌认知度的提升。数据显示，该加油站在加盟BP后3年内，销售额增长了60%，并成功扩展到5个新的站点，成为当地市场的领先者。

然而，这种模式在中国是否能够大规模普及，还需进一步观察。中国的市场环境和社会文化，与美国存在显著差异。

对本地资源的依赖度：美国的加油站市场成熟且高度市场化，而中国在政策和监管方面对民营加油站的影响仍然较大。如何在市场化运营和政策导向之间找到平衡，是中国业主们需要解决的问题。例如，根据中国石油和化工联合会的数据，政策变化对加油站运营有着直接的影响，业主需要具备灵活应对政策调整的能力。

信任与契约的文化背景：三权分立模式需要各方建立在信任和契约的基础上，而这在中国的商业文化中仍需进一步培育。欧美国家的商业文化更强调契约精神和专业管理，这为三权分立模式的实施提供了良好的条件。而在中国，家族企业更倾向于依赖人情和关系，这需要逐步转变以适应现代化管理模式。

付费意愿的转变：这一模式的成功需要业主接受为专业知识和运营能力付费的观念。在传统的家族化管理模式中，业主习惯支付员工工资，而将利润留在内部循环。而与专业团队合作，意味着业主需要支付合作费用，为对方的知识、经验和组织能力买单。这种转变在观念上对许多中国民营加油站业主而言并不容易接受。长期以来，“节省成本”是一种根深蒂固的经营理念，为外部的专业服务付费则被视为一项“额外支出”。这种思维惯性可能成为模式推广的一大阻碍。

对于我国民营加油站来说，无论是否采用三权分立模式，未来的方向都必然是更加专业化的。那些继续沿用传统模式，试图“一肩挑”所有角色的业主，将面临越来越大的挑战。而那些能够主动进行角色调整，专注于发挥自身资源整合优势，并将经营权交给专业团队的人，可能更有机会在竞争中脱颖而出。

美国与欧洲的经验提供了一个可参考的样本，但中国的路径仍需根据本地实际情况创新探索。未来，那些愿意尝试改变、打破既有模式的民营加油站，将可能成为这一新格局下的领跑者。无论转型的最终路径为何，重要的是意识到：成功的关键，或许并非坚持原有角色，而是找到那个自己最擅长、最适合的位置，让专业的人做专业的事。

未来，随着技术的进步和消费者需求的变化，中国加油站行业将继续朝着专业化、多元化和品牌化方向发展，只有那些能够及时调整和适应的企业，才能在激烈的市场竞争中立于不败之地。

通过借鉴美国和欧洲的成功经验，并结合中国本地市场的实际情况，中国民营加油站可以在治理方式、组织构建、品牌塑造和经营理念等方面实现全面转型，迈向更加可持续和高效的发展之路。

（撰稿人：李　熹）

七、我国成品油消费税后移对加油站影响分析及相关建议

近年来，受经济下行压力和减税降费双重影响，地方财政收支平衡压力明显增大，财税体制改革的必要性提升。鉴于消费税是我国税收的第四大税种且全部归属中央，有条件作为央地分享税种，以增强地方财力。推进消费税征收环节后移并稳步下划地方逐渐成为消费税改革讨论的热点。

（一）我国成品油消费税征收的发展现状

1. 消费税征收环节后移是改革方向之一

我国消费税自 1994 年开征以来，经历了几次重大制度调整，包括 2006 年消费税制度改革、2008 年成品油税费改革、2014 年以来新一轮消费税改革等。经过逐步改革和完善，税制框架基本成熟，税制要素基本合理，运行基本平稳。

2013 年，党的十八届三中全会审议通过的《中共中央关于全面深化改革若干重大问题的决定》在加快消费税改革方面作出了重要部署，提出要“调整消费税征收范围、环节、税率”。2019 年，国务院印发的《实施更大规模减税降费后调整中央与地方收入划分改革推进方案》（国发〔2019〕21 号）中首次提出，“按照健全地方税体系改革要求，在征管可控的前提下，将部分在生产（进口）环节征收的现行消费税品目逐步后移至批发或零售环节征收”。2020 年 5 月，中共中央、国务院印发的《关于新时代加快完善社会主义市场经济体制的意见》中再次提出“研究将部分品目消费税征收环节后移”。2024 年 7 月 21 日发布的《中共中央关于进一步全面深化改革 推进中国式现代化的决定》再次提到，“推进消费税征收环节后移并稳步下划地方”。预计国家将统筹考虑中央与地方收入划分、税收征管能力等因素，分品目、分步骤稳妥实施消费税改革，拓展地方收入来源，引导地方改善消费环境。

2. 成品油消费税有条件作为消费税改革试点

首先，成品油消费税在消费税收入中是仅次于烟草的第二大消费税，在征税环节后移的同时成为中央与地方共享税，有望对地方财政增收起到支撑作用。其次，从税收总额上看，成品油消费税中汽柴油贡献达 90%，尤其是汽油绝大部分是通过终端销售出去，后移征税环节至加油站终端不仅更符合开征消费税的目的，而且更有利于中央与地方收入分配体制改革的进行。随着 2019 年加油站税控系统逐步扩大到全国范围应用，金税四期工程全面上线，我国成品油消费税环节后移条件即将成熟。

（二）成品油消费税现行政策与实际执行中存在的问题

自 1994 年成品油消费税开征以来，经历了多次改革，现已成为政府引导消费、节约资源、保护环境、调节财政收支的重要手段。然而，由于专业、技术、人员、监管手段不到位等诸多原因，当前成品油消费税征管中存在着一些问题和弊端，严重影响了成品油市场的健康发展。

1. 成品油消费税的税目注释较为模糊

从征收范围上看，目前的成品油税目采取了“以原油或其他原料加工生产 + 相应用途 + 轻质油（或重油）”的注释方法。除了汽油和柴油设有辛烷值等物理指标外，其他成品油子目大多依据用途来确定成品油类别。由于石油产品类型众多，部分产品具有化工属性，在加工流转的过程中互相转换于中间产品和最终产品之间，给清晰界定应税产品带来很大难度。

2. 对生产环节的单一收费使得生产企业负担较重

从征收环节上看，成品油消费税在生产 / 进口环节征收，由炼油企业 / 进口商承担纳税义务。对生产环节的单一收费使得生产企业负担较重。从税率设置上看，目前消费税税率较高。消费税按 2000 多元 / 吨征收，其在销售价格中占比较大（35%~45%），大量占用了企业的经营资金，加重其资金压力。另外，消费税还是增值税、城市建设税和教育费附加的税基。高消费税必然造成企业重复纳税及高税收负担。

3. 成品油消费税偷逃问题严重，破坏市场公平秩序

尽管目前已通过增值税发票系统对消费税进行管理，但难以对实际成品油产品的数量、流向进行全流程监管。在利益驱动下，不法企业通过变票、改名等一系列手段逃避缴纳成品油生产环节消费税。然而，从监管手段上看，目前我国成品油行业管理缺乏统一规制，市场监管缺乏刚性手段，税收监管缺乏链条化管理方式，难以满足监管的实际需要。不法分子在巨额利益的驱使下偷逃消费税的行为屡见不鲜。

4. 消费税为中央税，不利于调动地方征管积极性

从收入分配上看，消费税是价内税和中央税，直接影响企业所得税的规模。而企业所得税属于共享税，与地方利益密切相关。成品油生产企业往往是当地的重点税源企业，因此地方政府往往对加强成品油消费税征管缺乏积极性。

总的来说，成品油消费税制度仍有进一步改革和完善的空间。需要进一步厘清税目范围、合理设置税率、创新监管方式、提高监管能力等，以维护公平公正的成品油市场秩序和环境。

（三）成品油消费税征收环节后移模式分析

成品油消费税征收环节后移至加油站环节，具体来说，对于零售份额占比较大的汽柴油产品，在加油站征收消费税；其他产品仍在生产环节征收。配套措施包括：更新完善加油站税控系统，在部分地区试点的基础上，在全国所有加油站安装油站数据信息实时采集系统，通过“液位网关”把住油罐进口关，通过“数据网关”把住加油机的出口关，实时采集加油站购销数据，从而实现对加油站购销情况的有效监管。在当前数字化浪潮下，通过互联网、大数据、云计算等多项信息技术的融合应用，建设智能化、全覆盖的数字监管系统是切实可行的，不仅顺应我国消费税改革趋势，而且将极大地提升我国税源监控、税收征管等财税综合治理能力。

1. 加油站终端环节征收的好处

（1）提高汽柴油整体征税率

随着技术进步，非成品油生产企业和贸易商向社会提供的成品油的组分越来越多。例如，近年来 LPG 深加工企业生产能力和产量增长迅速，已成为主要调和油组分来源；以混合芳烃、轻循环油名义进口的未纳消费税的产品 90% 以上用于调和汽柴油，还有大量以石脑油或燃料油等名义出厂实际进入成品油流通领域的油品。成品油终端征收可有效遏

制组分油偷税漏税，同时促进汽柴油整体征税率提高。

（2）税目清晰明确，征管简化易操作

终端环节征税需要重点监管的销售渠道主要有两种。一种是加油站销售。汽柴油标准较为明确，对税务人员来说征税范围容易判断，税管操作相对简单。另一种是直销渠道。由于大客户数量有限，通过查询企业销售台账、增值税发票管理新系统等可以实现有效监管。重点是防堵非法自建罐、流动加油车类的黑加油点。需要税务部门联合公安稽查等部门共同管理整治此类违法行为。

（3）有利于促进炼厂环节的公平竞争

成品油价格中原油成本占最主要部分，而不同炼厂之间的完全加工费用差别不大。如果将炼厂环节征税后移至销售环节，那么按成本加成法计算国有炼厂出厂价格与地方炼厂差别不大，不会出现当前成品油市场上不同炼厂之间同类产品高达 2000 元 / 吨的价差。因此，终端征收有利于规范炼厂之间的公平竞争，同时促进炼油产业的健康发展。

（4）减少占压生产企业资金

成品油价税改革实行期间，由于大幅提高了消费税额，消费税已成为炼油企业税费支出中最重要部分，占到企业每年应交税费的一半左右。如果由价内税改为价外征收，将使炼厂的现金流得到很大释放，有利于生产企业的资金周转。

（5）有利于消费者培养节油意识

改征收环节到终端后，在发票开具中将价格与税收分别予以列明，可以使消费者更直观地感受到消费税的调节导向与约束作用，强化节能意识，使消费税真正成为调控成品油消费的手段。

2. 加油站终端环节征收的弊端

（1）税收监管难度大

从零售终端征收成品油消费税，征税机关要面对全国 10 万个以上的加油站纳税主体。如何杜绝终端环节的无票交易、现金交易、油品走私等不法行为，有效防止偷逃税款，对税收监管者提出了更高的要求。但随着科技发展日新月异，数字化、智能化已成为时代潮流。在当前的技术条件下，完全有可能实现对众多纳税主体的高效监管。

（2）征税成本提高

若改为终端环节征税，一些基础设施建设尚需完善。例如，需要增加税控机、购买加油站数据采集系统等，后续还要对这些设备进行持续保养与维护，直接提高了征税成本。需要说明的是，当前河南、山东等部分地区的试点表明通过税控系统带来的税收增收完全可以覆盖成本。从 2019 年开始，山东临沂、淄博、滨州等地均陆续开始安装加油站智能税控系统。2020 年 5 月底，山东济南、潍坊、济宁、德州 4 市的 20 多个区县也完成加油站智能税控系统。河南与山东同步，以许昌为试点，逐步在省内展开加油站税控系统的安装工作。2021 年初，广东加油站税控系统在佛山、茂名、湛江、揭阳 4 市开展试点工作，很快在全省推广。湖南、辽宁、河北、江苏多省也陆续开始试点安装加油站税控系统。从实施效果看，山东等地区的成品油行业税收在当年就实现了增长，取得了较好的税管成效。

（四）成品油消费税在加油站征收上带来的影响

1. 主营炼厂的份额有望提升

对于生产商来说，之前某些炼厂的不合规操作将被封堵，使得独立炼厂与主营炼厂的出厂价差缩窄。独立炼厂与国有主营炼厂之间的竞争将更加规范，主营炼厂的份额有望提升。征税环节后移后，原来应该上缴的成品油消费税在生产环节节约下来，生产企业的现金流将更加充裕，综合生产成本将会有一定程度的下降。对于上下游一体化的石油公司来说，在目前成品油最高零售价格定价机制下，可以通过转移定价等方式调节企业内部的利润分配，使生产企业与销售企业之间的价差和利润更加合理，增强销售端的竞争优势，来达到公司整体效益最大化。

2. 从批发环节看，组分油避税空间消失

从批发环节看，成品油消费税终端征收使得组分油避税空间消失，有利于提高汽柴油合规比例和整体征税率。市场竞争将更加激烈，批发商、贸易商数量进一步集中，批零价差有望收窄。征收环节后移后，对于非加油站终端的销售方式（如直销、批发等）要予以关注，避免产生税收漏洞。考虑到成品油行业的特殊性以及重要性，应对成品油行业开展常态化、持续性的税务稽查与管理，促进行业合规化经营。

3. 加油站行业加速淘汰

从零售环节看，随着成品油零售市场各项政策的逐步放开，民营加油站快速扩张，数量已占据全国加油站总数的半壁江山。一些民营加油站依靠规避缴纳消费税而带来巨大成本优势，与以中国石油、中国石化为代表的国资加油站展开常态化价格战，并在部分时段开展大范围、大幅度的降价促销，形成对国资加油站的有力竞争。消费税征收环节后移后，单打独斗的民营加油站相比上下游一体化的炼销体系，竞争力将下降，面临效益下滑、现金流减少、裁员等问题，甚至出现关停、倒闭，短暂阵痛在所难免。尤其是对于需要外购油的小规模民营加油站来说，以前通过采购低价资源带来的价格优势可能削弱或不复存在。销量和利润下滑的双重利空，使其面临的竞争压力进一步加剧。加油站行业加速进入一轮淘汰期。

（五）对成品油消费税在加油站征收的相关建议

1. 在全国范围内实施由税务机关主导的加油站智能税控系统

2021 年，中共中央办公厅、国务院办公厅印发的《关于进一步深化税收征管改革的意见》提出，要深入推进精准监管，建设税务监管新体系，在保障国家税收安全的同时，为合法经营企业提供更加公平优质的税收营商环境。加油站智能税控系统的推广为消费税后移的实现奠定了执行基础。建议充分借助大数据监管手段，加大对加油站销售终端的监管力度。通过推广加油站智能税控云平台建设，及时准确获取加油站实

际销售数据，实现对加油机作弊的有效监管，并加强成品油及可调油化工产品流向监管，规范变名、变票、票据回流等不规范行为，持续净化成品油市场环境。从长远来看，充分利用人工智能、大数据、物联网等技术，通过智能税控系统与金税四期工程相结合，将有力推动成品油行业从“以票管税”向“以数治税”转变，提升我国税收监管水平和治理能力。

2. 研究推动成品油征税环节后移并稳步下划地方

尽管成品油消费税为中央税，但地方政府获得了其中的“税收返还”，因此成品油消费税在财政收益权归属上具有“共享税”的性质。通过国外调研发现，对于成品油消费税，一些发达国家（如美国、日本）在联邦/中央、州、地方三级政府之间都有较为明确的收支安排。从弥补外部性的角度出发，将成品油消费税改为中央与地方比例分配体制，更有利于地方政府承担和补偿外部成本，符合财力与事权的合理匹配。地方可以直接通过税收收入弥补其外部性成本，有利于调动和提高地方对成品油消费税监管的积极性。中央企业和地方企业将面临更加公平公正的竞争环境，得到地方政府一视同仁的待遇，共同促进行业的良性竞争与健康发展。

（撰稿人：张　静）

八、浅析大数据在加油站智能营销决策中的应用

当前成品油市场面临新能源汽车替代冲击和经济周期波动的双重压力，竞争日趋激烈。充分利用企业数据资源和先进的数字化技术提高竞争力，成为行业内企业生存与发展的必由之路。

本文针对成品油销售企业当前面临的市场形势，探讨了如何通过综合利用大数据、数据挖掘、深度学习等先进技术，对成品油终端市场进行分析。在此基础上，论述了通过搭建智能营销体系框架，实现一个以

数据资源为基础，以大数据技术为支撑，涵盖市场分析和预测、决策支持、执行效果评价与反馈的闭环营销服务体系。描述了智能营销体系中终端市场分类、加油站短期销量预测、促销效果分析评价等关键业务模型的算法和模型的构建方式，并对应用落地的关键点进行了分析。以期利用该框架，辅助成品油销售企业经营管理层进行营销策略的制定和效果评估，从而实现精准营销，提高市场竞争力。

（一）大数据技术为市场分析与营销决策提供契机

近年来，在国内外大环境的影响下，我国成品油销售市场快速扩张阶段基本结束，市场竞争日趋激烈。成品油销售企业面临前所未有的经营压力。在波动或收缩型的买方市场中进行竞争，成为成品油销售企业营销工作的新常态。人工智能、机器学习、数据挖掘等植根于大数据的技术取得了长足的发展，具备了在企业中广泛应用的可能。

1. 大数据技术及其特征

大数据是指无法通过常规软件在一定时间范围内进行捕捉、管理、分析及利用的数据集合。相关技术统称为大数据技术。与传统数据相比，大数据的显著特点通常被概括为五个 V ：庞大的数据量（Volume）、高速的数据流（Velocity）、多元的数据形态（Variety）、难以捉摸的数据真实性（Veracity）以及巨大的价值（Value）。追求高质量的数据是大数据分析的一个重要目标。此外，大数据的应用在性能上对相关技术提出了较为严格的要求。

2. 大数据在企业营销管理中的价值

在国家和社会层面，大数据对推动经济发展、提升社会管理水平具有重要意义。在企业层面，通过对大量数据的分析，将结果作为企业市场战略决策的参考，能够为企业经营及服务提供有价值的数据支持，从而增强企业的价值创造能力。具体价值体现在：从业务感知的视角，大数据作为一种新兴衍生出来的资源信息，可以帮助企业收集、清理、整合、分析市场、客户、生产、经营等各个领域的数据，快速感知业务变化；从辅助决策的视角，大数据有助于企业更好地制定和执行营销策略，满足用户需求，帮助企业精准定位，获得竞争优势；从企业经营管理的视角，将大数据运用到企业管理当中，不仅能够推动企业各项业务的顺利开展，而且可以整合经营管理机制，完善管理制度，助力企业长远发展。

（二）大数据智能营销体系框架与核心模型

成品油销售企业在大数据应用领域具有特有的天然数据优势。信息化的销售管理系统已经运营多年，积累了海量的运营数据、交易数据和用户行为数据。这些数据优势都是精准营销分析的重要前提。在此基础上，可以建立一个以大数据平台为支撑，以终端市场分析为先导，以精准预测为核心，对营销策略执行效果和市场影响情况进行评价，并反馈新一轮经营决策过程的闭环营销服务体系。该营销体系能够根据不同的终端网点特点，实现“一站一策”精准营销，深层次挖掘零售市场客户潜力，提高企业盈利能力（见图 7–11）。在该营销体系框架中，包含以下几个核心模型。

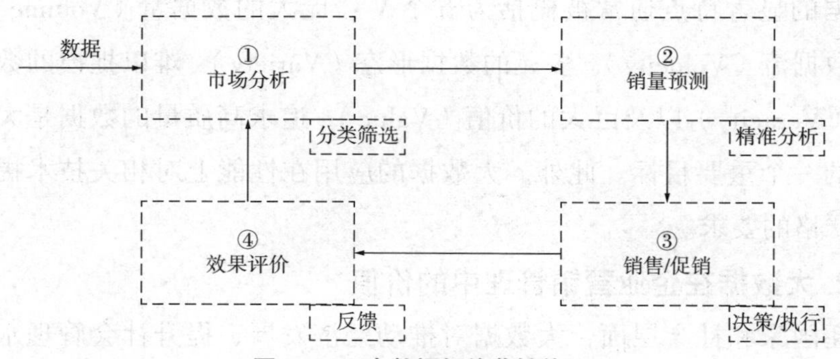

图 7–11　大数据智能营销体系

1. 终端加油站分类分析模型

加油站面对的客户消费需求因地域、商圈不同而存在差异。这是由客观环境驱动的。因此，基于地域—商圈等特性，利用决策树算法构建模型，可以对加油站辐射的终端市场进行分析，及时掌握市场动态，合理制定和调整市场战略以提高企业资源利用率和竞争力。

（1）具体价值

①资源优化配置

识别哪些加油站可能需要更多的资源投入（如营销活动、设施升级），哪些加油站已经高效运作，从而实现资源的最优分配。

②市场定位与差异化策略

了解不同加油站所处的市场环境和客户需求差异，可以帮助企业制定差异化的市场策略。例如，针对特定类型的加油站推出定制化服务或产品，增强市场竞争力。

③精细化管理

协助企业更好地理解各加油站的特点，如位置优势、目标客户群、销售模式等，进而实施更加精细化的管理和运营策略。

④业绩预测与目标设定

分类模型可以用于预测不同类型加油站的未来业绩，为制定合理的业绩目标和激励机制提供数据支持。

（2）模型算法

分类分析是数据挖掘中的一种重要方法。它通过对数据进行分组和分类，从而预测新数据的类别。分类分析过程包括模型训练和分类推理两个过程。在模型训练过程中，根据已知的训练数据集利用有效的学习方法训练一个分类器，即找到适合的函数模型；在分类推理阶段，利用训练过程中生成的分类器即相应的函数模型，对新的输入实例进行分类，从而得到需要预测的结果（见图 7-12）。

对加油站的分类分析利用决策树算法，决策树（Decision Tree）又称判定树，是数据挖掘技术中的一种重要的分类与回归方法。它是一种以树结构（包括二叉树和多叉树）形式来表达的预测分析模型。决策树算法的核心是构造决策树。一棵决策树由三类节点构成，分别是根节点、内部节点和叶子节点。其中，根节点和内部节点都分别对应着一个对象属性，各节点的分支则表示这个对象不同属性的值对数据的划分，叶子节点则表示最终的分类。

决策树算法包括 ID3、C4.5、CART 等几种不同的算法。每种算法都有其独特的特征选择方法和应用场景。根据加油站终端市场分类分析模型的业务特点，选择 ID3 算法进行建模。ID3 算法是最典型的决策树算法。它基于信息增益作为特征选择的指标，倾向于选择取值较多的属性，适用于离散型属性的数据集。在计算的过程中，我们会计算每个子节点的归一化信息熵，即按照每个子节点在父节点中出现的概率来计算这些子节点的信息熵。

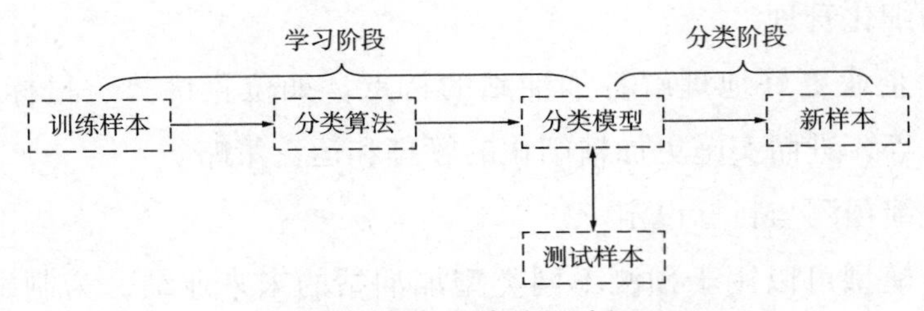

图 7–12　分类分析过程

（3）模型构建

利用上述基于 ID3 的算法建立模型，目标是从所属区域市场的加油站中，筛选分类出需要重点关注的站点，以便针对性地制订营销策略。其步骤如下。

①数据准备

通过大数据平台采集包括地理位置、城乡类别、分油品销量、挂牌价、指导价、促销活动、季节性变化等在内的加油站相关数据，并对数据进行清洗，进行必要的数据转换和标准化。

②特征选择

确定用于分类的特征集。基于业务理解和初步数据分析，选择对加油站分类影响较大的特征。计算各个特征的信息增益或信息增益比，以确定最佳的分裂属性。信息增益高的特征优先作为树的节点。

③构建决策树

从信息增益最高的特征开始，创建决策树的根节点。对于每个特征值，将数据集分割成子集，每个子集对应一个分支。递归地对每个子集重复上述过程，直到满足停止条件。例如，子集中所有样本属于同一类别、达到预设的最大深度，或没有更多特征可用来进一步划分等。最终未被继续划分的子集形成叶节点，表示一个类别或预测结果。

④迭代优化

根据评估结果和实际需求，再次进行特征工程或调整算法参数，以优化模型表现。

通过以上步骤，ID3 算法能够帮助分析选定区域内加油站的各项指标，揭示影响其经营绩效的关键因素，筛选出需重点关注的站点，从而为后续分析和精准营销提供科学依据。

2. 基于销售历史大数据的单站销量预测模型

在通过模型将终端站点进行分类筛选分析后，可对重点加油站的近期销量进行预测，分析各销量相关因子的权重，为促销政策制定提供依据。在此，我们选择长短期记忆网络（Long Short Term Memory Network，LSTM）方法建立预测模型。

（1）模型算法

LSTM 是一种改进的循环神经网络（Recurrent Neural Network，RNN）模型。相比 RNN，它能够记住更长周期的信息，解决了传统 RNN 中存在的梯度消失和梯度爆炸问题，从而能更好地处理长序列数据，被广泛应用于自然语言处理、语音识别、图像处理等涉及时间序列数据预测的领域。

预测回归类模型精度常用的评价方法有平均绝对百分比误差（*MAPE*）、平均绝对误差（*MAE*）、平均百分比误差（*MPE*）、均方根误差（*RMSE*）。在此，我们以 *MAPE* 和 *MAE* 作为评价标准。

① $MAPE$ 计算公式：

$$MAPE=\frac{1}{n}\times\sum_{i=1}^{n}\left|\frac{y_i-\hat{y}_i}{y_i}\right|\times 100\%$$

其中，n 为样本数量；y_i 为真实值，$\hat{y}_i$ 为预测值。$MAPE$ 的结果可以度量模型预测结果的质量。$MAPE$ 的值越小，则模型的预测结果越好。

② MAE 计算公式：

$$MAE=\frac{1}{n}\times\sum_{i=1}^{n}\left|y_i-\hat{y}_i\right|$$

其中，n 为样本数量；y_i 为真实值；$\hat{y}_i$ 为预测值。MAE 反映的是预测值的误差情况。模型预测的误差越小，MAE 的值越小。

（2）模型构建

依据建立的 LSTM 预测模型，结合加油站的实际数据建立业务模型，对加油站短期未来销量进行预测。预测基本步骤如下。

①预测目标确定

针对选定加油站，利用上述模型和大数据平台的相关数据，预测未来一个促销周期的日销量。

②数据预处理

使用的数据包括企业自有大数据平台中的加油站基础数据［加油站类型、位置和商圈 POI 信息］、销售历史数据（分油品销量、到位价、挂牌价、促销活动）、节假日信息、外部公共数据服务获取的天气数据等。对出现的数据缺失或者数据异常进行处理，补全有效数据源，然后对数据进行离散化、归一化处理。

③应用建模

依据合理比例，划分数据集为训练集和测试集。通过在训练集上进行特征筛选，提取特征变量后应用算法建立模型，最后通过使用测试集，对算法模型进行优化。

④指标评价

对预测结果进行评价，并根据评价结果调整模型参数。通过不断迭代，使模型的预测值不断逼近最优解。

3. 促销效果分析评价模型

在大数据智能营销体系框架内，通过分类分析和预测，制定营销策略并执行后，还需对促销效果进行综合评价。评价时需考虑多种因素，如促销带来的毛利增减、销量增减等。根据促销目标的不同，用于考核效果的评价因子及其权重有所不同。例如，本次促销的目标侧重利润增长，则毛利权重较大；当促销目标侧重提升销量，而将利润作为次要目标时，则在考核评价时需提高销量变化的权重占比。同时，对于这些评价因子应能够进行灵活配置和增减。

（1）模型算法

①评价公式

根据对促销中业务目标的关注程度，设置各自的影响权重。根据以下评价公式，实现促销效果的客观评价。

$$y=\sum_{i=1}^{n}\left(a_i\times w_i\right)$$

其中，a 为评价因子权重占比，w 为评价因子。通过以上评分公式，最终计算出得分。通过得分排名，实现促销效果客观评价。

②评价因子归一化

如果上述评价公式计算出来的评价因子（w）结果离散情况较为严重，不便于评分计算，则需要将这些计算出来的评价因子进行归一化，即将这些计算出来的数值集合转换为 0~1 范围。计算公式：

$$y_1=\frac{y-y_{\min}}{y_{\max}-y_{\min}}\times 100\%$$

即最大最小值法。在计算出来的多个评价因子结果值中找出最大值与最小值，然后用当前评价因子值减去最小值，再除以最大值与最小值的差值。这样计算出来的数值是在 0~1 范围内，且确保数据的可靠性。

（2）模型构建

①选择与计算评价因子

根据阶段性的业务需求，选择关注的指标作为评价因子进行计算，如毛利变化、销量变化、客流变化、进站率变化、卡销比变化、油非转换率变化等。评价因子的计算原则，是通过分析促销前后评价因子的变化与营销支出之间关系，即分析单位促销成本带来的影响。以促销对销量的影响作为评价因子为例，促销销量影响 =（促销后实际销量 – 无促销活动的销量）/ 营销支出，即通过促销期间销量减去未促销条件下的基础销量，得到促销带来的销量变化，再除以营销支出，得到促销销量影响值。

由于基础销量是一个不明确值，可依据几种方案进行选择：同比销量作为基础销量、环比销量作为基础销量、上月平均销量作为基础销量；通过 3.3 节模型预测的销量作为基础销量；以加油站日均可研销量乘以天数作为基础销量。

同理，可以计算促销带来的油品计划完成率、卡销比、客户流失、客户增长等效果。

②评价因子归一化

利用归一化公式，将计算结果数据缩放到 [0，1] 区间，便于下一步评分计算。

③促销效果综合评价

将归一化计算的结果值变换到 0~100 区间，以便进行百分制考评，并按分段给出评分结论。

（三）大数据智能营销体系应用落地关键点分析

1. 信息安全是大数据应用体系建设的基石

能源行业作为关系国计民生的重要领域，信息系统的安全是一切应用的基石。同时，在激烈的行业竞争中，企业的经营数据必须加以严格保护，大数据技术的应用，即为企业带来了巨大的效益，同时，也给数据安全带来了更大的挑战。因此，在系统的建设和应用过程中，必须更加重视数据安全的管理。针对大数据信息量大，访问频繁、存储期长的特点，需要全面考虑其在采集、传输、存储和分析、共享等各个阶段数据安全需求，从访问安全、数据安全、传输安全、综合安全4个层面构建完善的数据安全保障技术体系。

2. 先进的数据采集与处理技术是体系应用的前提条件

为了构建一个真正实用的智能营销分析体系，单纯依靠传统的结构化销售数据已远远不够。成品油销售企业必须拓展数据收集的广度和深度，采用多元化的数据采集策略。例如，运用先进的智能视频分析技术，精确抓取车牌信息；借助分布式数据采集与时序存储技术，高效采集液位等关键站级设备数据；通过接入公共云服务平台，整合天气数据、地理信息以及POI数据等外部资源。通过这些措施，企业不仅能够充分利用大数据的潜力，而且能够显著提高营销管理的效能和精准度。

高质量的应用必须依赖高质量的数据。而采集环节获取的数据大多是不完整、结构不一致、含噪声的脏数据，无法直接用于数据分析或挖掘。通过数据处理技术，对采集到的原始数据进行清洗、填补、平滑、合并、规格化以及检查一致性等，从而将杂乱无章的数据转化为相对单一且便于处理的构型，以达到快速分析处理的目的。

3. 应用效果评估是体系实用化的必备保障

评估与反馈是保障信息系统实现预期目标、辅助优化决策的关键步骤。它们对信息系统的不断进步至关重要，价值难以衡量。为了确保成品油销售大数据智能营销体系的效能，我们必须构建一个强有力的评估机制，采集系统运行的翔实数据，并基于这些数据对系统实施精进，以此打造一个自我完善的循环机制，从而持续提升系统的应用成效。

对此，本文提出了一系列旨在优化该框架应用的策略建议。期待能以此助力成品油销售企业在竞争激烈的市场环境中赢得一席之地，实现可持续发展。

（撰稿人：陈　亮　韩延涛　黄文斌）

九、成品油销售企业构建“事前算赢”大数据模型的探索与应用

——以中国石油江西销售公司为例

当前，成品油销售企业需要在有限的市场中争取更大的份额，同时迎接更加激烈的竞争。如何科学有效地制定营销政策，掌握市场的主动权，是成品油销售企业要研究的核心问题。中国石油江西销售公司提出“事前算赢”“活动跟踪”“活动复盘”等一系列数据模型，借助昆仑数智大数据中台和自助分析平台进行个性化开发，辅助成品油营销量利测算与决策分析，具有重要的经济效益和广阔的应用前景。

（一）进行“事前算赢”的必要性

《礼记·中庸》言：“凡事预则立，不预则废。”说的是无论做任何事情都要预先做好准备，要有周详的计划和清晰的目标，才可能获得成功，否则就只能走向失败的结局。“事前算赢”是一种强调预先规划和评估的战略思想。企业制定营销活动一定要有依有据，一定要有超前思维，先算后干，算赢再干。

1. 为决策提供数据支持

在江西地区，中国石化占主要份额。此外，江西民营加油站众多，大都采用各种降价活动吸引加油客户。特别是民营加油站可以从地炼采购，通过开展大幅降价促销抢占市场，对江西销售公司造成巨大冲击。为应对激烈的市场竞争，公司需要有完整的数据支持决策，科学地开展营销活动。

2. 大幅降低经营风险

在过去，江西销售地市分公司在没有数据支撑的条件下申请营销活

动政策，更多依靠决策者的经验，往往不注重毛利的减少，只为增加销量，导致油品销售亏损。对此，需要有一套完备的工具，来测算营销活动的效果，以达到销售量效齐增，降低亏损的风险。

3. 明确目标、合理配置资源

对于成品油销售企业来说，最大的目标就是增加销量和提高毛利。但是鱼与熊掌不可兼得，因此，江西销售公司需要在增加销量的同时，合理地控制毛利，明确营销的目标和预期的结果，为制定活动方案提供依据。

（二）建设大数据自助分析平台

1. 开展信息化补强工程

2023 年以来，江西销售公司全面贯彻落实党的二十大精神，切实增强“数智中国石油”建设的使命感、责任感、紧迫感。在公司主要领导的亲自部署下，紧紧围绕“业务发展、管理变革、技术赋能”三大主线，开展了提高主营业务支撑能力的信息化补强工程，利用数字技术为管理赋能，不断推进数字化转型、智能化发展。在为期一年、两个阶段的建设过程中，锚定生产经营中急需解决的问题，逐个击破，有效提高了信息化和数字化对主营业务和管理提升的支撑能力。

2. 搭建自助分析平台

在昆仑数智公司的帮助与支持下，江西销售公司搭建了大数据自助分析平台。通过平台开发完成了 152 个数据模型，覆盖两级机关及库站 412 个平台用户。逐步将各类营销数据从人工统计分析过渡到智能 AI 统计，快速实现将公司各类经营数据汇总和分析，提高了统计分析的效率，减轻了两级机关统计人员工作量。通过对销量、营销支出、毛利等系统化数据分析结果，通过开发“事前算赢”模型，进行人工智能辅助决策，助力实现“事前算赢、量利平衡”，全面支持营销人员开展数据复盘，一键生成阿米巴单站核算表。

3. 数据信息收集

搭建“事前算赢”模型，要准备好基础数据与交易数据。首先，通过昆仑数智公司的大数据中台，从加管系统、卡系统和电子券系统采集加油站基础信息，建立这些基础信息间的映射关系，建设完成加油站基础信息表。其次，在各个系统采集油品的各项指标，包括销量、收入和营销支出，最后计算出毛利，进而通过历史数据进行“事前算赢”建模。在交易信息中，包含了加管系统销售数据、促销数据、卡交易数据和电子券交易数据等。利用总部统建大数据平台中的 Distcp 工具，从各个业务系统抽取汇总到自助分析平台，最后通过 Inceptor 进行存储和加工。

（三）搭建“事前算赢”模型

1. 模型解读

成品油销售企业在完善营销管理方面，需要根据市场发展的要求，对营销管理方案进行重新解读、重新定位，提出合理化建议并执行，从而能够在一定程度上提高销量。建立“事前算赢”模型正是重新解读成品油营销管理方案的第一步。“事前算赢”模型，顾名思义，是在营销管理方案执行前进行总效益与营销支出的提前预算。关键着眼于围绕经营效益指标体系的设立、对比和优化提升，深入实施营销支出的综合优化，达到方案设计算优、执行变更算优、评价考核算优的营销管理目标。

2. 促销活动分类

通过自助分析数据平台的建设、运营数据和交易数据的贯通收集，“事前算赢”模型搭建的平台基础与数据基础已经完善。“事前算赢”模型针对价格直降、移动支付直降（移动支付直降本质上属于卡折扣，这里是从业务上划分）和油品促销（油品促销为加管促销部分，分为系统优惠或满减）三个油品营销活动进行总效益与营销支出的测算。油品价格直降和移动支付直降营销活动直接针对油品进行降价，降的是单价，针对零售订单而言有一定的优惠空间。油品促销则是满减促销，当零售订单满一定金额或数量时可满足油品促销条件。这些都是最直接原始的营销策略之一，能有效刺激消费者的消费欲望，促进零售成品油销量增长，但随之而来的问题是营销成本的增加。如何平衡营销成本的亏损，实现毛利效益的提升，才是关键。

3. 模型原理详解

测算模型中，针对不同的业务场景从不同业务系统取数，并将历史销量、毛利和优惠情况计算出来，作为测算依据。

（1）价格直降

这是一种普惠式的优惠，通过采用加管系统实现。历史销售数据为数据基准，当用户在自助分析平台输入所需的信息后（如促销单位、促销日期、促销油品和促销幅度），即可开始预算。预算原理为根据促销单位在最新销售数据中往前推所选择促销时间段天数的油品销量和毛利，推算接下来的销量毛利等经济效益指标。通过控制变量法将后续销量控制不变，那么增加的营销支出就是该销量下促销幅度的总和。依据之前的吨油毛利，则加油站需要增加对应成品油销量来抵消多余营销支出的销量。同时可以反向测算，如需保持毛利效益不降，应增销量多少。

（2）移动支付直降

针对零售成品油移动支付直降促销活动，采用同样的测算方法。不过其中的基准数据采用的是卡交易明细数据，经济效益指标体系也是针对移动支出来构建的。

（3）油品促销

分为三种促销规则：油品满数量 – 单价绝对折扣、油品满金额 – 总价绝对折扣、油品单位数量折扣 – 绝对折扣。油品满数量 – 单价绝对折扣促销规则为所加油品满一定量后，后续每升优惠一定的价格。例如，加满 50 升后，每升优惠 0.1 元。油品满金额 – 总价绝对折扣促销规则为所加油品每满一定金额则优惠固定金额。例如，每满 100 元减 20 元。油品单位数量折扣 – 绝对折扣促销规则为每满一定量的油品，每升优惠一定金额。例如，每满10升，每升优惠0.1元。

油品促销的基准数据采用的是加管系统促销数据和电子券交易数据。测算方法则是结合促销时间段内的实际销售情况，在营销数据中找出具体满足促销规则的订单数据，用满足促销规则的订单笔数与满减值相乘，即可计算出该促销时段内促销活动下增加的营销支出。同时，需要加油站增加的销量部分通过原始吨油毛利计算出来。

通过对价格直降、移动支付直降、油品促销三大营销策略的基本原理的介绍，可知“事前算赢”模型是根据历史数据预测未来时间段内的销量及经济效益，弱化其他因素的影响，只围绕营销活动所新增的营销支出进行预算，预知成本量，设置警戒线，用毛利来抵消增加的成本。

4. 前端页面开发

“事前算赢”模型前端页面基于昆仑数智公司自助分析平台进行开发，数据连接与Oracle数据库接通，原生组件模式采用了参数面板与页面body分离的方式显示。其中，参数面板在页面加载的时候，调用了收起参数面板和隐藏参数面板的API接口。所以在界面中无法明确地看到实际控制数据的参数面板，页面body上的参数框是通过将选中参数传递至参数面板上的参数框来进行数据控制的。当然，控制参数面板隐藏和页面body参数框传递参数控制数据这两个方案使用JavaScript进行了二次开发，对数据和页面分项控制。该页面还使用了层叠切换隐藏技术。当用户点击开始计算时，测算结果模块和规则说明模块会根据参数框所选择的促销活动切换至对应的报表块。

“事前算赢”模型前端页面布局上采用了四模块布局，分别是标题模块、参数框模块、测算结果模块、规则说明模块，并且界面整体呈淡紫色风格。最上面是标题模块，标题内容：事前算赢—营销活动测算工具。中左侧是参数框模块，用户可在此模块进行参数选择或输入，模块下的参数框有促销单位、促销日期、促销类型、促销油品和促销幅度。该模块下还有开始计算和清空参数框按钮。当用户选择或输入完整的参数后，点击开始计算按钮，页面开始测算促销活动期间总效益指标。右侧的测算结果模块也会显示测算后的结果。点击清空，则会清空参数框的参数，供用户重新选择或输入参数。中右侧是测算结果模块。该模块由用户在参数框模块选择或输入参数后点击开始计算生成，生成的效益指标包含总销量、日均销量、营销支出、毛利、吨油毛利和升油毛利，并包含促销前后的对比以及如需保持毛利效益不变的建议。底部是规则说明模块。该模块下含有促销规则和促销明细说明。模块初始显示的是各促销活动的规则及示例。当用户选择或输入参数后，点击开始计算后，模块会显示对应的促销规则及促销明细（见图 7–13）。

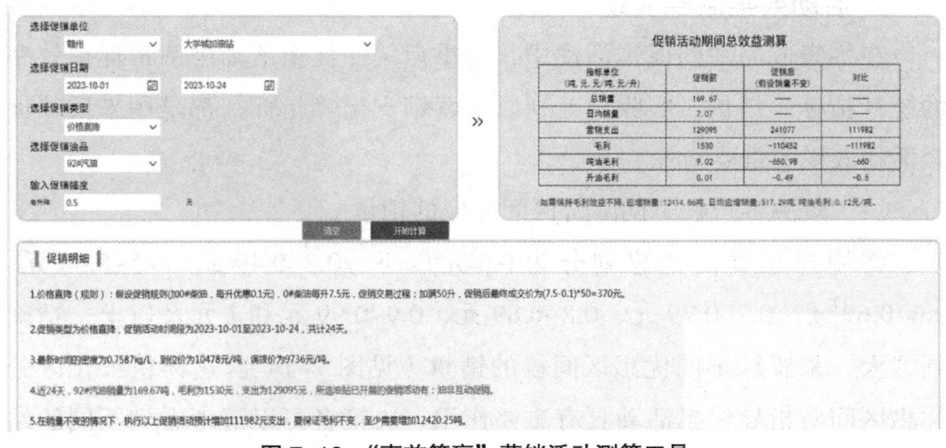

图 7–13 “事前算赢”营销活动测算工具

（四）活动效果跟踪

1. 活动效果跟踪的目的

无论决策者对目标受众有多了解，任何营销工作在实际执行中，总会有改进的空间。往往有时候决策者认为会爆发的内容，可能在执行后会石沉大海；有些根本不会正眼看的内容，则可能会一飞冲天。要了解这究竟是什么原因，就要对营销内容进行效果跟踪和数据分析。进行活动效果追踪，主要目的是查缺补漏，为活动后续的营销动向及活动策略调整提供丰富的数据支撑和优化建议。

零售成品油营销活动同样需要时刻进行营销效果跟踪；但与其他可囤积类商品性质不一样，成品油对于个人而言是不适合囤积的。一方面，成品油属于易挥发气体，一旦保存不当，则挥发掉的气体可能比到加油站加油省的钱还多。另一方面，成品油属于易燃易爆物品。如果存储不当，则极易发生火灾事故。所以除了成品油批发外，零售成品油的销售网络都是基于线下加油站形成的，成品油零售客户的交易也是基于加油站实现的。在零售成品油营销过程中，需要跟进活动中的营销交易指标，如销量、实收、毛利以及营销支出等。

2. 活动效果跟踪实现

在零售成品油的促销活动中，需重点关注促销活动中衡量促销效率的统计指标。销量、实收、毛利以及营销支出等指标，都是用来反映促销活动效果的重要指标。

（1）观测客户在不同降价区间对应的销量

将用户享受的优惠划分为 0.3 元以下、0.3~0.49 元、0.5~0.59 元、0.6~0.69 元、0.7~0.79 元、0.8~0.89 元、0.9~0.99 元和 1 元及以上，精确到“天”来跟踪不同优惠区间段的销量（见图 7–14）。这样精细化区分优惠区间对指导优惠活动具有重要作用。决策者可以清晰看到不同的站点在哪个优惠区间对客户更具有吸引力。

（2）及时跟踪和评估促销的效果

促销效果包括到加油站维度的促销的综合优惠、促销带来的总销量、促销日均销量、增量、增幅、促销前后日均毛利对比、毛利增幅和卡销比等。在这些计算出来的具体指标下，最终得到该站量效评估。

（3）对营销活动的复盘总结

计算出分公司、加油站通过营销活动产生多少销量和毛利，并支出多少营销支出。统计分析加油站到天营销支出、销量和毛利，并将营销支出细化到了价格直降、卡折扣、电子券、油品促销和油非互动等具体类目。

2023-12-01至2023-12-03柴油降价区间对应销量

单位：吨

序号	地市	HOS编码	加油站	日期	0.3以下	0.3-0.49	0.5-0.59	0.6-0.69	0.7-0.79	0.8-0.89	0.9-0.99	1元及以上
1	抚州	TE01	抚州南城第一加油站	2023-12-01	0.03	0.00	0.87	0.99	28.65	0.00	0.00	0.00
2	抚州	TE01	抚州南城第一加油站	2023-12-02	0.20	0.00	0.70	3.38	21.18	0.00	0.00	0.00
3	抚州	TE03	金山加油站	2023-12-01	0.10	0.00	0.42	1.35	10.15	0.00	0.00	0.00
4	抚州	TE03	金山加油站	2023-12-02	0.07	0.00	0.00	1.68	4.06	0.00	0.00	0.00
5	抚州	TE04	左坊加油站	2023-12-01	0.00	0.09	0.00	1.26	0.00	0.00	0.00	0.00
6	抚州	TE04	左坊加油站	2023-12-02	0.01	0.00	0.08	0.86	0.00	0.00	0.00	0.00
7	抚州	TE05	浒湾加油站	2023-12-01	0.00	0.08	0.00	4.75	0.00	0.00	0.00	0.00
8	抚州	TE05	浒湾加油站	2023-12-02	0.06	0.00	0.00	1.29	0.00	0.00	0.00	0.00
9	抚州	TE06	金东加油站	2023-12-01	0.07	0.41	0.11	3.14	0.28	0.00	0.00	0.00
10	抚州	TE06	金东加油站	2023-12-02	0.04	0.33	0.27	4.77	0.53	0.00	0.00	0.00
11	抚州	TE06	金东加油站	2023-12-03	0.01	0.11	0.00	0.87	0.00	0.00	0.00	0.00
12	抚州	TE07	抚州对桥加油站	2023-12-01	0.00	0.75	0.00	0.35	0.00	0.00	0.00	0.00
13	抚州	TE07	抚州对桥加油站	2023-12-02	0.05	1.29	0.00	0.35	0.00	0.00	0.00	0.00
14	抚州	TE08	南城新世纪加油站	2023-12-01	0.00	0.00	0.11	4.51	0.86	0.00	0.00	0.00
15	抚州	TE08	南城新世纪加油站	2023-12-02	0.02	0.00	0.00	6.44	2.08	0.00	0.00	0.00
16	抚州	TE09	南湖路加油站	2023-12-01	0.00	0.42	0.00	0.00	0.00	0.00	0.00	0.00
17	抚州	TE09	南湖路加油站	2023-12-02	0.05	0.24	0.00	0.00	0.00	0.00	0.00	0.00
18	抚州	TE09	南湖路加油站	2023-12-03	0.02	0.00	0.00	0.00	0.00	0.00	0.00	0.00
19	抚州	TE0A	[illegible]	2023-12-01	0.00	0.00	0.00	0.19	0.34	0.00	0.00	0.00

图 7–14　客户在不同降价区间对应的销量

当然，面对复杂多变的市场环境，数据模型的建立不是一劳永逸的，必须根据现有的市场环境和营销政策快速建立数据模型，提高决策效率。希望更多的成品油销售企业积极拥抱新技术，借助数字化技术，开展大数据智能分析，科学制定营销策略，助力企业提质增效。

（撰稿人：游忠华　陆　斌）

十、国外加油站的经验做法与启示

经历过去几十年的快速发展，快速整合阶段，美国、日本以及欧洲国家的加油站行业集中度进一步提升。

（一）主要国家与地区加油站业态发展概况

1. 美国加油站与便利店深度融合，非油业务成关键增长点

美国加油站数量从 20 世纪 70 年代峰值 20 多万座下降至 2023 年的

约 14.5 万座，行业集中度提高。美国便利店及燃料零售协会（NACS）的数据显示，2023 年，全美约有便利店类型的加油站 12.01 万座，占加油站总数的 83%，同比增长 1.2%；大型超市加油站 6713 个，占比 5%；出售少量商品的加油亭数量下降至 1.31 万座，占比 9%。便利店类型的加油站成为主流。

美国加油站行业正经历深刻转型。随着燃油业务利润受国际油价波动影响，非油业务（如便利店和餐饮）成为主要毛利来源。2023 年的数据显示，燃油业务占便利店行业销售额的 68.6%，但毛利贡献仅为 39.6%；而非油业务以约三成的收入贡献了六成的毛利，尤其是餐饮业务成为增长亮点。面对日益激烈的市场竞争，加油站运营商积极拓展餐饮相关品类，并探索“到车 / 到家”服务模式。此外，充电基础设施的布局逐步起步，部分站点嫁接充电服务，试水新能源市场。

2. 日本 TBA 模式为经营特色，多样化服务增强盈利能力

日本加油站数量从 1994 年峰值 6.04 万座下降至 2023 年的 2.74 万座，市场集中度逐步提升。曾经受限于日本《特定石油产品零售事业法》，日本加油站仅能销售汽车用品，错失了便利店发展的黄金期。然而，日本加油站根据本国国情发展出独特的“TBA 模式”（Tire 轮胎、Battery 电瓶、Autoparts 汽配），逐步拓展至汽车维修保养、车险、租车等与汽车相关的综合服务，形成一站式汽车生活服务平台，汽服业务成为利润增长点。

日本将加油站视为保障油气网络韧性及居民日常生活的重要基础设施。为应对加油站数量过度减少对当地生产生活及应急保障可能造成的影响，政府及行业鼓励加油站采取多元化的商业模式，以实现可持续经营。除专业化汽车服务外，加油站因地制宜引入了便利店、餐饮、充电桩等配套服务，以提高客户吸引力和加油站盈利能力。

3. 欧洲加速加油站绿色转型，综合服务与新能源布局齐头并进

欧洲加油站数量从 20 世纪 70 年代末的 20 多万座下降至 2023 年的

12 万多座。与美国、日本类似，欧洲加油站积极拓展多元化服务，包括便利店、餐饮、汽车维修保养以及电动汽车充电等业务。然而，与其他地区相比，欧洲在新能源领域的转型步伐更快，政策驱动与市场需求共同推动了清洁能源（如充电、生物燃料和氢能）相关服务的发展。

分区域来看，北欧国家（如挪威、瑞典、丹麦等）高度重视绿色能源发展，加油站普遍配备充电基础设施，新能源服务是主要特色，便利店、餐饮、汽服等非油业务整体水平较高。西欧国家（如德国、英国、法国等）加油站综合服务体系更加完善，便利店、餐饮、汽服等非油业务发展齐全，同时在充电和新能源布局上有较强的政策支持和市场发展基础。东欧国家（如波兰、匈牙利、捷克等）仍以传统燃油业务为主，非油业务规模有限，充电基础设施建设较慢，但在政策推动下正逐步改善。

（二）国外加油站业态发展趋势与典型案例

1. 非油业务多元化，扩大收入来源，提升毛利

随着传统燃油业务的增长放缓，国外加油站开始寻求多元化的非油业务，以增强盈利能力和适应市场变化。便利店成为非油业务的核心，通过提供食品、饮料、日用品等即需商品，满足消费者的即时需求。与此同时，引入咖啡、快餐等餐饮服务，增加了顾客停留时间，提升了顾客消费潜力。汽车服务则通过一站式解决方案进一步增强客户体验。这种服务多元化的模式，降低了加油站对燃油销售的依赖，增强了加油站的盈利能力和抗风险能力。未来，多元化的非油业务将成为加油站发展的重要方向，使其从单一燃油供应点转型为综合服务平台。

（1）壳牌构建全方位综合服务平台

壳牌在全球范围内的多元化经营策略是其成功的关键之一。通过整合传统加油业务与便利店、餐饮、汽服等非油业务，打造综合服务平台，壳牌大大提高了获客能力与盈利能力。壳牌的 Shell Select 便利店在全球多个市场运营，提供零食、饮料、健康食品和速食产品，满足消费者的

多样化需求。在一些国家，壳牌与本地餐饮品牌合作，引入快餐、简餐以及外卖服务，为顾客提供高品质餐饮服务。壳牌在一些市场还推出了汽车养护服务中心，涵盖车辆维修、轮胎更换和洗车服务等。一站式服务有效提升了顾客满意度和加油站的整体收入。

（2）Circle K 深化便利店一站式购物体验

Circle K 是全球领先的便利店品牌。通过将核心的便利店业务与加油业务深度融合，Circle K 将加油站转变为多功能的服务平台，为消费者提供一站式购物体验。在美国，Circle K 便利店提供 24 小时营业服务，销售包括食品、饮料、个人护理用品、日用杂货等商品。在部分加油站还设有丰富的即食餐饮区域，如与 Subway 合作提供三明治、沙拉等食品。在欧洲市场，通过与当地食品品牌合作，提供符合本地口味的咖啡、热餐和小食品。同时，在全球多个市场积极推出自有品牌快餐系列，涵盖热餐、沙拉、零食等多种便捷食品，迎合消费者快速就餐和健康饮食的趋势。

2. 拓展新能源业务，顺应转型趋势，绿色发展

受电动汽车普及率提升、政策对新能源的支持以及消费者对绿色出行需求增加的驱动，越来越多的加油站运营商开始布局充电业务，部分运营商还开始探索氢能等绿色能源的供应。通过拓展新能源业务，加油站可以从传统的燃油零售商转变为多功能能源供应平台，不仅抢占了能源转型的市场先机，而且提升了品牌的可持续发展形象。通过顺应这一趋势，加油站正在构建适应未来能源需求的新型服务模式，为行业的长期发展奠定基础。

（1）BP 重视绿色能源发展

电动汽车充电业务是 BP 新能源战略的重要组成部分。截至 2023 年，BP 已在全球范围内布局了超过 3.75 万个充电端口，主要集中在英国、德国等市场，并计划到 2030 年在全球范围内布局超过 10 万个充电端口，特别是在欧洲和北美市场。例如，在英国，BP 通过其子公司 BP Pulse 积极推进电动汽车充电基础设施建设，已成为英国最大的公共充电

网络之一。BP Pulse 公共充电网络不仅分布在加油站内，而且在零售商店、停车场和住宅区域进行布局，支持线上预约和动态定价，为用户提供便捷体验。在欧洲、中东等地区，BP 进行了氢能加注站的布局，重点关注重型交通和商用运输领域。通过积极投资充电网络、加氢站及绿色能源项目等，BP 将传统加油站逐步转型为综合能源服务平台。

（2）壳牌加速绿色能源转型

壳牌在全球范围内积极推动电动汽车充电基础设施建设，尤其注重与各地政府和合作伙伴的合作。目前壳牌在全球范围内已布局了约 6 万个充电端口，分布在中国、欧洲、美国等地区，并计划到 2025 年布局 7 万个充电端口，到 2030 年实现全球 200 万个充电端口。例如，在欧洲，壳牌通过 Shell Recharge 在多个国家建设了广泛的电动汽车充电网络，包括但不限于加油站、停车场、购物中心等核心位置，并通过数字化服务提供充电站查找、预约和支付功能。在欧洲、日本等市场，壳牌积极尝试布局氢能加注站，并注重绿色氢气生产及供应链整合。通过在充电、氢能、可再生能源等新能源领域加大投资，壳牌推动其加油站向绿色能源和可持续发展转型。

3. 加码数字化赋能，提升运营效率、优化体检

数字化赋能正在成为加油站提升运营效率、降低运营成本的核心驱动力。加油站通过引入物联网、人工智能、大数据分析等技术，优化库存管理、供应链调度和客户服务。智能库存管理系统能够实时监控商品库存，减少库存积压和损耗，提升商品周转率。智能调度系统通过分析交通流量和天气等数据，优化燃油配送路线和频次，降低运输成本。此外，加油站通过移动支付和自助结账系统提高结账效率，减少人工成本。通过数字化技术赋能，不仅能够实现加油站运营的降本增效，而且为在未来市场竞争中赢得优势提供了可能性。

（1）埃克森美孚（Exxon Mobil）数字化优化客户体验

埃克森美孚通过数字化技术手段不断优化客户体验，提升客户品牌

忠诚度。其推出的 ExxonMobil Rewards+ 忠诚计划让顾客在加油站消费时累积积分，用于兑换加油折扣或便利店商品优惠。用户可以通过专属移动应用或在线平台实时管理积分账户，并获得个性化奖励。此外，埃克森美孚还推出了 Speedpass+ 支付平台，支持非接触式支付，并整合支付、积分和促销功能。通过与亚马逊 Alexa 集成，用户可通过语音助手完成加油支付，获得更加便捷的消费体验。通过数字化忠诚计划和支付技术，埃克森美孚在竞争激烈的燃油零售市场中建立了差异化优势。

（2）BP 通过智能化提升运营效率

BP 通过实施多项智能化创新举措，提升加油站运营效率。BP 推出了“BPme”移动应用程序，顾客可以在不下车的情况下完成支付，加快了加油过程并提升了便利性。此外，该应用还具备定位功能，帮助客户查找最近的加油站，并提供实时价格信息。BP 还通过与技术巨头的合作推动其数字化战略。例如，与微软合作，将 Azure 云计算技术应用于 BP 的运营中，优化供应链管理和数据分析能力。这些举措不仅有助于提升运营效率，还有利于为顾客提供更加便捷和个性化的服务体验，帮助 BP 在激烈的市场竞争中保持优势地位。

4. 以客户为中心，关注消费者需求，提升黏性

加油站行业正经历从以商品为中心向以客户为中心的服务模式转型。以客户为中心的模式，注重为消费者提供个性化服务和更优质的体验。通过会员计划和忠诚度体系，加油站能够根据客户的消费习惯和偏好，提供定制化优惠和奖励，增强客户黏性。数字化技术在这一过程中发挥着重要作用。通过分析客户数据，加油站可以更精准地满足不同消费群体的需求，并开展有针对性的营销活动。以客户为中心的转型，不仅提高了客户的满意度和忠诚度，而且为加油站在激烈竞争中建立了差异化优势，从而推动业务的长期增长。

（1）引能社（ENEOS）打造需求导向新生态

ENEOS 作为日本最大的能源公司之一，通过以客户为中心的创新服

务，提高了消费者的体验感和品牌黏性。在传统加油服务之外，ENEOS积极拓展社区服务。结合日本国情，与日本知名商用洗衣机品牌AQUA合作推出“ENEOS Laundry”自助洗衣服务，在部分站点引入洗衣机和干衣机。车主可利用洗衣等待时间完成加油、洗车、车辆保养等服务，实现时间的高效管理。此外，ENEOS通过旗下高端汽车维修连锁品牌Dr.Drive，为车主提供车检等增值服务，进而构建围绕车主的完整服务生态系统，增强品牌价值和市场竞争力。

（2）道达尔能源创建跨界合作新模式

道达尔能源通过与南非知名企业合作，构建跨领域的奖励生态系统，在竞争激烈的市场中提升客户黏性。例如，道达尔能源与南非知名连锁药店Dis-Chem合作，持有Dis-Chem会员卡的顾客在其加油站每消费1升燃油，即可获得10个Dis-Chem会员卡积分，且积分没有上限。此外，道达尔能源还与南非金融服务集团Sanlam的“Money Saver”信用卡合作，持卡会员在其加油站每消费1升燃油，即可获得1兰特的现金返还。通过与高信誉度合作伙伴的忠诚度计划深度整合，不仅提升了品牌在消费者日常生活中的影响力，还增强了客户的忠诚度和市场吸引力，这种创新的合作模式帮助道达尔能源在南非市场中保持竞争优势。

（三）对我国加油站高质量发展的启示借鉴

1. 构建多元服务生态，打造非油盈利增长点

加快形成“油＋非油”双轮驱动模式，推动传统加油站向综合服务站转型，着力提高非油业务的盈利能力。一是深化加油站综合化升级。持续推动传统加油站向综合服务中心转型，提供便利店、餐饮、汽服等一站式服务。二是深挖高毛利非油品类。聚焦包装水、包装纸等基础大单品，以及餐饮等高附加值产品，持续优化商品结构，提高便利店坪效和盈利能力。三是差异化布局非油业务。根据区域消费特点，因地制宜

调整非油服务内容，如城市站点注重提供品质便捷的商品和服务，乡镇站点则以基础商品和服务为主。四是线上线下融合发展。通过小程序、APP提升便利店配送、服务预约等功能，扩大消费场景和触达范围。五是借力品牌合作与跨界经营。通过引入知名品牌或与本地龙头企业合作，打造吸引消费者的特色服务站点。

2. 推动能源结构优化，实现可持续协同发展

加快传统燃油业务与新能源业务协同发展，推动传统加油站向综合能源站转型，顺应能源转型发展大势。一是布局新能源基础设施。不同类型的运营商应结合自身能力与市场情况差异布局新能源业务，在电动汽车普及率较高的城市和高速公路沿线布局充电桩，在工业园区、物流枢纽探索氢能加注站建设。二是打造多元能源供应模式。有条件的场站结合实际需求，提供燃油、电力等多种能源供应，推进加油与充电业务融合，满足多类型车辆补能需求。三是推广分布式能源站点。在站点布局光伏发电等新能源项目，利用站点屋顶或空地实现发电自用，降低站点运营成本并实现节能减排。四是拓展新能源汽车增值服务。提供电池检测、维护等增值服务，同时结合充电时的场景特点促进充电业务与非油业务的深度融合发展。五是积极响应政府新能源项目。拥护国家“双碳”战略，积极参与地方新能源基础设施建设，争取政策支持和资金补贴。

3. 强化数智技术应用，提升运营效能与效益

通过数智化手段优化加油站运营效率、缩减成本，打造科技赋能的现代化加油站网络。一是推动智能化站点管理。基于物联网和大数据技术，实时监控库存、设备运行状态以及销售数据，实现精准补货与设备维护预警，提升管理效率并降低运维成本。二是优化智能支付与自助服务体验。积极尝试一键加油、无感支付、自助洗车、自助收银等服务模式，为客户提供便捷高效的支付体验。三是构建数据驱动决策体系。通过人工智能与大数据分析，洞察消费者行为与市场趋势，为选品、促销、服务优化提供科学依据。四是推动线上线下全渠道融合。整合站点、App、微信小程序等线上线下数据，构建统一的客户数据池，实现全流程数字化服务闭环。五是推进智能化能源管理。搭建能源管理系统，实现不同能源的高效调度和成本控制，整合分布式能源技术，实现绿色低碳运营。

4. 聚焦客户价值提升，打造精准服务新体系

通过精准营销与客户体验提升，实现品牌差异化竞争优势，建立长期客户关系，推动消费频次与客单价增长。一是构建全面会员体系。制订客户忠诚度计划，完善积分奖励机制，覆盖加油、便利店、餐饮、汽服等全场景消费，并提供会员专属权益和个性化奖励。二是强化客户交互与社群运营。利用微信、抖音等社交平台进行流量引导，通过短视频、直播等形式推广站点服务，提高品牌曝光度，同时打造车主社群，增强客户黏性与品牌认同感。三是提供个性化服务与体验。基于客户消费行为数据，推送精准化促销活动，如生日特惠、个性化产品推荐，满足消费者个性化需求。四是关注网络热门新兴趋势。积极关注潮流趋势，及时引入热门商品，同时营造休闲社交空间，为加油站注入时尚和现代感。五是注重绿色环保形象塑造。在站点运营中融入环保理念，推广绿色能源、循环经济、低碳场站等，吸引对环保更关注的消费者，尤其是年轻一代。

（撰稿人：潘志丽　张荻萩）

十一、我国成品油市场"十五五"展望

面对纷繁复杂的国内外形势，以及新一轮科技革命和产业革命，习近平总书记多次提到"要牢牢把握高质量发展这个首要任务，因地

制宜发展新质生产力”。新质生产力的发展路径具有高科技、高效能、高质量特征，将会深刻改变人们生产生活方式，给成品油市场带来巨大影响。

从供给侧来看，低碳转型推动能源高质量发展，是支撑实现中国式现代化的必然选择。以绿色电能、LNG、绿氢、绿氨、绿色甲醇、生物质燃料等为代表的清洁替代能源加速发展，势必对成品油需求造成巨大冲击。

从需求侧来看，随着新一代信息技术飞速发展，数字技术与实体经济深度融合，改变了人们的消费场景和模式。比如，新能源汽车以其智能化、经济性的优势迅速得到消费者的认可和选择，使交通用油的替代明显加速，未来这一替代速度会进一步加快。

（一）成品油需求不存在平台期，“十五五”加速下降

展望未来，我国经济将保持中速增长，将支撑成品油消费保持一定规模，但交通领域的电动化发展对油品的替代已是大势所趋。到 2030 年，成品油消费将降至 3.1 亿 ~3.4 亿吨，较 2024 年大幅下降 13%~21%（见图 7–15）。

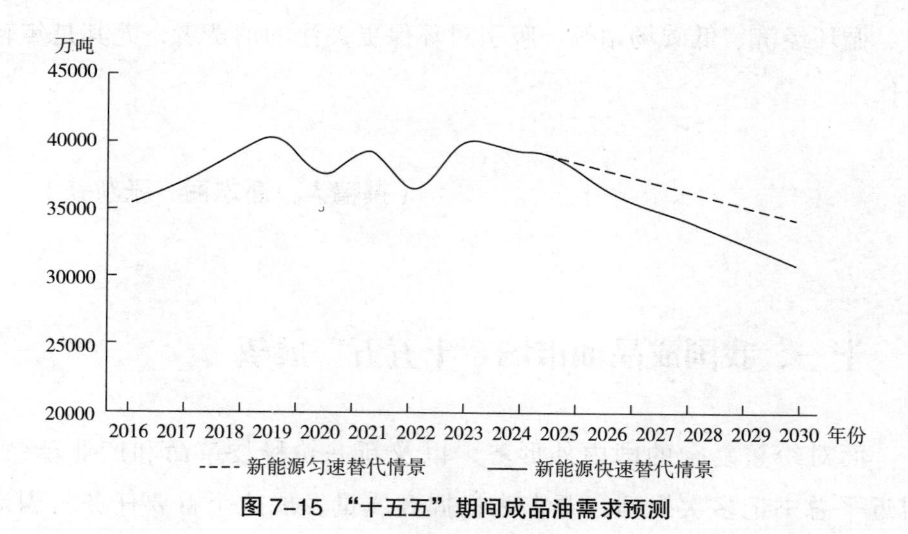

图 7–15 “十五五”期间成品油需求预测

1. 汽油需求受交通电动化影响已达峰

汽油消费的 95% 以上为汽车消费，其与汽车总量以及结构变化密切相关。2016 年以来，受乘用车销量放缓、新能源汽车发展迅猛等因素影响，我国汽油消费转入中低速增长阶段。“十三五”年均增速为 4.8%，较“十二五”大幅下滑 6.6 个百分点，其中替代能源拉低了汽油消费增速约 3 个百分点。“十四五”期间，电动汽车进入全面市场化驱动阶段，直接导致 2024 年汽油需求由 2023 年的峰值水平开始下降。

展望未来，人均收入增长将为汽车消费提供增长动力，我国汽车保有量直至 2040 年左右才能达峰，峰值为 5 亿辆左右（2023 年为 3.36 亿辆），但汽车结构将发生巨大变化（见图 7-16）。考虑到汽车淘汰周期，2025 年前燃油汽车将达到峰值（每年新增量开始低于淘汰量），即 2025 年以后燃油汽车的保有量规模将逐步萎缩。相反，到 2030 年，新能源汽车保有量占比将超 30%，对成品油的替代规模继续扩大。到 2030 年，汽油消费量为 1.2 亿 ~1.3 亿吨，较 2024 年减少 16%~26%。

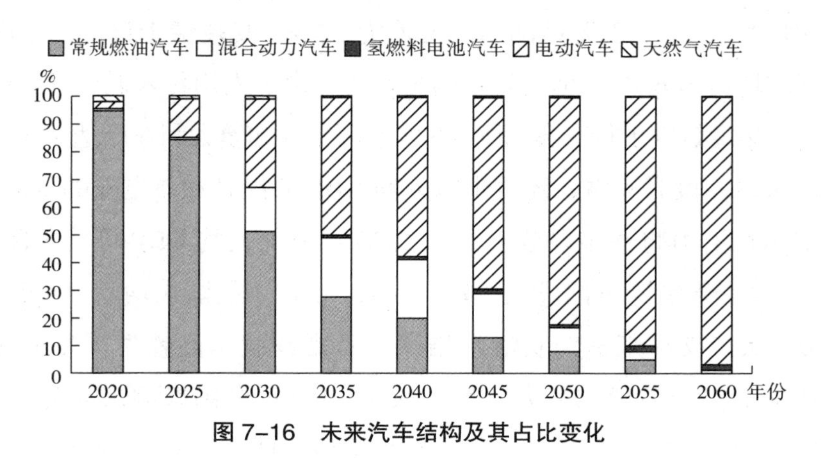

图 7-16　未来汽车结构及其占比变化

2. 柴油需求早在 2019 年进入峰值平台期

柴油是重要的生产资料，与经济总量、结构变化息息相关。历史规律显示，柴油消费与第二产业的相关程度接近 80%。第二产业不仅是能源和石油消费大户，也会带来与之相关的交通运输业、制造服务业用油。

“十二五”时期，受经济发展进入新常态、第二产业占比逐年下降的影响，我国柴油消费进入中低速发展阶段。“十三五”期间，随着我国经济结构调整，柴油消费动力进一步减弱，于2019年达到峰值2.03亿吨，年均增速进一步下滑至1.8%。“十四五”前两年，在新冠疫情冲击下，我国经济增长主要动力再次转回投资拉动，对柴油消费有所支撑，延长了柴油消费的峰值波动期。但2024年经济继续发展，中国经济增长动力主要由投资拉动，支撑柴油消费始终维持在峰值平台水平（1.9亿~2亿吨/年区间），即柴油消费的峰值期有所延长。预计从2024年柴油需求开始逐步进入下降阶段，未来在“公转铁”“公转水”，以及LNG燃气重卡发展、商用卡车电动化、氢能化的推动下，2030年降至1.4亿~1.6亿吨，较2024年减少20%~29%。

3. 煤油需求仍有增长空间，预计2040年达峰

根据历史规律，随着人均GDP提高，煤油消费量也呈现出相应增长趋势，两者相关性高达85%。加之航空运输设施不断完善，带来煤油消费中高速增长，“十三五”期间年均增速为2.5%（受疫情干扰）；“十四五”以来年均增速为6.8%。但与发达国家相比，由于人均收入低于发达国家，我国人均年度航空出行次数不到0.5次，而美国和澳大利亚已达3次。

在未来一段时间内，随着中国人均GDP的提升和航空业的发展，居民航空出行潜力将逐步释放。预计2030年中国人均GDP可达美国当前水平的1/4。若借鉴美国发展阶段，预计2030年我国人均航空出行次数可达0.7次，支撑煤油消费继续增长。考虑到我国高铁发展领先全球，将逐步对航空用油形成巨大替代。预计2030年全国煤油需求为0.53亿吨，虽比2024年高出36%，但远不及预期。此后保持低速增长，2040年左右达峰。

（二）成品油供应过剩程度加剧

“十五五”期间我国将有多个大型炼化一体化项目建成投产。新建

项目包括：中国石化镇海炼化二期项目，南山集团、山东能源集团等参与的烟台裕龙岛石化项目，兵器华锦阿美盘锦精细化工及原料工程项目。改建项目包括：中国石油大连石化搬迁升级改造项目，中国石化巴陵石化、长岭炼化合并改造项目。淘汰项目包括低于 200 万吨 / 年的小炼厂逐步出清。预计到 2030 年，我国炼油能力达 9.6 亿吨 / 年，基本持平于“十四五”末期的高位水平，届时产需差将达 0.8 亿 ~1 亿吨，较当前水平翻一番。

（三）“十五五”成品油终端新业态将加速形成

未来，我国加油站行业终端竞争格局不断升级，行业业态由“加油 +”逐步向“加能 +”的服务平台升级。我国交通领域的电动革命正在加速推进，新能源汽车已全面进入市场化、规模化发展阶段，不断重塑我国汽车用能格局，不断推动交通领域“去油化”，加快成品油消费由 2023 年峰值开始下降的速度。

2030 年，汽柴油在道路交通领域用能的占比将由当前的 90% 降至 75%，电力占比由当前的 3% 增至 16%。若按照单站销量规模与油价不变测算，到 2030 年终端所需的加油站数量将由目前的 11 万座减少至 9 万座。从竞争格局看，“十五五”将迎来真正的升维期。成品油市场将由“增量市场”转入“缩量市场”，行业竞争从“同业竞争”走向“异业竞争”，终端服务由“传统服务”转向包含“油气氢电非”的“综合服务”。从业态图景看，“十五五”将迎来崭新的重构期。终端将从“集中式加油”逐步向“分布式加能”转变，且业态将不断向外延伸、扩展，初步参与到“源网荷储”智慧能源系统之中，发展虚拟电厂等业务，“加能 +”业态将初具规模。

（撰稿人：李　然　费华伟　陆亚晨　瞿瑞玲）

Ⅷ 附录

2024 年中国加油（能）站大事记

（1）1 月 23 日，中国海油首座商业化开发、市场化运营超级充电站在湖北武汉投运，开业首日充电量接近 7000 千瓦·时。该充电站由中国海油携手盛弘共同打造，可有效解决车主“里程焦虑”这一困扰，提升新能源车主用车体验。

（2）2 月 12 日，我国宣布自主研发的首台汽车氢能发动机即将投产使用。不加油、不充电，加氢 10 分钟续航 1500 千米，且排放水蒸气，真正实现了零污染零碳排放。

（3）3 月 16 日，中国石油首个规模化可再生能源制氢项目制氢装置在玉门油田成功投产。该项目在玉门老市区建成包含 3 套 1000 标准立方米 / 小时碱性电解槽和 1 套质子交换膜的制氢站，年产氢能力 2100 吨，氢气产品纯度超过 99.99%。

（4）4 月 9 日，中国石化两台氢能重卡从北京大兴青云店油氢合建站出发，并于 4 月 11 日下午 3 点到达上海青浦青卫油氢合建站。该路程全程约 1500 公里，跨越京津冀鲁苏沪 6 省市，沿途在 7 座加氢站加氢补能。这是我国氢能车辆首次大范围、长距离、跨区域的实际运输测试。

（5）4 月 24 日，中国海油炼化公司与蔚来能源首座共同出资建设的充电站——凯康海油大厦充电站正式上线运营。这标志着中国海油炼化公司与蔚来能源战略合作进入新阶段，进一步为用户提供便捷加电体验。

（6）5 月 14 日，在新疆乌鲁木齐经开区（头屯河区）两河高端制造科技产业园内，由新疆中通客车有限公司自主生产的首台氢能源客车正式下线，助力区内氢能产业形成良性闭环发展，进一步赋能乌鲁木齐氢能示范区建设。

（7）6 月 1 日，新版《机动车燃油加油机》国家标准正式实施。该标准针对机动车燃油加油机重点修订了加油机计量性能、防作弊性能、环保性能三方面内容，为加油站计量、环保和安全等方面的监管提供了坚实的实践依据。

（8）6 月 3 日，国家发展和改革委员会正式发布《天然气利用管理办法》（自 8 月 1 日起施行）。值得注意的是，以天然气为燃料的车辆在该办法中被纳入“天然气利用优先类”。天然气车辆已成为国家大力支持的方向。

（9）6 月 25 日，中国石油与新疆阿勒泰国有资产监督管理委员会强强联手，共同成立了新疆油兴新能源有限责任公司。这家注册资本高达 9.8 亿元的新公司，是中国石油在新能源领域的又一重大布局。

（10）7 月 10 日，《BP 世界能源展望 2024》发布。该展望认为化石能源的重要性逐步下降，世界从能源消费总量增长阶段进入能源替代阶段，全球煤炭和石油消费量将于近年达峰。

（11）7 月 26 日，中国石化易捷与永和大王合作的首家加能站餐厅在广西南宁正式开业。此次合作旨在打造“加油 + 用餐”一站式消费体验，为顾客提供“堂食 + 外卖”服务，有效助力解决附近上班族通勤就餐等问题。这是企业探索加油站餐饮模式的一次创新尝试，为加油站业绩提升做出贡献。

（12）8 月 2 日，《国务院办公厅〈关于印发加快构建碳排放双控制度体系工作方案〉的通知》，提出将碳排放指标及相关要求纳入国家规划，建立健全地方碳考核、行业碳管控、企业碳管理、项目碳评价、产品碳足迹等政策制度和管理机制，并与全国碳排放权交易市场有效衔接，构建系统完备的碳排放双控制度体系，为实现碳达峰碳中和目标提供有力保障。

（13）8 月 8 日，7 月份国内乘用车销量数据发布。数据显示，新能源乘用车国内月度零售销量首次超过燃油汽车。这一突破是中国汽车工业转型升级的生动写照，也是全球汽车行业绿色转型的标志性事件。

（14）8月9日，国务院新闻办公室发布《中国的能源转型》白皮书。该白皮书指出，大力发展充电基础设施网络，完善加氢、加气站点布局及服务设施。中国高度重视电动汽车充电基础设施建设。总的来看，全国充电基础设施服务能力已基本满足新能源汽车产业发展和群众出行需要。

（15）8月16日，海南省工业和信息化厅网站发布消息称，为落实相关文件精神，海南将有序推进2030年停售燃油汽车，并计划开展海南自由贸易港促进新能源汽车发展规定立法研究工作，打响国内禁售燃油汽车“第一枪”。

（16）8月21日，由国务院国有资产监督管理委员会指导，中国石化、国家能源集团牵头，联合近80家单位共同组建的中央企业绿色氢能制储运创新联合体在京正式启动。创新联合体将致力于构建以央企为主导的产学研融合、大中小企业融通的良好生态，凝聚优势科研力量，加强技术攻关，共同推进我国绿色氢能产业蓬勃发展。

（17）9月25日，中国石化与蔚来达成充电服务合作协议。中国石化用户在原有中国石化“易捷加油”App和小程序的基础上，可以通过蔚来等App实现中国石化充电桩的查询、导航、启动、支付等功能，充电体验和效率进一步升级。

（18）9月28日，中国石油湖南销售张家界分公司慈利新城一加油站大药房正式开业运营。该店是中国石油全国首家全资经营的药店，也是湖南省石油石化行业首家加油站药房。

（19）10月1日，《加氢站通用要求》国家标准正式实施。该标准规定了加氢站的分类、供氢方式、设备及组件、氢品质等要求，适用于以气态氢进行加注的加氢站，为我国加氢站建设和服务提供了重要依据。

（20）10月22日，华为正式发布原生鸿蒙系统HarmonyOS NEXT（HarmonyOS 5.0）。该系统成为继苹果iOS和安卓系统后，全球第三大移动操作系统。作为首批头部合作伙伴，中国石油在原生鸿蒙应用市场推出“中油好客 e 站”App 尝鲜版，为广大车主带来了更丰富、更智能、更高效、更便捷的用户体验。

（21）10 月 25 日，中国石化与华为在深圳签署深化战略合作协议。双方将在人工智能、云计算、新能源、人才培养等领域持续深化合作。

（22）10 月 18 日，国家发展和改革委员会、工业和信息化部等六部门联合发布的《关于大力实施可再生能源替代行动的指导意见》明确提出，要加快交通运输和可再生能源融合互动，建设可再生能源交通廊道，推进光储充放多功能综合一体站建设，对实行两部制电价的集中式充换电设施用电在规定期限内免收需量（容量）电费。这为新能源汽车的广泛推广奠定了坚实的政策基础。

（23）10 月 31 日，中国海油华东销售浙江公司与蔚来达成充电服务合作协议，中国海油在浙首座蔚来充换电站进入收尾阶段。该站将实现光伏发电、电池储能、电池更换、电池充电一体化新能源应用场景，一站式满足人们的出行需要。

（24）11 月 8 日，十四届全国人大常委会第十二次会议表决通过《中华人民共和国能源法》。这部备受瞩目的法律将于 2025 年 1 月 1 日起正式施行，标志着中国能源领域的法治建设迈出了关键一步。值得注意的是，在这部法律中，氢能首次被明确纳入能源管理体系。

（25）11 月 14 日，壳牌全球第一座光储充放一体超充站——壳牌深圳海关大厦超充站正式通电运营。该项目是壳牌加速实现“净零排放能源企业”目标的生动写照。

（26）11 月 22 日，我国首条可掺氢高压长输管道——包头—临河输气管道正式投运。该管道的投产运行，使内蒙古中西部地区天然气管道实现了互联互通，天然气供应能力进一步提高。

（27）11 月 26 日，宁德时代与盐田国际集装箱码头有限公司联合宣布，全球首座港内底盘式重卡换电站正式启用。双方将在港口物流转型升级、智能港口发展、构建绿色低碳交通体系等方面协同发力，为深圳乃至全国新能源重卡推广应用提供宝贵经验。

（28）11月27日，中国香港首座面向公众的加氢站——中国石化香港凹头加氢站正式建成。这是中国石化在境外建设的首座加氢站，每日加氢能力达到1000千克，投用后可为公交车、环卫车辆、私家车等提供全天候加氢服务，助力香港能源绿色转型。

（29）11月29日，地处浙江杭州临安区钱王街660号的中国石化第十二加能站汉堡王餐厅开业。这是中国石化携手快餐连锁知名品牌汉堡王在杭州开出的首座加盟餐厅，也是中国石化浙江杭州石油分公司开展跨界合作，探索加能站场景餐饮消费模式的积极尝试。

（30）12月6日，中国中化首座出租车换电站——中化蓝谷奥森北园换电站在京投运。在该站，电动汽车整个换电过程仅耗时88秒，节省了充电等待时间，显著降低了日常运营成本，让交通出行更加绿色环保。

（31）12月13日，中国石化在青岛炼油厂建成了中国首个工厂化海水制氢设施。这一突破将海水电解与可再生能源相结合，用于生产绿氢，实现了每小时20立方米的氢气产量。

（32）12月18日，中国石化燕山石化1万标准立方米/小时氢气提纯设施完善项目投产。至此，燕山石化燃料电池氢总产能超过8000吨/年，可为京津冀地区提供24吨/日的燃料电池汽车用氢。燕山石化成为华北最大的燃料电池氢供应基地，对助力北京地区氢能源产业发展具有积极意义。

（33）12月20日，全球首台套兆瓦级电解海水制氢装置，在中海油能源发展股份有限公司兆瓦级电解海水制氢示范中试基地成功实现连续稳定运行。这标志着中国海油在直接电解海水制氢技术领域取得了重要突破。

（34）12月26日，中国石化资本投资入股徐州徐工汽车制造有限公司混改项目正式完成，中国石化正式入局氢能商用车。此次合作将促进徐工集团与中国石化在氢能交通、充换电、润滑油、销售网络等多个领域的务实合作，协同构建新能源产业链“闭环式”生态圈。

（35）12月30日，工业和信息化部、国家发展和改革委员会、国家能源局联合印发了《加快工业领域清洁低碳氢应用实施方案》。该方案提出以拓展清洁低碳氢在工业领域应用场景为着力点，加快技术装备产品升级，打造产业转型升级新增长点。工业和信息化部相关负责人表示，要支持工业企业、工业园区开展氢能供给、消纳相结合的一体化应用，推进产业链上下游协同发展，提升氢能综合利用效能。

（36）2025年1月13日，中国汽车工业协会发布2024年汽车工业产销情况。其中，新能源汽车产销分别完成1288.8万辆和1286.6万辆，同比分别增长34.4%和35.5%，新能源汽车新车销量达到汽车新车总销量的40.9%，较2023年提高9.3个百分点。

（撰稿人：付嘉欣）

制氢加氢一体站技术指南
（T/CSPCI/ 50001—2024）

1　范围

本文件提供了制氢加氢一体站（以下简称“一体站”）的基本要求、站址选择及站内布置、工艺系统及设施、安全设施、安全管理、采暖通风、建（构）筑物、绿化、安装及验收等方面的技术和管理指导。

本文件适用于采用烃类、醇类、水和液氨为原料，制取燃料电池用氢气的一体站的新建、改建、扩建工程，现有加氢站、加油加气站和充（换）电站增加制氢或加氢设备的改扩建工程参照使用。

本文件适用于连续制氢能力不超过3000kg/d的一体站。

2　规范性引用文件

下列文件中的内容通过文中的规范性引用而构成本文件必不可少的条款。其中，注日期的引用文件，仅该日期对应的版本适用于本文件；不注日期的引用文件，其最新版本（包括所有的修改单）适用于本文件。

GB 4962　氢气使用安全技术规程
GB 8978 污水综合排放标准
GB/T 14976　流体输送用不锈钢无缝钢管
GB 16297　大气污染物排放综合标准
GB 18599　一般工业固体废物贮存和填埋污染控制标准
GB/T 19773　变压吸附提纯氢系统技术要求
GB/T 20801　压力管道规范 工业管道
GB/T 24499　氢气、氢能与氢能系统术语
GB/T 29328—2018　重要电力用户供电电源及自备应急电源配置技术规范
GB/T 29729　氢系统安全的基本要求
GB/T 31138　加氢机
GB/T 34540　甲醇转化变压吸附制氢系统技术要求
GB/T 34542.2　氢气储存输送系统 第2部分：金属材料与氢环境相容性试验方法
GB/T 34542.3　氢气储存输送系统 第3部分：金属材料氢脆敏感度试验方法
GB/T 34583　加氢站用储气装置安全技术要求
GB/T 34584　加氢站安全技术规范
GB/T 37244　质子交换膜燃料电池汽车用燃料 氢气
GB/T 37562　压力型水电解制氢系统技术条件
GB/T 37563　压力型水电解制氢系统安全要求
GB 50009　建筑结构荷载规范
GB 50016—2014（2018版）　建筑设计防火规范
GB 50057　建筑物防雷设计规范
GB 50058　爆炸危险环境电力装置设计规范

GB/T 50087　工业企业噪声控制设计规范
GB 50156—2021　汽车加油加气加氢站技术标准
GB 50160　石油化工企业设计防火标准
GB 50177—2005　氢气站设计规范
GB 50204—2015　混凝土结构工程施工质量验收规范
GB/T 50493　石油化工可燃气体和有毒气体检测报警设计标准
GB 50516—2010（2021 版）　加氢站技术规范
GB 50974　消防给水及消火栓系统技术规范
DB 11/T 1014　液氢使用与储存安全技术规范
DB 37/T 1914　液氨存储与装卸作业安全技术规范
ASCE 7—10　建筑物和其他结构的最小设计负载（Minimum design loads for buildings and other structures）

3　术语和定义

GB/T 24499、GB 50156 和 GB 50516 界定的以及下列术语和定义适用于本文件。

3.1

制氢加氢一体站　hydrogen producing and refueling integrated station

将制氢设备和加氢设施布置在一起的为氢燃料电池汽车储氢瓶充装氢燃料的专门场所。

[来源：GB 50516—2010（2021 版），2.0.1、2.0.2]

3.2

站内制氢系统　the system of hydrogen produced on site

在加氢站内设置的制氢系统，通常是制氢、纯化、压缩及其配套设施的总称。

[来源：GB 50516—2010（2021 版），2.0.2]

3.3

制氢原料　raw materials for hydrogen production

输入到制氢系统中作为反应物或作为能源的化学物质，包括烃类、醇类、水和液氨。

3.4

充卸氢　filling and unloading hydrogen

氢气集装管束车充入或卸出氢气。

3.5

加氢机　hydrogen dispenser

给交通运输工具的储氢瓶充装氢气，并具有控制、计量、计价等功能的专用设备。

[来源：GB 50516—2010（2021 版），2.08]

3.6

氢气储存压力容器　pressure vessels for storage of gaseous hydrogen

用于储存气态氢的压力容器，包括必要的安全附件及压力检测、显示仪器等。

[来源：GB 50516—2010（2021 版），2.0.10]

4　基本要求

4.1　一体站采用站内制氢系统供氢，可独立建站，也可与天然气加气站、加油站、和充（换）电站联合建站。

4.2　独立一体站根据 GB 50177—2005 和 GB 50516—2010（2021 版）划分等级（见表 1）。一体站与油、气等合建站根据 GB 50156 划分等级。一体站与充（换）电站合建站根据 GB/T 34584 划分等级。

表 1　独立一体站等级划分

等级	原料容量（m^3）		储氢容器容量（kg）	
	总容量 G	单罐容量	总容量 G	单罐容量
一级	150≤G≤210	≤50	5000≤G≤8000	≤2000
二级	90＜G＜150	≤50	3000＜G＜5000	≤1500
三级	G≤90	≤30	G≤3000	≤800
注：液氢罐的单罐容量不受本表中单罐容量的限制。				

4.3　一体站主要包括制氢系统、压缩系统、氢气储存系统和氢气加注系统四部分。其中，制氢系统主要包括原料储存、制氢、纯化及其配套设施；压缩系统主要包括氢气压缩机及其配套设施；氢气储存系统主要包括氢气储存压力容器及其配套设施；氢气加注系统主要包括加卸气柱、加氢机及其配套设施。

4.4　制氢系统、压缩系统、氢气储存系统和氢气加注系统除符合本文件规定外，同时符合 GB 50156 和 GB 50177 的有关规定。

4.5　一体站站内设备设计制造宜考虑高度自动化和事故状态下自动泄放危害的相互作用引发的风险，各相邻系统之间均设置防护和隔离措施。

4.6　加氢站站内储氢容器数量及规模根据站内制氢系统生产能力、氢燃料电池汽车及氢气天然气混合燃料汽车数量、每辆汽车的氢气充装容量和充装时间以及储氢容器压力等级等因素确定。

4.7　一体站的氢气质量符合 GB/T 37244 的规定。

4.8　氢气的计量符合 GB 50516 和 GB 50156 的有关规定。

4.9　站内设备运行噪音符合运行场所的噪音控制要求和 GB/T 50087 的有关规定。一体站内产生的废气排放符合 GB 16297 的有关规定，废水处理符合 GB 8978 的有关规定，固体废弃物排放符合 GB 18599 及地方环保的有关规定。

4.10　氢系统危险因素及风险控制按 GB/T 29729 和 GB 4962 的有关规定执行，并开展定量风险评估（QRA）和工艺危害分析（PHA）相关工作。

4.11　一体站建设项目的安全设施与主体工程同时设计、同时施工、同时投入生产和使用。

5　站址选择及站内布置

5.1　一级一体站不在城市中心区建设。

5.2　一体站的建设符合当地城镇规划和产业布局的要求，通常布置在交通便利的区域，但不宜在城市主干道的交叉路口附近。

5.3 一体站不设置在地质灾害易发、受洪水、潮水和内涝威胁的区域。

5.4 一体站站址选择符合 GB 50156—2021 中第 4 章的要求，站内总平面布置符合 GB 50156-2021 中第 5 章的要求。

5.5 一体站站内各设施与站外建（构）筑物、道路等的防火间距符合国家、地方有关标准及以下要求：

a) 制氢系统的制氢原料储存设施参照埋地汽油储罐并符合 GB 50016—2014（2018 版）中表 4.2.1 和 GB 50156—2021 中表 4.0.4 的要求；

b) 制氢系统的制氢装置符合 GB 50177—2005 中表 3.0.2 的要求；

c) 加氢部分符合 GB 50156—2021 中表 4.0.8 中的要求；

d) 参照 GB 50156—2021 中 4.0.8，站内加氢工艺设施与站外建筑物、构筑物之间设置有符合规定的实体防护墙时，相应安全间距（对重要公共建筑除外）不小于规定的安全间距的 50%，且不小于 8m。

5.6 一体站站内各设施之间的防火间距符合以下规定：

a) 制氢系统的制氢装置与氢气压缩机及加氢系统的相关设施间距符合 GB 50516—2010（2021 版）中表 5.0.1A 的要求；

b) 制氢系统内部相关设施之间防火距离符合 GB 50160 的要求；

c) 各设施防火间距除执行以上规定外，同时符合国家及地方现行有关标准规定。

5.7 一体站站内防爆和非防爆的设备符合防爆区设置要求，水冷机组、脱盐水设备、空压制氮设备、闭式冷却塔如采用非防爆设备，避开设备爆炸危险区。

5.8 制氢系统安装在牢固的基础上，支撑设备或组件符合 GB 50009 和 ASCE 7—10 的要求，避免系统和设备受到低温和地震的不利影响。

5.9 一体站加氢车辆的出入口通常分开设置。

6 工艺系统及设施

6.1 制氢系统

6.1.1 一体站的制氢装置工艺包括：

——**烃类蒸汽重整制氢**。适合制氢的烃类原料分为气态烃和液态烃两类，净化处理后烃类原料与蒸汽混合在催化剂作用下，经重整、变换等工艺过程制取富氢气体，富氢气体进一步提纯后可获得符合 GB/T 37244 要求的氢气；

——**醇类蒸汽重整制氢**。醇类原料和水在一定温度、压力条件下，通过催化剂作用，经重整、变换等工艺过程制取富氢气体，富氢气体进一步提纯后可获得符合 GB/T 37244 要求的氢气。针对甲醇制氢技术按 GB/T 34540 执行；

——**水电解制氢**。在直流电的作用下，原料水分子在电极上发生电化学反应，分解为氢气和氧气，阴极产生的氢气经氢水分离等过程制取富氢气体，氢气体进一步提纯后可获得符合 GB/T 37244 要求的氢气。针对水电解制氢技术要求按 GB/T 37562 执行；

——**氨裂解制氢**。氨气在一定温度（<550 ℃）、一定压力条件下，通过催化剂作用，裂解为氢氮混合气体，根据需要是否进一步提纯，制取符合 GB/T 37244 要求的氢气；

——**提纯氢**。以各类富含氢气的气体为原料，采用变压吸附法、化学反应定向除杂、膜分离等方法，从富氢原料气中提取氢气的工艺过程，制取符合 GB/T 37244 要求的氢气。针对氢气提纯按

GB/T 19773 执行。

6.1.2 制氢系统设置制氢原料存储设施，醇类原料储存工艺设施参照汽油按 GB 50156 相关要求执行考虑，气态烃类原料储存工艺设施参照压缩天然气（CNG）按 GB 50156 相关要求执行，液氨原料储存工艺设施参照 GB 50160、DB 11/T 1014 和 DB 37/T 1914 的相关要求。

6.1.3 制氢原料的质量符合工艺设计要求，外采原料时每次卸车前进行原料质量检测，并对原料储存设施内的原料进行质量检测，每月不小于 1 次。制氢装置内设置在线氢气质量检测装置并对其进行校正，每月不少于 1 次。一体站应将产品氢气定期送至具有氢气检测资质的单位进行质量检测，每 6 个月不少于 1 次。

6.1.4 新建制氢装置首次开工期间，产品氢气送至具有氢气检测资质的单位进行质量检测，满足 GB/T 37244 的规定后方可接入压缩系统。制氢装置稳定生产期间，产品氢气经在线氢气质量检测装置分析合格后可接入压缩系统。制氢装置停工超过 15 天，再次开工时产品氢气质量检测按首次开工要求执行。

6.1.5 制氢系统根据制氢、加氢的规模、用气特征、当地制氢原料和电力供应等进行合理配置，连续制氢能力不超过 3000kg/d。

6.1.6 制氢装置内的原料缓存量不大于 8h 的需求量。

6.1.7 制氢装置内有氢气缓冲容器，氢气缓冲容器符合 GB 50177 相关要求。

6.1.8 制氢系统为撬装式设备，并满足公路运输要求，且对于连续制氢能力不超过 1000kg/d 和 2000kg/d 的制氢设备，其占地面积分别不大于 70m^2 和 100m^2，内部储氢容积分别不大于 8m^3 和 12m^3。

6.1.9 一体站制氢系统具备自动化开工和停工的功能，且能适应加氢站频繁启停的需求。

6.1.10 一体站制氢系统具备云端监管和云端预警功能。

6.1.11 对外经营的一体站在投入运行前，应取得气瓶（移动式压力容器）充装许可证。

6.2 压缩系统

6.2.1 压缩系统包括氢气压缩机及其配套设施。

6.2.2 一体站站内制氢系统的自产氢气经氢气压缩机增压至氢气储存压力容器中进行储存，氢气压缩机出口压力不大于氢气储存压力容器的工作压力。

6.2.3 氢气压缩机的选型、布置和安全保护装置设置符合 GB 50516 和 GB 50156 的有关规定。

6.2.4 压缩机前宜设置氢气缓冲罐，确保压缩机进气侧为正压，且压缩机进气管和排气管间设置旁路管道，缓冲罐参照压缩机的附属设施考虑安全间距。

6.2.5 压缩机进、出口与第一个切断阀之间设置安全阀，压缩机进、出口管路设置氮气吹扫口。

6.3 氢气储存系统

6.3.1 氢气储存系统包括氢气储存压力容器及其配套设施。

6.3.2 氢气储存系统的工作压力通常根据所需加氢的氢能汽车车载储气瓶的充氢压力确定。当充氢压力为 35MPa 时，站内氢气储存压力容器的工作压力不大于 45MPa；当充氢压力为 70MPa 时，站内氢气储存压力容器的工作压力不大于 87.5MPa。

6.3.3 一体站的氢气储存压力容器选用相同规格和型号的固定式储氢容器或者储氢井，并设置安全泄压装置且泄放量不小于压缩机的最大排气量。

6.3.4 一体站的氢气存储压力容器符合现行国家标准 GB/T 34583 和 GB 50156 的有关规定。

6.4 氢气加注系统

6.4.1 一体站氢气加注系统包括加卸气柱、加氢机及其配套设施。

6.4.2 氢气加氢机的数量根据所需加氢的氢能汽车数量、每辆汽车所需的氢气充装量、储氢容器容积及氢气压缩机的排气量等因素确定。

6.4.3 加氢机通常设置在室外或通风良好的箱柜内。

6.4.4 加氢机的各项性能指标符合 GB/T 31138 的有关规定。

6.4.5 加氢机具有充装、计量和控制功能，同时符合 GB 50156 和 GB/T 34584 的有关规定。

6.4.6 加氢机设置脱枪保护装置，加氢机的加氢软管设置拉断阀。

6.4.7 一体站具备充卸氢功能并预留氢气管束车的停车位。

6.5 管道及临氢材料

6.5.1 一体站站内氢气管道选用高压无缝钢管，其性能符合 GB 50156、GB 50177 和 GB/T 14976 的有关规定，站内其余管道符合 GB/T 20801 有关规定。

6.5.2 一体站站内氢气系统使用的临氢材料选用有成熟使用经验或经试验验证具有良好氢相容性的金属材料，具体可参照 GB 50516—2010（2021 版）第 6.5 条、GB 50156—2021 第 10.6 条。氢气管道材质具有与氢良好相容的特性。设计压力大于或等于 20MPa 的氢气管道宜采用 316/316L 双牌号钢或经实验验证的具有良好的氢相容性的材料。316/316L 双牌号钢常温机械性能宜满足两个牌号中机械性能的较高值，化学成分满足 L 级的要求，且镍（Ni）含量不小于 12%，许用应力按 316 号钢选取。

6.5.3 金属材料氢相容性试验符合 GB/T 34542.2 和 GB/T 34542.3 的规定。

6.5.4 氢气管道的连接符合 GB 50156—2021 第 10.6.3 条的规定；氢气放空管的设置符合 GB 50156—2021 第 10.6.5 条的规定，且设计压力不小于 1.6MPa。

7 安全设施

7.1 紧急切断和泄放装置

7.1.1 一体站通常设置安全运行联锁紧急切断系统，该系统能在事故状态下迅速切断站内制氢系统、氢气压缩系统和氢气加注系统的电源，并关闭站内氢气传输管道的阀门。紧急切断系统宜具有失效保护功能。

7.1.2 一体站电源的切断通过断路保护器实现，断路保护器安装在配电柜内；管道的紧急切断通过紧急切断阀实现，紧急切断阀通过控制柜内的 DCS 或 PLC 控制系统实现。

7.1.3 紧急切断系统设置至少两处启动开关，且其位置处于加氢现场工作人员容易接近的位置和控制室或值班室内。工艺设备的电源和工艺管道上的紧急切断阀能由手动启动的远程控制切断系统操纵关闭。

7.1.4 紧急切断系统只可手动复位。

7.1.5 压缩机进、出口与第一个切断阀之间设安全阀，安全阀应选用全启式安全阀。

7.1.6 固定式储氢容器宜设置安全阀和放空管道，安全阀前后分别设 1 个全通径切断阀，并设置为铅封开或锁开；当拆卸安全阀时，有不影响其他储氢容器和管道放空的措施，则安全阀前后可不设切断阀。安全阀设安全阀副线，副线上应设置可现场手动和远程控制操作的紧急放空阀门。安全阀的排放能力不小于相应压缩机的最大排气量。

7.1.7 加氢机设置安全泄压装置，安全阀选用全启式安全阀，安全阀的整定压力不大于车载储氢瓶的最大允许工作压力或设计压力。

7.1.8　制氢原料烃类、醇类和液氨是易燃、易爆或有毒介质，其接卸、存储、输转宜考虑紧急切断并与站内报警、切断、泄放等系统统一规划。

7.2　报警装置

7.2.1　一体站站内设置氢气浓度报警仪、可燃气体报警仪和火焰报警探测器，同时根据介质特性设置有毒气体报警仪。

7.2.2　一体站站内制氢系统、氢气储存系统和加氢机等易积聚泄漏氢气的设施按 GB 50156、GB 50177、GB/T 37563 和 GB/T 19773 的有关规定设置各项报警设施。

7.2.3　制氢系统、氢气储存系统和加氢机等易积聚泄漏氢气的场所通常设置氢气浓度超限报警装置，检测报警系统采用分级报警，一级报警设定值为空气中氢气的浓度达到 0.4%（体积分数），应触发声光报警。二级报警设定值为空气中氢气的浓度达到 1%（体积分数），除启动一级报警措施外，应启动事故排风风机。三级报警设定值为空气中氢气的浓度达到 1.6%（体积分数），除启动一、二级报警措施外，应触发紧急切断系统。

7.2.4　氢气存储压力容器按压力等级的不同，分别设置各自的超压报警和低压报警装置，并按 GB 50156 设置安全防护。

7.2.5　站内制氢系统具有一键停机、事故状态联锁停机、异常报警等功能。

7.2.6　可燃气体检测报警系统的各检测报警装置及仪器定期检测，并由有资格的检测单位进行检测和提供相应检测报告。

7.3　供配电

7.3.1　一体站站内制氢系统、氢气储存系统、氢气加氢机、控制室和营业室等场所通常设置应急照明装置，连续供电时间不少于 90min。

7.3.2　有爆炸风险的房间或区域内的电气设施的选型、安装和敷设符合 GB 50058 和 GB 50156 的有关规定。

7.3.3　控制及信息系统设置不间断供电电源，供电时间不少于 60min。

7.3.4　一体站站内的电气设施及供电要求按 GB 50177—2005 第 8 章及 GB 50156—2021 第 13.1 条相关要求执行。

7.3.5　一体站按保安负荷 120%的标准配置自备应急电源，并按 GB/T 29328—2018 中表 D.2 的规定进行选择。

7.4　消防设施及给水排水

7.4.1　一体站设置消火栓给水系统。消火栓消防给水系统应符合 GB 50016、GB 50156 和 GB 50974 的有关规定。

7.4.2　一体站站内的消防和及其它相关安全设施按 GB 50156 要求执行。

7.4.3　一体站站内的给水排水系统按 GB 50156—2021 第 12 章和 GB 50177—2005 第 10 章要求执行。

7.4.4　如果一体站站内相关设备存在污水排放行为，污水应集中收集处理，保证雨污分流，污水不宜排入雨水管道。

7.5　防雷防静电

7.5.1 一体站站内设置可靠的避雷设施，并满足 GB 50177—2005 第 9 章、GB 50156—2021 第 13.2 条以及 GB 50057 和 GB 50058 的有关规定。

7.5.2 一体站站内设备及管道的防静电接地按 GB 50177—2005 第 9 章及 GB 50156—2021 第 13.2 条相关要求执行。

7.5.3 储氢容器进行防雷接地，且接地点不少于 2 处。

7.5.4 一体站站内制氢系统、氢气储存系统、加氢机、管道及阀门等设置防静电接地装置。

7.5.5 静电接地与其它接地公用接地体，接地电阻不大于 4Ω。

7.5.6 氢气等可燃物管道上的法兰连接处采用金属线跨接，跨接电阻小于 0.03Ω。

7.5.7 一体站站内具有爆炸危险区域的建构物防雷分类不低于第二类防雷建筑。站内设备、管道、构架、和凸出屋面的通风风管、氢气放空管等物体的防雷设施宜接到防雷电感应的接地装置上，同时符合 GB 50057 的有关规定。

8 安全管理

8.1 操作和维修人员进入工作场所，先消除自身静电，不穿戴化纤工作服、工作帽和带钉鞋，严禁带入火种。

8.2 氢气设备、管道和容器内，在投入运行前、检修动火作业前或长期停用前后，通常采用氮气进行吹扫置换，并在取样分析含氢量不大于 0.2%（体积分数）或含氧量不大于 0.5%（体积分数）后再进行作业。

8.3 氢气系统运行中的安全管理，除符合 GB 50156 和 GB/T 34584 的有关规定外，还需结合加氢站现场实际情况安全操作规程、氢气事故处理规程和应急预案，并定期组织应急演练。

8.4 现场作业人员宜熟练掌握紧急情况下的应急处理和紧急避险，经安全考试合格后方可进场。

8.5 一体站设置中央监控和数据采集系统，以便实时采集和记录各主要工艺设备的运行状态及参数。

8.6 一体站进出口、制氢系统、氢气储存区、氢气加注区、营业室、控制室、配电间等区域设不间断视频监控，并把监控视频上传数据采集系统并做数据备份。

9 采暖通风、建（构）筑物、绿化

9.1 一体站站内的采暖通风基础要求按 GB 50156—2021 第 14 章执行。

9.2 一体站站内制氢系统需保持良好通风，保障制氢区域氢气泄漏可及时放散后不聚集，对于封闭式或半封闭式制氢设施，采用强制通风，通风设备在工艺设备工作期间每小时换气不少于 12 次，在工艺设备非工作期间每小时换气不少于 5 次。通风设备为防爆设备，并与可燃气体浓度报警器联锁。

9.3 一体站站内建（构）筑物、绿化符合 GB 50156—2011 第 14 章、GB 50177—2005 第 7 章中相关规定。

9.4 制氢系统作业区内不种植油性植物，不种植树木和易造成可燃气体积聚的其它植物。

10 安装及验收

10.1 撬装制氢装置在出厂前完成整体检验，测试合格后在制氢加氢站内集成安装，安装测试需再次进行强度试验、气密试验、泄漏量试验和压力实验。

10. 2　一体站站内的设备、管道安装及验收，对于制氢部分符合 GB 50177 相关要求，对于加氢部分符合 GB 50156—2021 第 15 章和 GB 50516—2010（2021 版）第 12 章相关要求。

10. 3　一体站站内制氢系统的压缩机选型、安装、验收和使用符合 GB 50156 和 GB/T 29729 等的有关规定。

10. 4　一体站站内设备基础验收符合 GB 50204—2015 中第 8 章中相关要求，由监理单位组织建设单位、设计单位、设备安装单位进行验收。